微分積分学概論

茨木貴徳・牛越惠理佳
竹居正登・原下秀士
共著

培風館

はじめに

本書は主に理工系・医薬系の大学生を対象にした微分積分学の入門書である．また，確率・統計の話題や微分方程式を用いた具体例を随所に取り入れ，経済・経営系の学生もおもしろく取り組んでもらえるように工夫した．内容は，大学1年生で学ぶ解析学の話題をすべて含んでいるので，学生および教員にとって標準的な教科書として利用可能である．また，大学2年生以降でも多くの分野で解析学が使われるので，本書を復習に用いたり，より発展的な話題の取り扱いの学習にも活用してほしい．

本書で学ぶ微分積分学は，ニュートンとライプニッツの発見に始まる．いわゆる，微分する (関数の傾きを求める) ことと積分する (面積を求める) ことが関数の間の逆対応になっているという実に驚くべき発見である．この事実は現在，「微分積分学の基本定理」とよばれている．この定理をはじめとした解析学は，数学，物理学，化学，生物学，経済学，社会科学，その他多くの分野で活用されている．本書では，微分や積分だけでなく，その基礎となる実数の概念，収束の概念等も含め，解析学の初歩を系統的に学べるように構成している．応用的な話題にも取り組みつつ，今後の学習に活用してほしい．

読者によっては，微分積分学を高校のころから習っていることも多いと思う．ただ，その基礎については十分ではないところがあるであろう．理工系の学部の講義では，その部分を少し掘り下げるところから始める．いわゆる，実数とは何か，収束とは何か (いわゆる ε-δ 論法)，という内容であるが，理論的なところに興味がある学生やその方向に進む学生は，少し力を入れて読むとよいだろう．十分に理解できると，今後の活躍の幅が大きく広がる．ただ，そうでない学生は，読み飛ばしてもらっても一向にかまわない．微分・積分を使いこなすだけでも十分に意義があるので，授業にあわせ，教員の指導に従い，必要なところを学んでほしい．

本書は，前半 (1 章～3 章) で 1 変数関数の微分積分を学び，後半 (4 章～5 章)

で多変数関数の微分積分を学ぶ．多変数関数と書いたが，実際は 2 変数を主に扱う．それは，2 変数関数の扱いがわかれば，多変数でも同様の考え方ができることが容易に推測できるためである．6 章では 2 章で学ぶ 1 変数関数のテイラー展開で登場する級数について，その収束について少し掘り下げて議論する．級数を扱えるようになると，考えることができる関数の幅が広がるので，興味がある読者は是非学んでほしい．7 章では，前の章で説明できなかった部分を補う内容であったり，より発展的な話題をまとめた．特に，証明なしで述べた定理等の証明を扱った．1 変数，多変数どちらも，まず微分について学び，その後積分を扱うことになる．大学で初めて習う内容としては，1 変数関数では，1 章の実数の性質，逆関数 (特に，逆三角関数)，1 変数関数のテイラー展開とその応用がある．多変数関数では多くの内容が，大学で初めて習うことになるであろう．例えば，多変数関数の収束は 1 変数関数の場合に比べ自由度が増すなど，多変数の場合は理解すべき内容がより深くなる．高校での知識に頼らず，予習・復習をするなど，真剣に学習する必要がある．

読者に向けて最後に，微分積分学は，数学の一分野である解析学の基礎であるだけでなく，上述したように，多くの分野で活用される現在の学術・科学技術の大きな基礎をなす部分であるため，どの分野に進むにしろ，前提となる教養として必須である．本書とともに，しっかりと学んでほしい．

最後に，企画から出版まで終始お世話になった斉藤 淳氏，岩田誠司氏をはじめ培風館の関係の皆様に，ここに改めて心から御礼申し上げる．

2021 年　秋

著　者

目　　次

ギリシア文字

大文字	小文字	英語名	発　音	
A	α	alpha	[ǽlfə]	アルファ
B	β	beta	[bí:tə]	ベータ
Γ	γ	gamma	[gǽmə]	ガンマ
Δ	δ	delta	[délta]	デルタ
E	ε, ϵ	epsilon	[ipsáilən, épsilən]	イ (エ) プシロン
Z	ζ	zeta	[zé:tə]	ゼータ
H	η	eta	[í:ta]	イータ
Θ	θ, ϑ	theta	[θ í:tə]	シータ
I	ι	iota	[aióutə]	イオタ
K	κ	kappa	[kǽpə]	カッパ
Λ	λ	lambda	[lǽmdə]	ラムダ
M	μ	mu	[mju:]	ミュー
N	ν	nu	[nju:]	ニュー
Ξ	ξ	xi	[ksi:, (g)zai]	グザイ
O	o	omicron	[o(u)máikrən]	オミクロン
Π	π, ϖ	pi	[pai]	パイ
P	ρ, ϱ	rho	[rou]	ロー
Σ	σ, ς	sigma	[sigmə]	シグマ
T	τ	tau	[tau, tɔ:]	タウ
Υ	υ	upsilon	[ju:psáilən, jú:psilən]	ウプシロン
Φ	ϕ, φ	phi	[fai]	ファイ
X	χ	chi	[kai]	カイ
Ψ	ϕ, ψ	psi	[(p)sai]	プサイ
Ω	ω	omega	[óumigə, ɔ́migə]	オメガ

1
基 本 事 項

本章では，解析学で必要となる基本事項を扱う．まず，解析学の基礎となる実数の基本的な性質を理解し，数列の極限，関数の極限について学ぶ．高校でも習った関数やその性質についても復習し，様々な関数の特徴を理解しよう．連続関数は極限の言葉を用いて定義されるが，非常に重要な概念なので，その定義と基本性質についてはしっかり修得しておきたい．最後に，与えられた関数の逆関数の概念を学ぶが，特に，三角関数の逆関数である逆三角関数の定義や性質をしっかり理解しよう．

1.1 実数の性質

1.1.1 数 の 性 質

実数に関しては高校まででも学んできており，その性質についてもすでに知っている事実も多い．微分積分学において実数の性質は重要であるため，まず初めに実数の性質についてまとめる．

実数全体の集合は $\mathbf{R}$ で表される．$\mathbf{R}$ の要素は直線上の点と 1 対 1 で対応するため，$\mathbf{R}$ は数直線として表されることも多い．1 つの直線上に $0, 1$ を定め，これを基準にすべての実数を数直線上の点として表す (図 1.1)．実数において限りなく大きいことを表す際に**無限大**という表現をし，∞ という記号を用いる．この記号はあくまで，便宜上の "記号" であって実数でないことに注意する必要がある．また限りなく小さい場合は $-\infty$ という記号を用い，$-\infty$ を

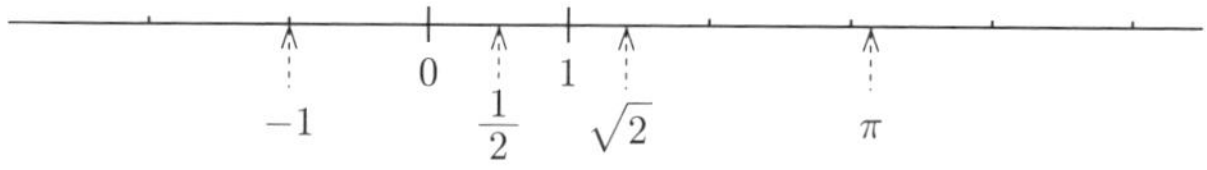

図 1.1

負の無限大という．負の無限大と区別するため ∞ を $+\infty$ で表し，**正の無限大**ということもある．

実数において 2 つの実数 a, b の差 $b-a$ が非負の実数のとき $a \leqq b$ と表され，**順序**が定義される．なお，$a \leqq b$ でかつ $a \neq b$ の場合は $a < b$ と表される．実数の順序については，以下の性質が成り立つ．すなわち，実数 a, b, c に対して，

(1) $a \leqq a$,

(2) $a \leqq b$, $b \leqq a$ ならば $a = b$,

(3) $a \leqq b$, $b \leqq c$ ならば $a \leqq c$,

(4) $a \leqq b$ または $b \leqq a$ のいずれかが必ず成立する．

任意の実数 a に対し，$a \geqq 0$ の場合は $|a| = a$，$a < 0$ の場合は $|a| = -a$ となる非負の実数 $|a|$ を a の**絶対値**とよぶ．絶対値 $|a|$ は数直線上で a と原点 0 との距離となっている．実数の絶対値に対して，以下の性質が成り立つ．すなわち，実数 a, b に対して

(1) $|a| \geqq 0$，$|a| = 0 \Leftrightarrow a = 0$,

(2) $|ab| = |a||b|$,

(3) $|a+b| \leqq |a| + |b|$　(**三角不等式**).

1.1.2 実数の連続性

高校までに数に関して，自然数，整数，有理数，実数と学んできた．それらの全体の集合はそれぞれ $\mathbf{N}$，$\mathbf{Z}$，$\mathbf{Q}$，$\mathbf{R}$ と表される．ここでは，解析学で重要な**連続性の公理**を取り上げる．

A を実数全体 $\mathbf{R}$ の空でない部分集合とする．このとき A が**下に有界**であるとは，ある実数 a が存在して任意の A の要素 x に対して $a \leqq x$ を満たすことである．また，A が**上に有界**であるとは，ある実数 b が存在して任意の A の要素 x に対して $x \leqq b$ を満たすことである．集合 A に対してこのような a を A の**下界**（か）といい，b を A の**上界**（じょう）という．A の下界 α が A の**下限**であるとは，任意の正の実数 ε に対して $x < \alpha + \varepsilon$ を満たす $x \in A$ が存在することとし，$\alpha = \inf A$

と表す．A の下限は存在すればただ一つであり，それは A の下界の最大数である (定理 7.1 参照)．同様に，A の上界 β が A の**上限**であるとは，任意の正の実数 ε に対して $\beta-\varepsilon<x$ を満たす $x\in A$ が存在することとし，$\beta=\sup A$ と表す．A の上限は存在すればただ一つであり，それは A の上界の最小数である (定理 7.1 参照)．

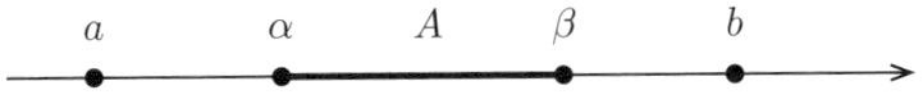

図 1.2

上記では下限・上限について存在すればただ一つということを述べたが，存在性については次の定理 (公理) で保証される．

定理 1.1 (**連続性の公理**[1])**.** A を実数全体 $\mathbf{R}$ の空でない部分集合とする．このとき A が下に有界であれば $\mathbf{R}$ のなかに A の下限が存在する．同様に，A が上に有界であれば $\mathbf{R}$ のなかに A の上限が存在する．

なお，A が上に有界かつ下に有界の場合は単に**有界**という．

○**例 1.2.** a,b を $a<b$ を満たす実数とする．次の区間の記号はよく用いられる．

$$(a,b)=\{x\mid a<x<b\},\quad [a,b)=\{x\mid a\leqq x<b\},$$
$$(a,b]=\{x\mid a<x\leqq b\},\quad [a,b]=\{x\mid a\leqq x\leqq b\}$$

ここで (a,b) は**開区間**，$[a,b]$ は**閉区間**という．これら 4 つの区間は，すべて有界である．また，これらの区間すべてについて，下限は a で上限は b である．

集合 A の下限や上限は必ずしも A の要素になるとは限らない．下限が A の要素になるとき，それは A の最小数であり，$\min A$ などと書かれる．同様に，上限が A の要素になるとき，それは A の最大数であり，$\max A$ などと書かれる．

なお，A が上に有界でないとき $\mathbf{R}$ のなかに上限は存在しないが，便宜上その上限を $\sup A=+\infty$ で定義する．同様に，A が下に有界でないとき下限を $\inf A=-\infty$ で定義する．例えば，$(a,\infty)=\{x\,|\,a<x\}$ や $[a,\infty)=\{x\,|\,a\leqq x\}$ は上に有界ではないが，これらの上限は $+\infty$ である．有界でない区間として

1)　この連続性の公理は**ワイエルシュトラスの公理**ともよばれる．

$(-\infty, a)$ や $(-\infty, a]$ も同様に定義される．また，$\mathbf{R}$ を $(-\infty, \infty)$ と表すこともある．

連続性の公理から有理数の稠密性が導き出せる (第 7 章 7.1.2 項を参照).

定理 1.3 (有理数の稠密性). a, b を $a < b$ を満たす実数とすると，$a < c < b$ を満たす有理数 c が存在する．

この定理は，どんな実数の近くにも有理数が存在していることを示している．

最後に，有理数までは既知として，有理数をもとに実数を定義する方法の一つを紹介する．この部分は発展的な話題なので読み飛ばしてもかまわない．

有理数全体 $\mathbf{Q}$ を，以下のように 2 つの集合 A, B に分けることを考える．

$$B = \{b \in \mathbf{Q} \mid b^2 > 2 \text{ かつ } b > 0\}, \quad A = B^c$$

ここで，B^c は集合 B の $\mathbf{Q}$ のなかでの補集合 $\{x \in \mathbf{Q} \mid x \notin B\}$ を表す．このとき，無理数 $\sqrt{2}$ を用いれば集合 A, B は

$$A = \{a \in \mathbf{Q} \mid a \leqq \sqrt{2}\}, \quad B = \{b \in \mathbf{Q} \mid \sqrt{2} < b\}$$

と表されるので，次のことがわかる．

- $A \cup B = \mathbf{Q}$，$A \cap B = \emptyset$,
- 任意の $a \in A$ と任意の $b \in B$ に対して，$a < b$,
- A には最大数は存在せず，B には最小数は存在しない．

このことは，有理数を 2 つの集合に分けたが，“境い目” に有理数が存在していないことを意味している．実際には，実数 (無理数) を知っているから無理数 $\sqrt{2}$ が “境い目” になっていることはわかるが，有理数の中に “境い目” は存在しない．

ここで，有理数から実数を定義することを考える．有理数全体 $\mathbf{Q}$ の空でない 2 つの部分集合 A, B が

- $A \cup B = \mathbf{Q}$, $A \cap B = \emptyset$,
- 任意の $a \in A$ と任意の $b \in B$ に対して，$a < b$.

を満たすとき，集合の組 A, B を**有理数の切断**といい，(A, B) で表し，A を下組，B を上組という．このとき，A, B に関して以下の 4 つの場合が考えられる．

(1) A に最大数が存在し，B に最小数が存在する

(2) A に最大数が存在し，B に最小数が存在しない

(3) A に最大数が存在せず，B に最小数が存在する

(4) A に最大数が存在せず，B に最小数が存在しない

しかし，(1) の場合は起こらない．なぜならば，A の最大数を α，B の最小数を β とすれば $\alpha < \dfrac{\alpha+\beta}{2} < \beta$ となる．いま，$\dfrac{\alpha+\beta}{2}$ は有理数であるが A にも B にも属さないので，集合 A, B のつくり方に矛盾する．(2), (3) の場合は“境い目”は有理数になっており，(4) の場合は“境い目”は有理数には存在しない．この“境い目”を有理数の切断とみれば有理数から実数を定義することができる．ただし，1 つの有理数を“境い目”として表す方法は (2), (3) の二通りあるので，一通りにするため (2) の方法だけを用いることとする．

定義 1.4. (2) または (4) を満たす有理数の切断を**実数**と定義する．

○例 **1.5.** (1) $A = \{x \in \mathbf{Q} \mid 3x \leqq 1\}$, $B = A^c$ とすれば“境い目”は $(A, B) = \dfrac{1}{3}$ となる．このとき，$\dfrac{1}{3}$ は A の最大数である．

(2) $A = \{x \in \mathbf{Q} \mid x^2 > 5$ かつ $x < 0\}$, $B = A^c$ とすれば $(A, B) = -\sqrt{5}$ となる．このとき，$-\sqrt{5}$ は A の最大数でなく，B の最小数でもない．

このように，有理数から実数を定義することができた．

さて，実数全体 $\mathbf{R}$ の空でない 2 つの部分集合 A, B が

- $A \cup B = \mathbf{R}$, $A \cap B = \emptyset$,
- 任意の $a \in A$ と任意の $b \in B$ に対して，$a < b$.

を満たすとき，集合の組 A, B を**実数の切断**という．このとき，有理数の切断と同様に，A, B に関して (1)〜(4) の 4 つの場合が考えられる．

定理 1.6 (**デデキントの公理**)**.** 実数の切断においては，(2) または (3) のいずれかだけが成り立つ．

デデキントの公理は，実数にはすきまがなく，実数の切断の考えによって新しい数を定義することは不可能であることをいっている．すなわち，実数の連続性のひとつの表現になっている．実は，デデキントの公理とワイエルシュトラスの公理 (定理 1.1) は同値であることが知られている．本書では，後の証明などに便利なワイエルシュトラスの公理を中心に据えることにした．

1.2 数列の極限

1.2.1 実数列の収束・発散

実数の列 $a_1, a_2, \cdots, a_n, \cdots$ を**実数列**，または単に**数列**といい，$\{a_n\}$ で表す．実数列 $\{a_n\}$ において，n を限りなく大きくするとき，a_n が一定の値 α に近づくならば，実数列 $\{a_n\}$ は α に**収束**するといい，α は実数列 $\{a_n\}$ の**極限**という．また，α は**極限値**ともよばれる．このことを

$$\lim_{n\to\infty} a_n = \alpha \quad \text{または} \quad a_n \to \alpha \ (n \to \infty)$$

で表す．実数列 $\{a_n\}$ が収束しないとき，$\{a_n\}$ は**発散する**という．実数列が発散する場合はいろいろある．n を限りなく大きくしたとき a_n が限りなく大きくなるとき，正の無限大に発散するといい，

$$\lim_{n\to\infty} a_n = +\infty \quad \text{または} \quad a_n \to +\infty \ (n \to \infty)$$

で表す．同様に，負の無限大に発散するときは

$$\lim_{n\to\infty} a_n = -\infty \quad \text{または} \quad a_n \to -\infty \ (n \to \infty)$$

で表す．発散するが，正の無限大にも負の無限大に発散しないときを**振動**するという．

○**例 1.7.** (1) 実数列 $1, 4, 9, \cdots, n^2, \cdots$ は正の無限大に発散する，すなわち $\lim_{n\to\infty} n^2 = +\infty$.

(2) 実数列 $-1, -2, -3, \cdots, -n, \cdots$ は負の無限大に発散する，すなわち $\lim_{n\to\infty} (-n) = -\infty$.

(3) 実数列 $1, -1, 1, -1, \cdots, (-1)^{n-1}, \cdots$ は振動する．

★**注意 1.8.** 上の収束の定義は直感的な理解としては十分であるが，より詳しく収束性を調べる際に困ることがある．正確な収束の定義は，以下のとおりである．「$\lim_{n\to\infty} a_n = \alpha$ であるとは，任意の $\varepsilon > 0$ に対して，ある自然数 N が存在し，任意の n について，$n \geqq N$ ならば $|a_n - \alpha| < \varepsilon$ が成り立つことである.」

1.2.2 極限の基本性質

実数列 $\{a_n\}$ が以下を満たすとき，$\{a_n\}$ は**単調増加列**という．

$$a_1 \leqq a_2 \leqq \cdots \leqq a_n \leqq \cdots$$

同様に，$\{a_n\}$ が以下を満たすときは**単調減少列**という．

$$a_1 \geqq a_2 \geqq \cdots \geqq a_n \geqq \cdots$$

定理 1.9 (単調数列の極限)**.** 上に有界な単調増加列は，その上限に収束する．また，下に有界な単調減少列はその下限に収束する．

一般的に，収束する実数列には以下の性質が成り立つ．

定理 1.10 (実数列の極限の基本性質)**.** 実数列 $\{a_n\}, \{b_n\}$ が収束するとし，$\lim_{n\to\infty} a_n = \alpha$, $\lim_{n\to\infty} b_n = \beta$ とおく．このとき次の性質が成り立つ．

(1) $\lim_{n\to\infty}(a_n \pm b_n) = \alpha \pm \beta$ (複号同順)

(2) $\lim_{n\to\infty} ca_n = c\alpha$ (c は定数)

(3) $\lim_{n\to\infty}(a_n b_n) = \alpha\beta$

(4) 任意の n に対して，$b_n \neq 0$ かつ $\lim_{n\to\infty} b_n \neq 0$ のとき $\lim_{n\to\infty} \dfrac{a_n}{b_n} = \dfrac{\alpha}{\beta}$.

(5) 任意の n に対して，$a_n \leqq b_n$ のとき $\alpha \leqq \beta$.

定理 1.11 (はさみうちの定理)**.** 実数列 $\{a_n\}, \{b_n\}, \{c_n\}$ が常に $a_n \leqq c_n \leqq b_n$ を満たし $\lim_{n\to\infty} a_n = \lim_{n\to\infty} b_n = \alpha$ であるならば，$\lim_{n\to\infty} c_n = \alpha$ となる．

★注意 1.12. 実数列 $\{a_n\}, \{b_n\}$ が常に $a_n \leqq b_n$ を満たし $\lim_{n\to\infty} a_n = +\infty$ であるならば，$\lim_{n\to\infty} b_n = +\infty$ となる．このことも，はさみうちの定理とよぶ．

また，等比数列の極限に対して以下の性質が成り立つ．

定理 1.13 (等比数列の極限の性質)**.** 公比 r の等比数列 $\{r^n\}$ について，次が成り立つ．

(1) $r > 1$ のとき，$\lim_{n\to\infty} r^n = +\infty$ である．

(2) $r = 1$ のとき，任意の n で $r^n = 1$ であるから，$\lim_{n\to\infty} r^n = 1$ である．

(3) $-1 < r < 1$ のとき，$\lim_{n\to\infty} r^n = 0$ である．

(4) $r = -1$ のとき，任意の n で $|(-1)^n| = 1$ であるが，$\{(-1)^n\}$ は収束しない．

(5) $r < -1$ のとき，$\lim_{n\to\infty} |r^n| = +\infty$ であり，$\{r^n\}$ は収束しない．

●例題 1.14. 次の式で表される数列の収束・発散を調べよ.

(1) $\dfrac{6n+1}{4n-9}$ (2) $\dfrac{n^2-n-1}{2n+1}$ (3) $\dfrac{(-2)^n-3^n}{3^n}$ (4) $\sqrt{n^2-1}-n$

解答例. (1) (与式) $= \dfrac{6+1/n}{4-9/n} \to \dfrac{3}{2} \quad (n\to\infty)$

(2) (与式) $= \dfrac{n-1-1/n}{2+1/n} \to +\infty\ (n\to\infty)$. よって $+\infty$ に発散する.

(3) (与式) $= \left\{\left(-\dfrac{2}{3}\right)^n - 1\right\} \to -1 \quad (n\to\infty)$

(4) (与式) $= \dfrac{\left(\sqrt{n^2-1}-n\right)\left(\sqrt{n^2-1}+n\right)}{\sqrt{n^2-1}+n} = \dfrac{(n^2-1)-n^2}{\sqrt{n^2-1}+n}$

$$= \frac{-1}{\sqrt{n^2-1}+n} = \frac{-1/n}{\sqrt{1-1/n^2}+1} \to \frac{0}{1+1} = 0 \quad (n\to\infty)$$ □

◇問 1.1. 次の式で表される数列の収束・発散を調べよ.

(1) $\dfrac{2n+1}{3n-1}$ (2) $\dfrac{n^2}{n+1}$ (3) $\dfrac{5n^2+1}{9n^2-1}$ (4) $\dfrac{2\sqrt{n}+1}{3-2\sqrt{n}}$

(5) $\dfrac{5+5^n}{4^n}$ (6) $\dfrac{2^n-1}{2^n+1}$ (7) $\sqrt{n^2+3n}-n$ (8) $3n-\sqrt{9n^2-n}$

定理 1.13 より, $|r|<1$ のとき $\displaystyle\lim_{n\to\infty} r^n = 0$ となり, $|r|>1$ のとき $\{r^n\}$ は発散する. これと同様に, 次が成り立つことが知られている (詳しくは定理 6.6 を参照).

定理 1.15. 数列 $\{a_n\}$ について, $\rho := \displaystyle\lim_{n\to\infty}\left|\frac{a_{n+1}}{a_n}\right|$ が ($+\infty$ を許して) 存在すると仮定する. $\rho<1$ であるとき, $\displaystyle\lim_{n\to\infty} a_n = 0$ となる. また, $\rho>1$ であるとき, $\displaystyle\lim_{n\to\infty}|a_n| = +\infty$ となり, $\{a_n\}$ は収束しない.

●例題 1.16. 任意の実数 x に対して, $\displaystyle\lim_{n\to\infty}\frac{x^n}{n!} = 0$ が成り立つことを示せ.

解答例. $x=0$ の場合は明らかだから, $x\neq 0$ とする. $a_n := \dfrac{x^n}{n!}$ とおくと,

$$\left|\frac{a_{n+1}}{a_n}\right| = \frac{|x|^{n+1}}{(n+1)!}\cdot\frac{n!}{|x|^n} = \frac{|x|}{n+1} \to 0 \quad (n\to\infty)$$

である. 定理 1.15 より $\displaystyle\lim_{n\to\infty}\frac{x^n}{n!} = 0$. □

◇**問 1.2.** 定理 1.15 を用いて，$0<|r|<1$ のとき $\lim_{n\to\infty} nr^n = 0$ となることを示せ．

1.2.3 二 項 定 理

ここで**二項定理**を復習しよう．

定理 1.17. 自然数 n と 2 つの実数 a, b に対して以下が成立する．

$$(a+b)^n = {}_n\mathrm{C}_0 a^n + {}_n\mathrm{C}_1 a^{n-1}b + \cdots + {}_n\mathrm{C}_k a^{n-k}b^k + \cdots + {}_n\mathrm{C}_{n-1} ab^{n-1} + {}_n\mathrm{C}_n b^n$$

ただし，${}_n\mathrm{C}_k = \dfrac{n!}{k!\,(n-k)!}$ である ($0! = 1$ と約束する)．

証明. n 個の $(a+b)$ の積 $(a+b)(a+b)\cdots(a+b)$ を展開するとき，$(a+b)$ の各々で a か b のいずれかを選んでかけ合わせ，その総和をとる．a を k 個，b を $(n-k)$ 個選んでかけると $a^k b^{n-k}$ になるが，その選び方の総数が ${}_n\mathrm{C}_k$ である．あるいは，k 個の a と $(n-k)$ 個の b を 1 列に並べる並べ方の総数が $\dfrac{n!}{k!\,(n-k)!}$ であると考えてもよい． □

二項定理を用いて次の例題を解いてみよう．

●**例題 1.18.** $a_n = \left(1+\dfrac{1}{n}\right)^n$ $(n = 1, 2, \cdots)$ で定義された実数列 $\{a_n\}$ が収束することを証明せよ．

解答例. a_n を二項定理で展開すると

$$\begin{aligned} a_n &= \sum_{k=0}^{n} {}_n\mathrm{C}_k \cdot 1^n \cdot \left(\frac{1}{n}\right)^k \\ &= 1 + \sum_{k=1}^{n} \frac{n(n-1)\cdots(n-k+1)}{k!}\left(\frac{1}{n}\right)^k \\ &= 1 + \sum_{k=1}^{n} \frac{1}{k!}\left(1-\frac{1}{n}\right)\left(1-\frac{2}{n}\right)\cdots\left(1-\frac{k-1}{n}\right) \end{aligned}$$

を得る．同様に，a_{n+1} も二項定理で展開すると

$$a_{n+1} = 1 + \sum_{k=1}^{n+1} \frac{1}{k!}\left(1-\frac{1}{n+1}\right)\left(1-\frac{2}{n+1}\right)\cdots\left(1-\frac{k-1}{n+1}\right)$$

を得る．a_n と a_{n+1} を比較すると，すべての項が正で a_{n+1} の 1 つ項が多い．さらに $\dfrac{1}{n+1} < \dfrac{1}{n}$ より，すべての $\dfrac{1}{k!}$ の係数は a_{n+1} のほうが大きい．したがっ

て $a_n < a_{n+1}$ を得る．また，任意の自然数 k に対して

$$\frac{1}{k!} = \frac{1}{1 \cdot 2 \cdot 3 \cdots k} < \frac{1}{1 \cdot 2 \cdot 2 \cdots 2} = \frac{1}{2^{k-1}}$$

であるので，

$$\sum_{k=1}^{n} \frac{1}{k!} < \sum_{k=1}^{n} \frac{1}{2^{k-1}} = \frac{1 - \left(\frac{1}{2}\right)^k}{1 - \frac{1}{2}} = 2\left(1 - \left(\frac{1}{2}\right)^k\right) < 2$$

を得る．したがって，2 以上の自然数 n に対して

$$2 = a_1 < a_n < 1 + \sum_{k=1}^{n} \frac{1}{k!} < 1 + 2 = 3$$

となり $\{a_n\}$ は有界となる．すなわち，(上に) 有界な単調増加列となるので，定理 1.9 より $\{a_n\}$ は収束する． □

例題 1.18 の実数列 $\{a_n\}$ の極限値を**ネイピア数**とよび，e で表す．証明では $2 < e \leqq 3$ であることまではわかるが実際の値までは求めていない．実際のネイピア数は

$$e = 2.718281828459045 \cdots$$

となる無理数であることが知られている (例 1.20 参照).

1.2.4 無限級数

数列 $\{a_n\}$ に対して，"$a_0 + a_1 + a_2 + a_3 + \cdots$" にあたるものを**無限級数**，あるいは単に**級数**という．正確には，$S_n := \sum_{k=0}^{n} a_k = a_0 + a_1 + \cdots + a_n$ によって数列 $\{S_n\}$ をつくり，次のように定義する．$\lim_{n \to \infty} S_n = S$ となるとき，無限級数は S に収束するといい，$\sum_{k=0}^{\infty} a_k = S$ と表す．また，数列 $\{S_n\}$ が発散するとき，無限級数は発散するという．特に，$\lim_{n \to \infty} S_n = +\infty$ となるとき，無限級数は $+\infty$ に発散するといい，$\sum_{k=0}^{\infty} a_k = +\infty$ と表す．

実数 r に対して，無限級数 $\sum_{k=0}^{\infty} r^k$ を**等比級数**という．最も基本的で重要な無限級数である．

定理 1.19. $|r| < 1$ のとき，$\sum_{k=0}^{\infty} r^k = \dfrac{1}{1-r}$ となる．また，$|r| \geqq 1$ のとき，$\sum_{k=0}^{\infty} r^k$ は発散する．特に，$r \geqq 1$ のときは $\sum_{k=0}^{\infty} r^k = +\infty$ となる．

証明. $S_n := \sum_{k=0}^{n} r^k$ とおく．$r = 1$ のとき，$S_n = n + 1$ である．また，

$$(1 - r)(1 + r + r^2 + \cdots + r^n) = 1 - r^{n+1}$$

であるから，$r \neq 1$ のとき $S_n = \dfrac{1 - r^{n+1}}{1 - r}$ と表せる．等比数列の極限の性質から，定理の結論が導かれる．□

数列 $\{a_n\}$ の各項が非負であるとき，$S_n = \sum_{k=0}^{n} a_k$ によって定まる数列 $\{S_n\}$ は単調増加となるから，$\{S_n\}$ が上に有界であるか否かに応じて，無限級数 $\sum_{k=0}^{\infty} a_k$ はある実数 S に収束するか，$+\infty$ に発散するかのいずれかになる．

○**例 1.20.** $\sum_{k=0}^{\infty} \dfrac{1}{k!} = e$ (ネイピア数) となることを示そう．$n = 1, 2, \cdots$ に対して，$a_n := \left(1 + \dfrac{1}{n}\right)^n$, $b_n := \sum_{k=0}^{n} \dfrac{1}{k!}$ とおく．$\{b_n\}$ は単調増加であり，例題 1.18 の解答例より任意の n に対して $a_n < b_n < 3$ が成り立つから，$\{b_n\}$ はある実数 S に収束し，$e \leqq S$ となることがわかる．一方，$m = 1, 2, \cdots$ とすると，$n \geqq m$ ならば

$$a_n \geqq a_m = 1 + \sum_{k=1}^{m} \frac{1}{k!} \left(1 - \frac{1}{n}\right) \left(1 - \frac{2}{n}\right) \cdots \left(1 - \frac{k-1}{n}\right)$$

が成り立つから，$n \to \infty$ とすると $e \geqq 1 + \sum_{k=1}^{m} \dfrac{1}{k!} = b_m$ が任意の m に対して成り立つことがわかる．ここで $m \to \infty$ とすると $e \geqq S$ となり，$S = e$ であることが示された．

例 1.20 の数列 $\{a_n\}$ は極限値 e になかなか収束しないのに対して，数列 $\{b_n\}$ のほうは急速に e に近づく．$b_n < e$ が成り立つが，b_n と e の誤差は

$$\begin{aligned} e - b_n &= \sum_{k=n+1}^{\infty} \frac{1}{k!} = \frac{1}{(n+1)!} \left(1 + \frac{1}{n+2} + \frac{1}{(n+2)(n+3)} + \cdots\right) \\ &\leqq \frac{1}{(n+1)!} \sum_{m=0}^{\infty} \left(\frac{1}{n+2}\right)^m \\ &= \frac{1}{(n+1)!} \cdot \frac{1}{1 - \frac{1}{n+2}} = \frac{1}{(n+1)!} \cdot \frac{n+2}{n+1} \end{aligned}$$

と評価できる．例えば

$$b_5 = \frac{163}{60} = 2.716666\cdots, \quad b_5 + \frac{1}{6!}\cdot\frac{7}{6} = \frac{163}{60} + \frac{7}{4320} = 2.718287\cdots$$

から $e = 2.71\cdots$ であることがわかる ($a_5 = 2.48832$ はだいぶ遠い)．これは e を無限級数で表すことのひとつの利点といえる．

もう一つ応用として，ネイピア数 e が無理数であることを背理法によって示そう．$e = \dfrac{m}{n}$ (m, n は正の整数) と表されると仮定する．このとき，

$$n!\cdot(e - b_n) = (n-1)!\cdot m - \sum_{k=0}^{n} \frac{n!}{k!}$$

は整数である．一方，$0 < e - b_n \leqq \dfrac{1}{(n+1)!}\cdot\dfrac{n+2}{n+1}$ より

$$0 < n!\cdot(e - b_n) \leqq \frac{n+2}{(n+1)^2} \leqq \frac{3n}{4n} = \frac{3}{4} < 1$$

とわかり，$n!\cdot(e-b_n)$ が整数にはなりえないことがわかる (ここで $(n+1)^2 \geqq 4n$ と $n+2 \leqq 3n$ を用いた)．

1.3 様々な関数

本節では，高校でも習っている様々な関数を復習する．今後の学習に必要であるため，その基本性質をしっかりおさえておこう．

単項式 単項式とは，実数 a と非負整数 n によって，

$$ax^n$$

と表される関数である．例えば，$3x^2$ や x^5 などがあげられる．もちろん定数関数 a も ax^0 であるから，単項式である (x^0 は定数関数 1 と定める)．

多項式 多項式とは，いくつか (有限個) の単項式の和のことであり，

$$a_0 + a_1x + a_2x^2 + \cdots + a_nx^n \qquad (*)$$

(ただし，$a_0, a_1, \cdots, a_n$ は実数) という形で書くことができる．例えば，$2 + x^2$，$x^3 + x + 3$ などが多項式である．もちろん，単項式も 1 つの単項式の和であるから多項式である．式 $(*)$ で，$a_n \neq 0$ のとき，n をこの多項式の**次数**という．

有理関数 有理関数とは,

$$\frac{Q(x)}{P(x)} \qquad (P(x), Q(x) \text{ は多項式})$$

(ただし, $P(x) \neq 0$) の形をした関数のことである. 例えば

$$\frac{x^2+2x+5}{2x^3+x+3}$$

などである.

三角関数 高校でも習った $\sin\theta$, $\cos\theta$, $\tan\theta$ を復習しよう. ただし θ は角度を表し, 本書では**角度の単位は必ずラジアンを用いる**. $\sin\theta$ は原点を中心とする単位円 (半径 1 の円) 上で x 軸から角度 θ の位置にある点 P の y 座標であり, $\cos\theta$ はその点 P の x 座標である. $\tan\theta$ は原点 O と点 P を結ぶ直線の傾きであり, 直線 OP と直線 $x=1$ の交点の y 座標に等しい (図 1.3 参照).

平面上の原点以外の任意の点 (x, y) は図 1.4 のように $(r\cos\theta, r\sin\theta)$ $(r > 0,\ 0 \leqq \theta < 2\pi)$ と表すことができる. このように平面上の点を表す (r, θ) を**極座標**とよぶ.

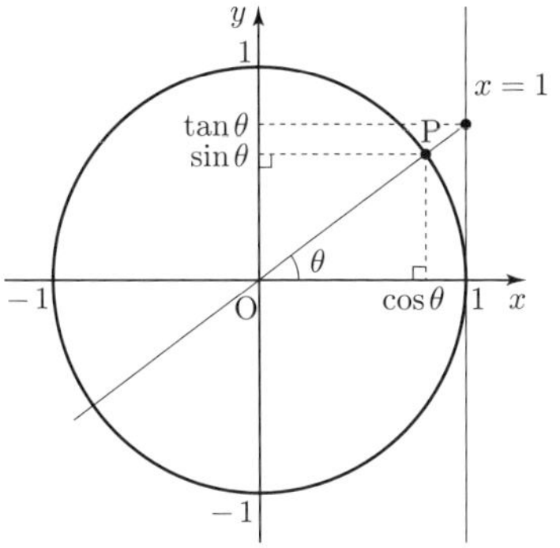

図 1.3 $\sin\theta$, $\cos\theta$, $\tan\theta$ の定義

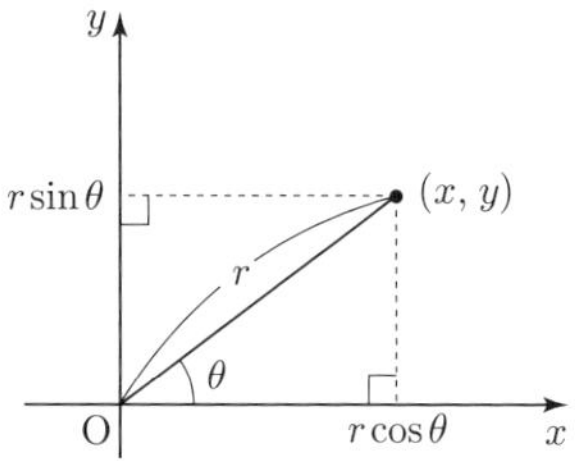

図 1.4

$\sin\theta$, $\cos\theta$, $\tan\theta$ について, θ を動かすと関数と考えることができるので, その場合は $\sin x$, $\cos x$, $\tan x$ と書かれ, **三角関数**とよばれる. 定義より,

$$\cos^2 x + \sin^2 x = 1, \quad \tan x = \frac{\sin x}{\cos x}$$

が成り立つ. また

$$\cos(-x) = \cos x, \quad \sin(-x) = -\sin x$$

も三角関数の基本的な性質である．これらの関数のグラフを描いてみると以下のようになる (図 1.5).

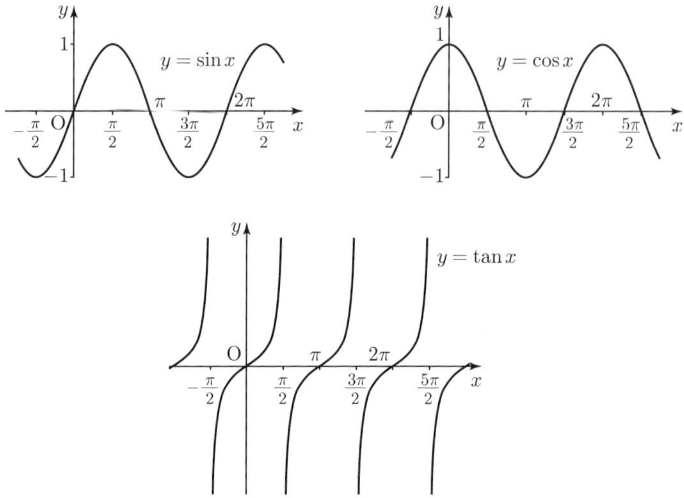

図 1.5　三角関数のグラフ

$\sin x$, $\cos x$ は周期 2π，$\tan x$ は周期 π の関数であることがわかる．ここでは証明は行わないが，

$$\sin(x+y) = \sin x \cos y + \cos x \sin y,$$
$$\cos(x+y) = \cos x \cos y - \sin x \sin y,$$
$$\tan(x+y) = \frac{\tan x + \tan y}{1 - \tan x \tan y}$$

が成り立ち，この等式は**加法定理**とよばれる．$x = y$ の場合を考えると，**2 倍角の公式**

$$\sin(2x) = 2\sin x \cos x,$$
$$\cos(2x) = \cos^2 x - \sin^2 x = 1 - 2\sin^2 x = 2\cos^2 x - 1,$$
$$\tan(2x) = \frac{2\tan x}{1 - \tan^2 x}$$

が得られる．2 倍角の公式の逆操作である**半角公式**

$$\sin^2 x = \frac{1-\cos(2x)}{2}, \quad \cos^2 x = \frac{1+\cos(2x)}{2}, \quad \tan^2 x = \frac{1-\cos(2x)}{1+\cos(2x)}$$

もしばしば用いられる．

◇**問 1.3.** 次の等式を示せ．

$$\sin x + \sin y = 2\sin\left(\frac{x+y}{2}\right)\cos\left(\frac{x-y}{2}\right),$$
$$\cos x + \cos y = 2\cos\left(\frac{x+y}{2}\right)\cos\left(\frac{x-y}{2}\right)$$

◇**問 1.4.** a, b を 0 でない実数とする．$\tan\alpha = \dfrac{b}{a}$ となる α，$\tan\beta = \dfrac{a}{b}$ となる β に対して，次が成り立つことを示せ．

$$a\sin x + b\cos x = \sqrt{a^2+b^2}\sin(x+\alpha) = \sqrt{a^2+b^2}\cos(x-\beta)$$

◇**問 1.5.** 三角関数と類似した性質をもつ関数として

$$\cosh x = \frac{e^x+e^{-x}}{2}, \quad \sinh x = \frac{e^x-e^{-x}}{2}, \quad \tanh x = \frac{\sinh x}{\cosh x} = \frac{e^x-e^{-x}}{e^x+e^{-x}}$$

がある．これらを**双曲関数**という．このとき，次が成り立つことを示せ．

(1) $\cosh^2 x - \sinh^2 x = 1, \quad \tanh^2 x = 1 - \dfrac{1}{\cosh^2 x}$

(2) $\cosh(-x) = \cosh x, \quad \sinh(-x) = -\sinh x, \quad \tanh(-x) = -\tanh x$

(3) $\cosh(x+y) = \cosh x\cosh y + \sinh x\sinh y$

(4) $\sinh(x+y) = \sinh x\cosh y + \cosh x\sinh y$

(5) $\tanh(x+y) = \dfrac{\tanh x + \tanh y}{1 + \tanh x\tanh y}$

指数関数　a を正の実数としたとき，

$$a^x$$

の形をした関数を**指数関数**という．x が有理数 $x = \dfrac{m}{n}$ (m, n は整数，$n \neq 0$) のときは

$$a^x = \sqrt[n]{a^m}$$

で定められる．ここで $\sqrt[n]{b}$ は n 乗すると b になる正の実数を表す．さて，x を実数としたとき，a^x はどのように定義されるのだろうか？ 例えば $3^{\sqrt{2}}$ で説明しよう．t_n を $\sqrt{2}$ の小数点以下 n 位までを表すことにすると，$t_1 = 1.4$, $t_2 = 1.41$, $t_3 = 1.414$, $\cdots$ であり，$\sqrt{2} = \lim_{n\to\infty} t_n$ が成り立つ．t_n は有理数であるから，上のとおり，3^{t_n} が定義される．そこで，$3^{\sqrt{2}}$ は $\lim_{n\to\infty} 3^{t_n}$ と定義さ

れるのである．実際，この場合，この数列 $\{3^{t_n}\}_{n=1}^{\infty}$ は単調増加で，$t_n < 2$ より $3^{t_n} < 9$ であるから上に有界である．したがって，定理 1.9 より $\{3^{t_n}\}_{n=1}^{\infty}$ は収束する．

a として自然対数の底 (ネイピア数) e を用いたものはよい性質をもつため，e^x がよく用いられる．したがって，単に指数関数といったときは e^x を表すことが多い．e^x は $\exp x$ と書くこともある．

一般に，$a > 1$ のとき，a^x は単調増加関数であり x が大きくなると無限大に発散する．一方，$a < 1$ のときは単調減少関数であり，x が大きくなると 0 に収束する．指数関数 $y = a^x$ のグラフを描いてみると図 1.6 のようになる．

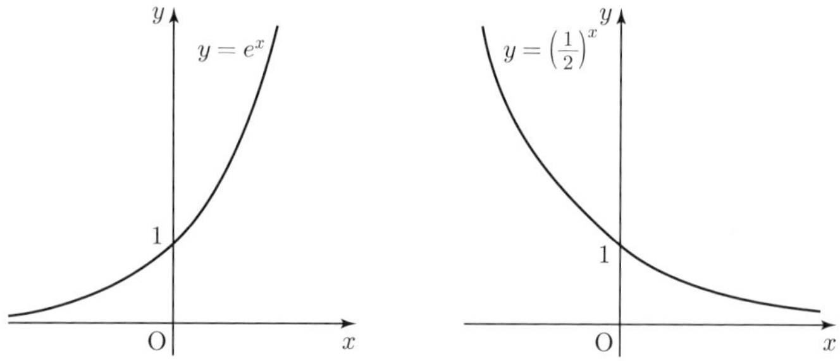

図 1.6　指数関数のグラフ (左 $a = e$, 右 $a = 1/2$)

指数関数について，一般に次の法則が成り立つ．

$$a^x \cdot a^y = a^{x+y},$$

$$(a^x)^y = a^{xy}$$

これらは，**指数法則**とよばれる．

対数関数　**対数関数**は，正の実数 a に対し，$\log_a x$ と書かれ，正の実数 x に対し，

$$a^y = x$$

となる y を返す関数のことである．後に逆関数を学ぶが，その用語を用いると，$\log_a x$ は a^x の逆関数である．a を自然対数の底 e にしたものを，**自然対数**といい，単に $\log x$ もしくは $\ln x$ と表すこともある．本書では $\log x$ を用いる．

◇問 **1.6.** $\log_a x = \dfrac{\log x}{\log a}$ を示せ．

対数関数 $\log_a x$ は，$a > 1$ のとき単調増加関数であり，x が大きくなると無限大に発散する．一方，$a < 1$ のときは単調減少関数であり，x が大きくなると負の無限大に発散する．対数関数 $y = \log_a x$ のグラフを描いてみると図 1.7 のようになる．

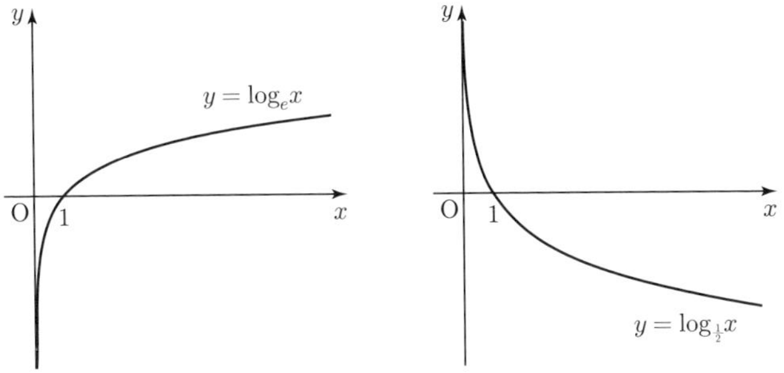

図 1.7　対数関数のグラフ (左 $a = e$, 右 $a = 1/2$)

対数関数の基本性質として

$$\log_a(xy) = \log_a x + \log_a y \quad (x, y > 0),$$

$$\log_a\left(\frac{x}{y}\right) = \log_a x - \log_a y \quad (x, y > 0),$$

$$\log_a(b^x) = x \log_a b \quad (b > 0)$$

が成り立つ．

1.4　関数の極限

定義 1.21. x が a に限りなく近づくとき，$f(x)$ が一定の値 b に限りなく近づくならば，$f(x)$ は $x \to a$ において b に**収束する** (極限値 b をもつ) といい，

$$\lim_{x \to a} f(x) = b \quad \text{または} \quad f(x) \to b\ (x \to a)$$

と書く．また，どの実数にも収束しないとき，**発散する**という．

★注意 1.22.「x が a に限りなく近づく」とは，$x \neq a$ を満たしながら，x が a に近づくことである．

★注意 1.23.「限りなく近づく」という表現に曖昧さを残しているように感じる読者もいるかもしれない．大学では，関数の極限は次の形で厳密に定義される．「$\lim_{x \to a} f(x) = b$ であるとは，任意の $\varepsilon > 0$ に対して，ε と a に応じた $\delta > 0$ が存在して，任意の x に対して

$$0 < |x - a| < \delta \quad ならば \quad |f(x) - b| < \varepsilon$$

が成立することである．」

「数列の極限」とは異なり，「関数の極限」を考える際に気をつけなければならないのは，一言で $x \to a$ と表現しても，a への近づけ方がいく通りもあるという点である．証明を付けずに次の定理を紹介しておく．

定理 1.24. $\lim_{x \to a} f(x) = b$ となるための必要十分条件は，任意の $n \in \mathbf{N}$ に対して，$a_n \neq a$ を満たし $a_n \to a \ (n \to \infty)$ なるどんな数列に対しても $f(a_n) \to b \ (n \to \infty)$ が成立することである．

★注意 1.25. 定理は，$f(x)$ の点 a での極限値が b であるとき，変数 x を点 a にどんな近づけ方をしても，$f(x)$ は b に収束する．つまり，近づけ方によって収束する値が異なる場合，$f(x)$ は極限値をもたないということを主張している．

以上から，$f(x)$ の $x = a$ での極限値を求めるには，x を a にあらゆる方法の近づけ方を考えなければならないということを学んだ．しかし，1 変数関数の場合は，次で定義される「右極限」と「左極限」の 2 つの近づけ方のみを考えればよい．

定義 1.26. x を a に右から ($x > a$ を満たしながら) 限りなく近づけていくと，$f(x)$ が b に限りなく近づくならば，$f(x)$ の $x = a$ における**右極限値**は b であるといい，

$$\lim_{x \to a+0} f(x) = b \quad または \quad f(x) \to b \ (x \to a + 0)$$

と書く．同様に，**左極限値** $\lim_{x \to a-0} f(x)$ も定義される．なお，$a = 0$ のときは，$\lim_{x \to 0+0} f(x)$ や $\lim_{x \to 0-0} f(x)$ を単に $\lim_{x \to +0} f(x)$ や $\lim_{x \to -0} f(x)$ と略記する．

実際に，次の定理が知られている．

定理 1.27. $\lim_{x\to a} f(x) = b$ であることの必要十分条件は，$\lim_{x\to a+0} f(x) = \lim_{x\to a-0} f(x) = b$ が成り立つことである．

●例題 1.28. 次の関数が $x \to 0$ において極限値をもつか調べよ．ただし，存在する場合はその値を求めよ．

(1) $f(x) = |x|$ (2) $g(x) = \begin{cases} x & (x > 0), \\ -x-1 & (x \leqq 0) \end{cases}$

解答例. (1) $\lim_{x\to+0} f(x) = \lim_{x\to+0} x = 0$，同様に，$\lim_{x\to-0} f(x) = \lim_{x\to-0}(-x) = 0$ が従う．ゆえに，定理 1.27 より，$\lim_{x\to 0} f(x) = 0$.

(2) $\lim_{x\to+0} g(x) = \lim_{x\to+0} x = 0$. 同様に，$\lim_{x\to-0} g(x) = \lim_{x\to-0}(-x-1) = -1$ が従う．$\lim_{x\to+0} g(x) \neq \lim_{x\to-0} g(x)$ となり，近づけ方によって収束する値が異なることがわかる．よって，関数 $g(x)$ は原点で極限値をもたない． □

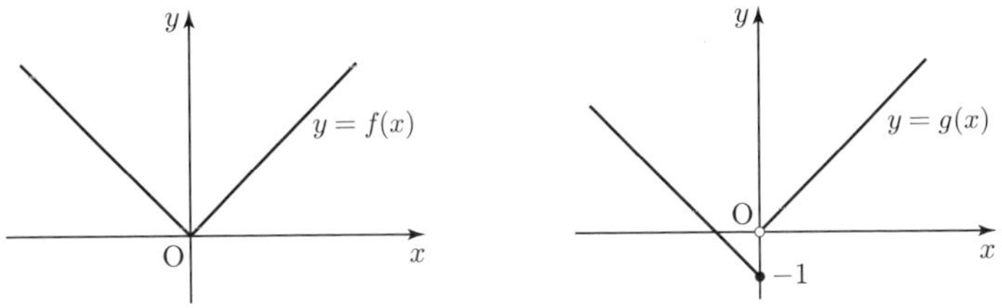

図 1.8

定義 1.29. x を a に限りなく近づけていくと $f(x)$ が限りなく大きくなるならば，$f(x)$ は $x = a$ において $+\infty$ **に発散する**といい，

$$\lim_{x\to a} f(x) = +\infty \quad \text{または} \quad f(x) \to +\infty \ (x \to a)$$

などと書く．$-\infty$ **に発散する**場合も同様に定義される．また，x を限りなく大きくすると $f(x)$ が a に限りなく近づくときは，$\lim_{x\to+\infty} f(x) = a$ と書く．

★注意 1.30. $\lim_{x\to-\infty} f(x) = a$，および，$\lim_{x\to+\infty} f(x) = +\infty$，$\lim_{x\to-\infty} f(x) = -\infty$ なども同様に定義される．

次に，極限の基本性質として 3 つの定理を紹介する．

定理 1.31 (極限の基本性質)**.** λ, μ を定数として，関数 $f(x)$ と $g(x)$ が，$x \to a$ において極限値をもつとし，$\lim_{x \to a} f(x) = \alpha$，$\lim_{x \to a} g(x) = \beta$ とする．このとき，

(1) $\lambda f(x) \pm \mu g(x)$ も $x \to a$ において極限値をもち，次が成立する．

$$\lim_{x \to a} (\lambda f(x) \pm \mu g(x)) = \lambda\alpha \pm \mu\beta$$

(2) $f(x)g(x)$ も $x \to a$ において極限値をもち，次が成立する．

$$\lim_{x \to a} f(x)g(x) = \alpha\beta$$

(3) $\beta \neq 0$ のとき，$\dfrac{f(x)}{g(x)}$ も $x \to a$ において極限値をもち，次が成立する．

$$\lim_{x \to a} \frac{f(x)}{g(x)} = \frac{\alpha}{\beta}$$

★**注意 1.32.** $f(x)$ と $g(x)$ が $x \to a$ において極限値をもたない場合，(1), (2), (3) は一般には成立しない．

定理 1.33. 関数 $f(x)$ と $g(x)$ が $x \to a$ において極限値をもつとし，$\lim_{x \to a} f(x) = \alpha$，$\lim_{x \to a} g(x) = \beta$ とする．$x = a$ の近くで

$$f(x) \leqq g(x)$$

が成立しているならば，$\alpha \leqq \beta$.

★**注意 1.34.** 関数 $f(x)$ が正の無限大に発散するとき，$\lim_{x \to a} g(x) = \infty$ が得られる．同様に，関数 $g(x)$ が負の無限大に発散するとき $\lim_{x \to a} f(x) = -\infty$ が得られる．

定理 1.35 (**はさみうちの定理**)**.** 関数 $f(x)$ と $h(x)$ が，$x \to a$ において極限値をもつとする．このとき，$\lim_{x \to a} f(x) = \lim_{x \to a} h(x) = \alpha$ で，$x = a$ の近くで

$$f(x) \leqq g(x) \leqq h(x)$$

ならば，$\lim_{x \to a} g(x) = \alpha$.

以下では，代表的な関数の極限値について，いくつかの例を紹介する．

○**例 1.36.** $\lim_{x \to 0} \dfrac{\sin x}{x} = 1$

証明の概略. $0 < x < \dfrac{\pi}{2}$ のとき，中心 O で半径 1 の円における，中心角 x の

扇形 OAB と △OAB，そして △OAC の面積を比較すると (図 1.9 参照)，

$$0 < \frac{1}{2}\sin x < \frac{1}{2}x < \frac{1}{2}\tan x \tag{1.1}$$

が従う．ここで，$0 < x < \frac{\pi}{2}$ のとき $\sin x > 0$ であることに注意すると，(1.1) から，

$$1 < \frac{x}{\sin x} < \frac{1}{\cos x}$$

であるから，結局，

$$\cos x < \frac{\sin x}{x} < 1 \qquad (*)$$

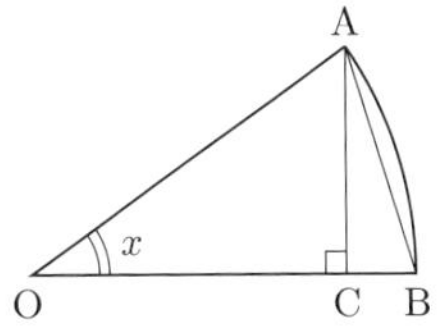

図 1.9

を得る．$\lim_{x\to+0}\cos x = 1$ より，はさみうちの定理 (定理 1.35) から，$\lim_{x\to+0}\frac{\sin x}{x} = 1$ が従う．$-\frac{\pi}{2} < x < 0$ のときについても $\cos x = \cos(-x)$，$\frac{\sin x}{x} = \frac{\sin(-x)}{-x}$ より (*) が成立するので，$\lim_{x\to-0}\frac{\sin x}{x} = 1$ が得られる．よって，定理 1.27 から主張を得る． □

●**例題 1.37.** 例題 1.18 を用いて，$\lim_{x\to\pm\infty}\left(1+\frac{1}{x}\right)^x = e$ を示せ．

解答例. 1 以上の実数 x に対して，$n \leqq x < n+1$ となる n をとると，

$$\left(1+\frac{1}{n+1}\right)^n < \left(1+\frac{1}{x}\right)^x < \left(1+\frac{1}{n}\right)^{n+1}$$

が成立する．したがって，

$$\left(1+\frac{1}{n+1}\right)^{n+1}\left(1+\frac{1}{n+1}\right)^{-1} < \left(1+\frac{1}{x}\right)^x < \left(1+\frac{1}{n}\right)^n\left(1+\frac{1}{n}\right)$$

が得られる．$x\to\infty$ とすると $n\to\infty$ であるから，はさみうちの定理より，

$$\lim_{x\to\infty}\left(1+\frac{1}{x}\right)^x = e \tag{1.2}$$

が従う．$x\to-\infty$ については，$t=-x$ とおけば，

$$\left(1+\frac{1}{x}\right)^x = \left(1-\frac{1}{t}\right)^{-t} = \left(\frac{t}{t-1}\right)^t = \left(1+\frac{1}{t-1}\right)^t$$

より，

$$\lim_{x\to-\infty}\left(1+\frac{1}{x}\right)^x = \lim_{t\to\infty}\left(1+\frac{1}{t-1}\right)^{t-1}\left(1+\frac{1}{t-1}\right) = e.$$ □

◇問 **1.7.** 次を示せ．

(1) $\displaystyle\lim_{x\to 0}(1+x)^{\frac{1}{x}}=e$ (2) $\displaystyle\lim_{x\to 0}\frac{\log(1+x)}{x}=1$ (3) $\displaystyle\lim_{x\to 0}\frac{e^x-1}{x}=1$

1.5 連続関数

点 a を含む区間で定義された関数 $f(x)$ が $x=a$ で**連続**であるとは，

$$\lim_{x\to a}f(x)=f(a) \tag{1.3}$$

が成り立つときにいう．この式は「左辺が存在して，右辺と一致する」という意味である．点 a が区間の左端の点である場合は右極限 $x\to a+0$ を考え，右端の点である場合は左極限 $x\to a-0$ を考える．

式 (1.3) は

$$\lim_{x\to a}\{f(x)-f(a)\}=0 \tag{1.4}$$

と同値である．式 (1.4) を厳密に述べると，「任意の $\varepsilon>0$ に対して，ε と a に応じた $\delta>0$ が存在して，任意の x に対して

$$|x-a|<\delta \quad \text{ならば} \quad |f(x)-f(a)|<\varepsilon$$

が成り立つ」ということである．"出力" $f(x)$ の $f(a)$ からの誤差を ε 未満におさえるという目標を設定するとき，ε と a に応じて $\delta>0$ をうまく決め，"入力" x の a からの誤差を δ 未満におさえれば目標が達成できる，と解釈できる．

区間 I で定義された関数 $y=f(x)$ が I のすべての点で連続であるとき，$f(x)$ は **I 上で連続**であるという．

連続関数を定数倍して得られる関数や，2 つの連続関数の和・差・積・商により得られる関数には，次のように連続性が "遺伝" する．

定理 1.38. 関数 $f(x), g(x)$ が点 $x=a$ で連続であるとき，以下の関数

$$f(x)\pm g(x), \quad cf(x), \quad f(x)g(x) \quad (c\text{ は定数})$$

も $x=a$ において連続である．また，$g(a)\neq 0$ であるとき $\dfrac{f(x)}{g(x)}$ も $x=a$ において連続である．

系 1.39. 関数 $f(x), g(x)$ が区間 I 上で連続であるとき，

$$f(x)\pm g(x), \quad cf(x), \quad f(x)g(x) \quad (c\text{ は定数})$$

も区間 I 上で連続である．また，区間 I から $g(x)=0$ となる点 x を除くと，$\dfrac{f(x)}{g(x)}$ も連続である．

「簡単な関数で連続性を確認しておくと，複雑な関数の連続性もわかる」という例をあげる．

○**例 1.40.** 関数 $f(x)=1$ と $f(x)=x$ は $\mathbf{R}$ 上で連続であることが容易に確かめられるから，系 1.39 により次のことがわかる．

- $x^2, x^3, \cdots$ も $\mathbf{R}$ 上で連続である．
- n を 0 以上の整数，c を定数とすると，単項式 cx^n も $\mathbf{R}$ 上で連続である．
- 多項式 $c_0+c_1x+c_2x^2+\cdots+c_nx^n$ も $\mathbf{R}$ 上で連続である．

○**例 1.41.** 関数 $\sin x$ が $\mathbf{R}$ 上で連続であることは次のようにして確かめられる．$a\in\mathbf{R}$ とすると，$|\sin x|\leqq|x|$ (例 1.36 の (1.1) 参照) と $|\cos x|\leqq 1$ より

$$|\sin x-\sin a|=\left|2\cos\left(\frac{x+a}{2}\right)\sin\left(\frac{x-a}{2}\right)\right|\leqq|x-a|$$

が成り立つから，関数 $\sin x$ は $x=a$ で連続である．

○**例 1.42.** 系 1.39 により，関数 $f(x)=\dfrac{\sin x}{x}$ は $x\neq 0$ において連続とわかる．一方，例 1.36 により $\displaystyle\lim_{x\to 0}\frac{\sin x}{x}=1$ であるから，

$$\widehat{f}(x):=\begin{cases}\dfrac{\sin x}{x} & (x\neq 0 \text{ のとき}),\\ 1 & (x=0 \text{ のとき})\end{cases}$$

とおくと，関数 $\widehat{f}(x)$ は $\mathbf{R}$ 全体で連続になる．この意味で，$x=0$ は「除去可能な不連続点」とよばれる．関数 $\widehat{f}(x)$ は **sinc 関数**とよばれる応用上重要な関数である (図 1.10 左)．

○**例 1.43.** 関数 $f(x)=\dfrac{1}{x}$ も $x\neq 0$ で連続であるが，$x=0$ の値をどのように定めたとしても連続にはならない．つまり，この場合の不連続点 $x=0$ は除去できない (図 1.10 右)．

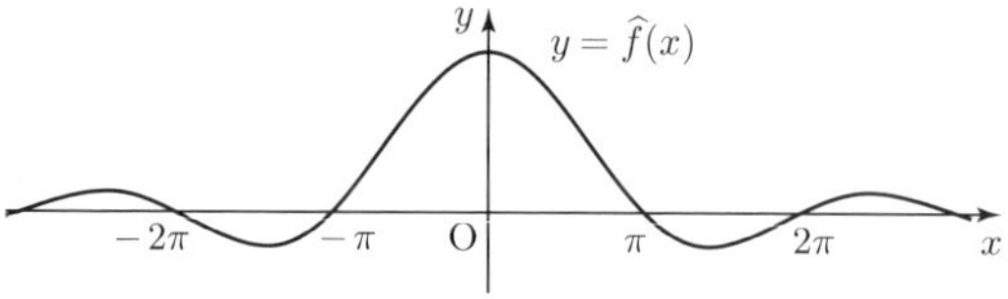

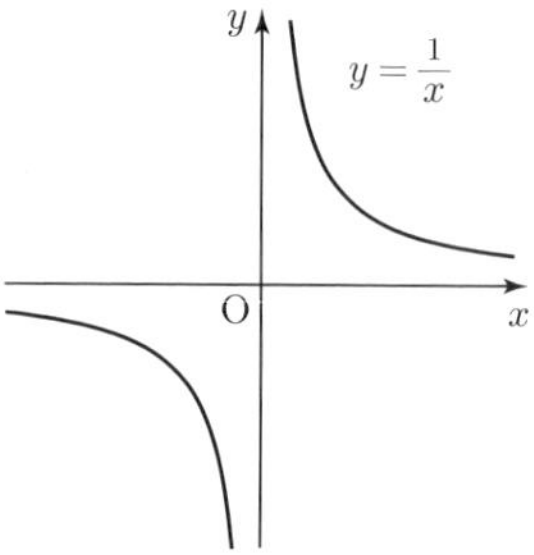

図 1.10　sinc 関数 $\widehat{f}(x)$ のグラフと $f(x) = \dfrac{1}{x}$ のグラフ

○例 **1.44.** $\displaystyle\lim_{n\to\infty}\left(1+\frac{1}{n}\right)^n = e$ の一般化として，

$$a_n \neq 0 \text{ だが } \lim_{n\to\infty} a_n = 0 \text{ で，} \lim_{n\to\infty} a_n b_n = c$$

を満たす数列 $\{a_n\}$, $\{b_n\}$ があるとき，

$$\lim_{n\to\infty}(1+a_n)^{b_n} = e^c$$

が成り立つことを示そう．問 1.7 (2) より $\displaystyle\lim_{x\to 0}\frac{\log(1+x)}{x} = 1$ であるから，

$$\log\bigl\{(1+a_n)^{b_n}\bigr\} = (a_n b_n)\cdot\frac{\log(1+a_n)}{a_n} \to c\cdot 1 = c \quad (n\to\infty)$$

となり，指数関数の連続性により

$$\begin{aligned}\lim_{n\to\infty}(1+a_n)^{b_n} &= \lim_{n\to\infty}\exp\bigl(\log\bigl\{(1+a_n)^{b_n}\bigr\}\bigr)\\ &= \exp\Bigl(\lim_{n\to\infty}\log\bigl\{(1+a_n)^{b_n}\bigr\}\Bigr) = \exp(c)\end{aligned}$$

が得られる．

合成関数の連続性については，次の定理がある．

定理 1.45. 関数 $y = f(x)$ が $x = a$ で連続で，関数 $z = g(y)$ が $y = f(a)$ で連続ならば，合成関数 $z = g(f(x))$ も $x = a$ で連続である．

系 1.46. 関数 $y = f(x)$ が区間 I 上で連続で，関数 $z = g(y)$ が $\{f(x) \mid x \in I\}$ を含む区間 J 上で連続であるとき，合成関数 $z = g(f(x))$ も区間 I 上で連続である．

◇問 1.8. 次の関数が $\mathbf{R}$ 上で連続であるかを調べよ.

(1) $f(x)=\begin{cases}\sin\left(\dfrac{1}{x}\right) & (x\neq 0),\\ 0 & (x=0)\end{cases}$ (2) $g(x)=\begin{cases}x\sin\left(\dfrac{1}{x}\right) & (x\neq 0),\\ 0 & (x=0)\end{cases}$

有界閉区間上の連続関数は次の重要な性質 (定理 1.47, 1.48, 1.49) をもつ. (証明は第 7 章 7.2.2 項を参照.)

定理 1.47 (中間値の定理). $f(x)$ を有界閉区間 $[a,b]$ 上の連続関数とする. $f(a)\neq f(b)$ ならば, $f(a)$ と $f(b)$ の間の任意の h に対して, $f(c)=h$ を満たす $c\ (a<c<b)$ が存在する.

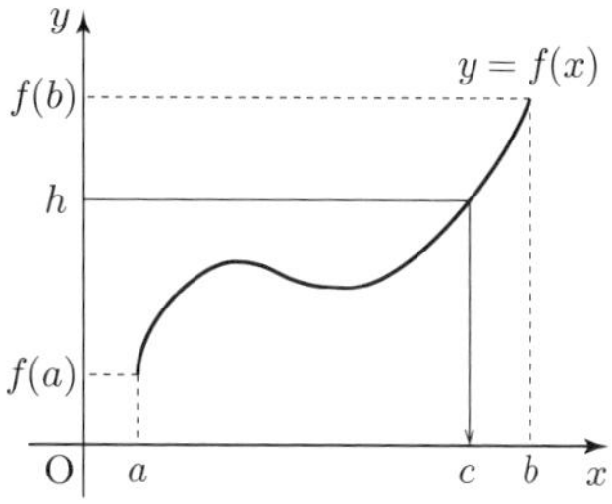

図 1.11

ここでは直感的な意味を述べよう. $f(a)<f(b)$ である場合を考え, $f(a)<h<f(b)$ とする. 点 $(a,f(a))$ から点 $(b,f(b))$ まで連続関数 $y=f(x)$ のグラフに沿って移動すると, 途中で必ず直線 $y=h$ と交わる.

定理 1.48. 関数 $f(x)$ が有界閉区間 $[a,b]$ 上で連続ならば, $f(x)$ は $[a,b]$ 上で最大値および最小値をとる.

定理 1.49. 関数 $f(x)$ は有界閉区間 $[a,b]$ 上で連続であるとする. 任意の $\varepsilon>0$ に対して, ε だけに依存する $\delta>0$ が存在して, 任意の $x,x'\in[a,b]$ に対して

$$|x-x'|<\delta \text{ を満たすならば } |f(x)-f(x')|<\varepsilon$$

が成り立つ. この性質を, $f(x)$ の区間 $[a,b]$ における**一様連続性**という.

○例 1.50. 関数 $f(x)=\dfrac{1}{x}$ は区間 $(0,\infty)$ 上で連続であるが, $\displaystyle\lim_{x\to+0}f(x)=+\infty$ であるから, $(0,\infty)$ 上で最大値も最小値もとらない. また, 関数の変動 $|f(x)-f(x')|$ を同じ $\varepsilon>0$ 未満におさえたいと思っても, x,x' が 0 に近いと $|x-x'|$ を小さくしなければいけなくなる. すなわち, 関数 $f(x)$ は区間 $(0,\infty)$ で一様連続性をもっていない (図 1.12).

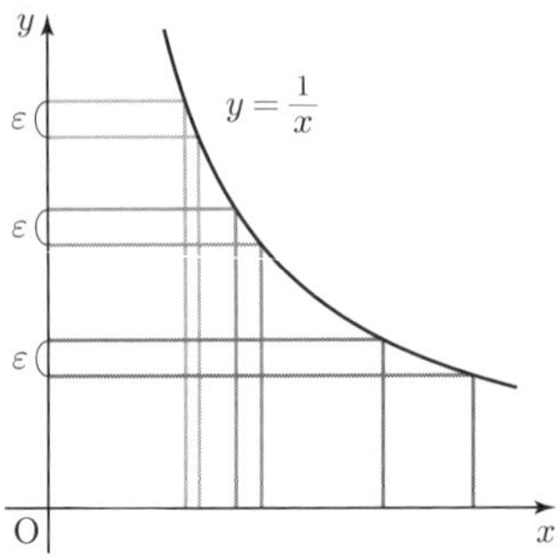

図 1.12 区間 $(0,\infty)$ 上の連続関数 $f(x)=\dfrac{1}{x}$ は一様連続性をもたない

○例 **1.51.** 区間 I 上の関数 $f(x)$ について，ある定数 $L>0$ が存在して，

$$\text{任意の } x, x' \in I \text{ に対して } |f(x)-f(x')| \leqq L|x-x'|$$

が成り立つとき，$f(x)$ は区間 I 上で**リプシッツ連続**であるという．このとき，任意の $\varepsilon>0$ に対して，$x, x' \in I$ が $|x-x'|<\dfrac{\varepsilon}{L}$ を満たすならば $|f(x)-f(x')|<\varepsilon$ が成り立つから，関数 $f(x)$ は区間 I 上で一様連続性をもっている．例えば，$\sin x$ は $\mathbf{R}$ 上で $L=1$ としてリプシッツ連続である (例 1.41 参照).

1.6 逆関数

逆関数の定義と例

関数 $f(x)$ の**定義域**が I であるとき，その値域を

$$f(I) := \{f(x) \mid x \in I\}$$

で表す．$f(x)$ が **1 対 1**，あるいは**単射**であるとは，

$x_1, x_2 \in I$ が $x_1 \neq x_2$ を満たすならば $f(x_1) \neq f(x_2)$ が成り立つ

ことをいう．このとき，任意の $y \in f(I)$ に対して $y=f(x)$ を満たす $x \in I$ がただ一つ存在するから，これを $x=f^{-1}(y)$ と表

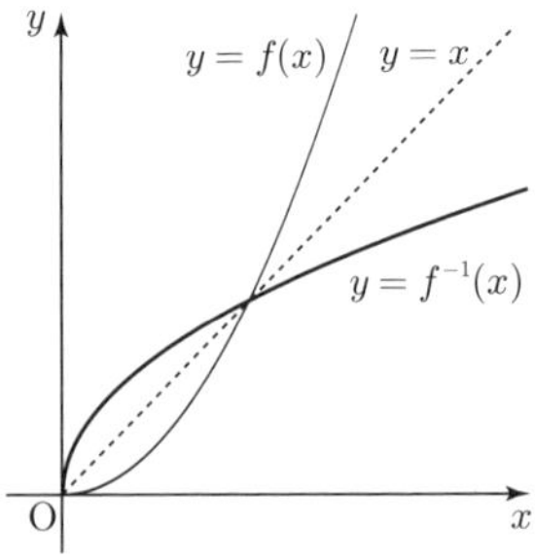

図 1.13

す．この f^{-1} を f の**逆関数**という．定義から，

$$f^{-1}(f(x)) = x, \quad f(f^{-1}(y)) = y$$

が成り立つことがわかる．$y = f(x)$ のグラフと $y = f^{-1}(x)$ のグラフは，直線 $y = x$ に関して対称である (図 1.13).

○例 **1.52.** $f(x) = e^x$ の定義域は $\mathbf{R}$，値域は $(0, \infty)$ であり，**真に単調増加**である．すなわち，

$x_1, x_2 \in \mathbf{R}$ が $x_1 < x_2$ を満たすならば $f(x_1) < f(x_2)$ が成り立つ．

$y > 0$ に対して，$e^x = y$ となるただ一つの $x \in \mathbf{R}$ が $\log y$ である．

○例 **1.53.** $f(x) = x^2$ は $x \leqq 0$ において真に単調減少，$x \geqq 0$ において真に単調増加である．そこで，定義域を区間 $[0, \infty)$ に制限すると逆関数が考えられ，それを $x = \sqrt{y}$ で表す．また，定義域を区間 $(-\infty, 0]$ に制限したときの逆関数は $x = -\sqrt{y}$ で与えられる．

◇問 **1.9.** 問 1.5 の双曲関数について，次の問いに答えよ．

(1) $y = \sinh x$ は $\mathbf{R}$ 上で真に単調増加である．逆関数は $\sinh^{-1} y = \log(y + \sqrt{y^2 + 1})$ $(y \in \mathbf{R})$ であることを示せ．

(2) $y = \cosh x$ は区間 $[0, \infty)$ 上で真に単調増加である．この範囲での逆関数は $\cosh^{-1} y = \log(y + \sqrt{y^2 - 1})$ $(y \geqq 1)$ であることを示せ．

(3) $y = \tanh x$ は $\mathbf{R}$ 上で真に単調増加である．$\tanh^{-1} y = \dfrac{1}{2} \log\left(\dfrac{1 + y}{1 - y}\right)$ $(|y| < 1)$ であることを示せ．

逆三角関数

三角関数の一つである $y = \tan\theta$ は，角度 θ (ラジアン) に直線の傾き y を対応させるものである．しかし，直線の傾き y から角度を逆算したいと思っても 1 つには定まらない．そこで，$y = \tan\theta$ で $\theta \in (-\frac{\pi}{2}, \frac{\pi}{2})$ に制限したときの逆関数を $\theta = \mathrm{Tan}^{-1}\, y$ と表す．同様に，$y = \sin\theta$ で $\theta \in [-\frac{\pi}{2}, \frac{\pi}{2}]$ に制限したときの逆関数を $\theta = \mathrm{Sin}^{-1}\, y$ と表し，$y = \cos\theta$ で $\theta \in [0, \pi]$ に制限したときの逆関数を $\theta = \mathrm{Cos}^{-1}\, y$ と表す．これらは**逆三角関数**とよばれる (図 1.14～1.16)．このとき，

$$y \in [-1, 1] \text{ のとき，} \quad \mathrm{Sin}^{-1}\, y + \mathrm{Cos}^{-1}\, y = \frac{\pi}{2}$$

が成り立っている．

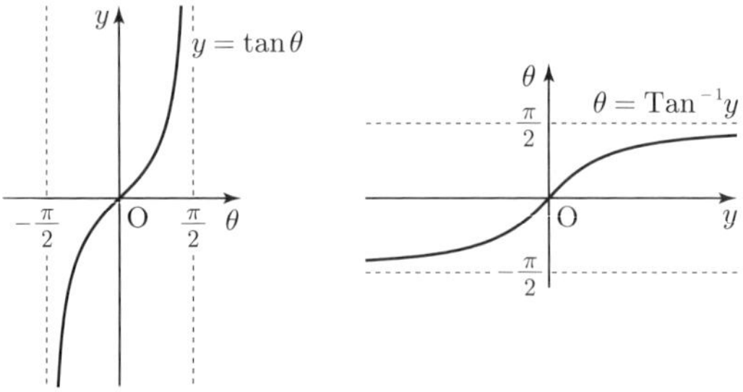

図 1.14　$y = \tan\theta$ と $\theta = \mathrm{Tan}^{-1}\,y$

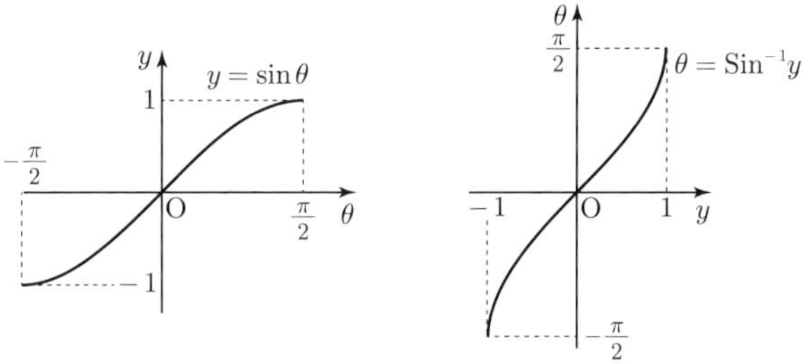

図 1.15　$y = \sin\theta$ と $\theta = \mathrm{Sin}^{-1}\,y$

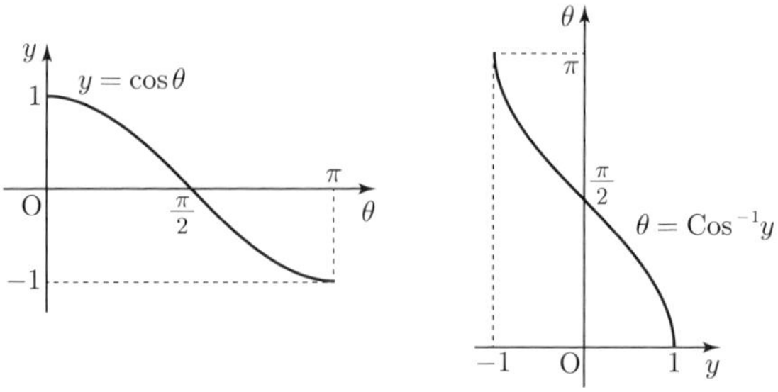

図 1.16　$y = \cos\theta$ と $\theta = \mathrm{Cos}^{-1}\,y$

●**例題 1.54.** $\mathrm{Cos}^{-1}\,x = \mathrm{Sin}^{-1}\left(\dfrac{5}{13}\right)$ を満たす x を求めよ．

解答例. $\theta := \mathrm{Cos}^{-1}\,x = \mathrm{Sin}^{-1}\left(\dfrac{5}{13}\right)$ とおくと，$\cos\theta = x, \sin\theta = \dfrac{5}{13}$ である．
θ が $\mathrm{Cos}^{-1}\,x$ の値域 $[0, \pi]$ と $\mathrm{Sin}^{-1}\,x$ の値域 $[-\frac{\pi}{2}, \frac{\pi}{2}]$ の共通部分 $[0, \frac{\pi}{2}]$ にあることに注意すると，$x \geqq 0$ とわかる．したがって，

$$x = \cos\theta = \sqrt{1 - \sin^2\theta} = \sqrt{1 - \frac{25}{169}} = \frac{12}{13}$$

である. □

◇問 **1.10.** $\mathrm{Cos}^{-1}\, x = \mathrm{Sin}^{-1}\left(\frac{8}{17}\right) + \mathrm{Sin}^{-1}\left(\frac{3}{5}\right)$ を満たす x を求めよ.

1.7　数列の極限・関数の連続性の応用：細胞分裂の確率モデル

最初に，細胞が 1 個あり，これを第 0 世代の細胞という．第 0 世代の細胞は，

- 確率 p で 2 個の細胞に分裂する．この 2 個の細胞を第 1 世代の細胞という．
- 確率 $1-p$ で消滅する．このとき，『第 1 世代で絶滅した』という．

第 1 世代で絶滅しなかった場合，第 1 世代の 2 個の細胞が独立に，各々確率 p で 2 個に分裂し，確率 $1-p$ で消滅して，残った細胞を第 2 世代の細胞とよぶ．

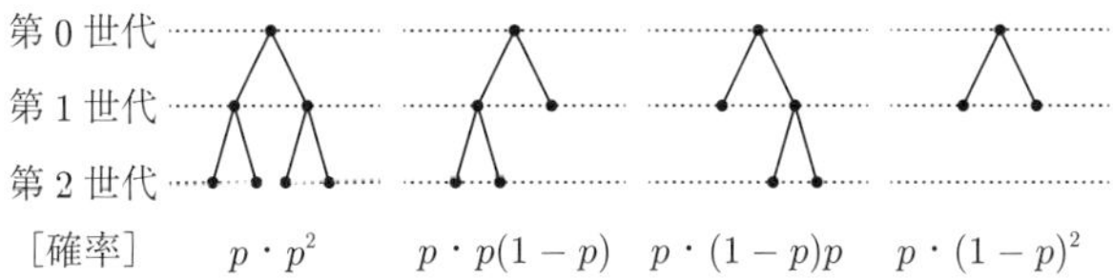

図 1.17　第 2 世代までの分裂の様子

一般に，第 n 世代の細胞が 1 個以上ある場合，それらが独立に，各々確率 p で 2 個に分裂し，確率 $1-p$ で消滅して，残った細胞を第 $(n+1)$ 世代の細胞とよぶ．

$p=0$ のとき，確実に第 1 世代で絶滅する．$p=1$ のとき，確実に，第 n 世代の細胞は 2^n 個である．以下，$0<p<1$ の範囲で考える．第 n 世代以前で絶滅する確率を a_n とすると，

$$a_0 = 0, \quad a_1 = 1-p, \quad a_2 = 1-p+p\cdot(1-p)^2$$

である．数列 $\{a_n\}$ は単調増加で上に有界 (確率は 1 以下) だから，極限値 $\lim_{n\to\infty} a_n = \alpha$ が存在する．この極限値は『どこかの世代までに絶滅する確率』を表すことがわかっており，p によって異なるので $\alpha(p)$ とも表す．

さて，第 3 世代以前に絶滅するのは，第 1 世代で絶滅するか，または，第 1 世代で 2 個に分裂して，その後 2 世代以内に 2 系統とも絶滅するかのいずれか

であるから,

$$a_3 = 1 - p + p(a_2)^2$$

が成り立つ.

同様に，上の第 3 世代を第 $(n+1)$ 世代に代えて考えると，一般に,

$$a_{n+1} = 1 - p + p(a_n)^2 \tag{1.5}$$

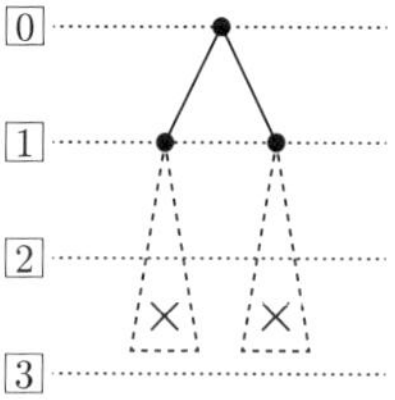

図 1.18 a_3 と a_2 の関係

が成り立つことがわかる．式 (1.5) で $n \to \infty$ とし，関数 $y = x^2$ が連続であることを用いると，極限値 α の満たす方程式

$$\alpha = 1 - p + p\alpha^2 \tag{1.6}$$

が得られる.

x の 2 次方程式 $x = 1 - p + px^2$ の解の一つは $x = 1$ だから,

$$(x-1)\{px - (1-p)\} = 0$$

と書き直すことができ，解は $x = 1, \dfrac{1-p}{p}$ である．$1 - p \geqq p$, すなわち $p \leqq \dfrac{1}{2}$ のときは $\dfrac{1-p}{p} \geqq 1$ であるから，2 つの解で「確率」とよべるのは 1 だけである．したがって，$p \leqq \dfrac{1}{2}$ のときは $\alpha(p) = 1$ とわかる．$1 - p < p$, すなわち $p > \dfrac{1}{2}$ のときは $0 \leqq \dfrac{1-p}{p} < 1$ であるから，どちらが $\alpha(p)$ なのか，すぐにはわからない．$f(x) := 1 - p + px^2$ とおくと，式 (1.5) から $a_{n+1} = f(a_n)$ である．数列 $\{a_n\}$ の増大の様子は，点 $(0, a_0) = (0, 0)$ から出発し，放物線 $y = f(x)$ と直線 $y = x$ に『交互に当てる』ことによって図示することができる (図 1.19). この図 1.19 から，$p > \dfrac{1}{2}$ の場合の $\alpha(p) = \dfrac{1-p}{p}$ であることがわかる．また，$1 - \alpha(p)$ は『細胞分裂がずっと続く確率』を表すことがわかっており，そのグラフは図 1.20 のようになる.

1 個の細胞が，平均 $m = 2p$ 個に分裂することから，m が 1 を超えるか否かの分かれ目である $p = \dfrac{1}{2}$ を境に状況が劇的に変化する．このような現象は**相転移**とよばれている.

このモデルは，次のようにも解釈できる．次の日までに，風邪が治らないまま他の人にうつす確率が p で，他の人にうつさないうちに風邪が治る確率を $1-p$

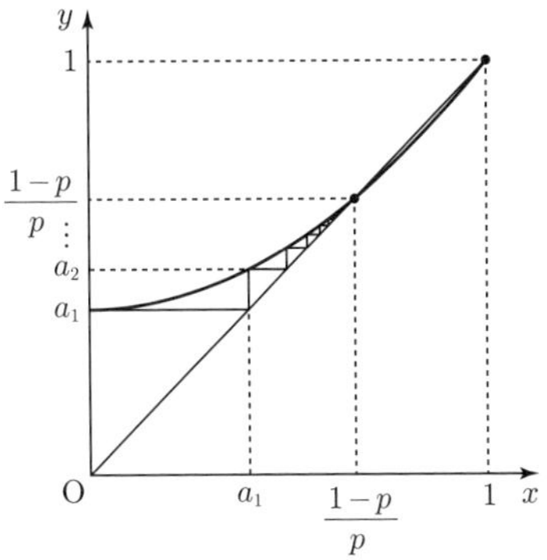

図 1.19　$p > \frac{1}{2}$ の場合の $\{a_n\}$ の様子

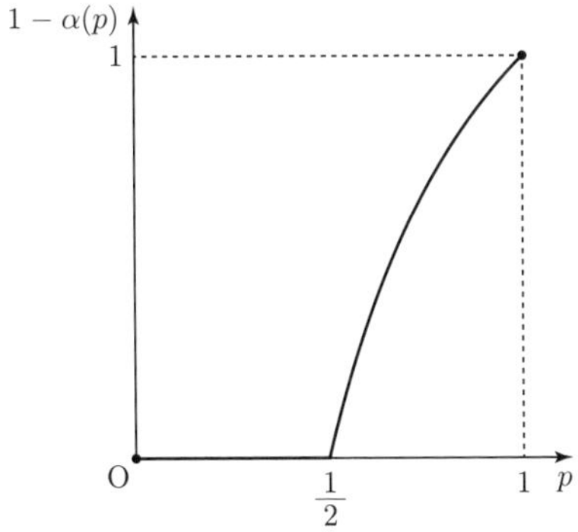

図 1.20　細胞分裂がずっと続く確率

とする．このとき，$\alpha(p)$ はいつか風邪の流行がおさまる確率であり，$1-\alpha(p)$ はいつまでも風邪の流行が続く確率である．風邪の人ひとりが，次の日で平均 $m = 2p$ 人になるから，m が 1 を超えるか否かで状況が大きく変わってしまう．

Coffee Break

$f(x) := 4x(1-x)$ とおく．初期値 a_0 を $0 \leqq a_0 \leqq 1$ の範囲で選ぶとき，$a_{n+1} = f(a_n)$ で定まる数列 $\{a_n\}$ はとても複雑な振る舞いをする．この f を**ロジスティック写像**という．

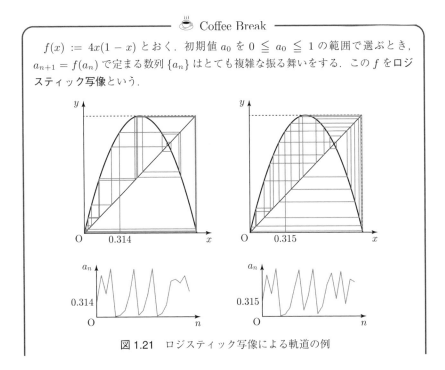

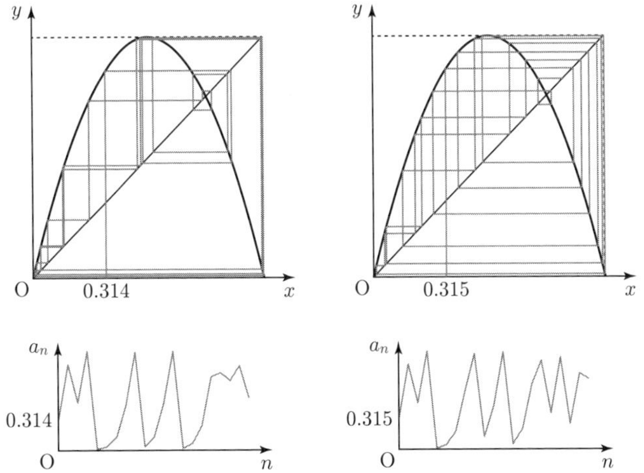

図 1.21　ロジスティック写像による軌道の例

初期値 a_0 のわずかな違いにとても敏感である．このような現象は**カオス** (chaos) とよばれている．

章末問題

1. 次の集合の上限と下限を求めよ．

(1) $\left\{1-\frac{1}{n}\,\middle|\, n\in\mathbf{N}\right\}$ (2) $\{-n\,|\,n\in\mathbf{N}\}$ (3) $\left\{n^3-4n\,\middle|\,n\in\mathbf{N}\right\}$

2. 次の数列の極限の収束・発散を調べ，収束する場合は極限値を求めよ．

(1) $\dfrac{3n+1}{1-2n}$ (2) $\dfrac{\sqrt{n}+2}{3\sqrt[3]{n}-2}$ (3) $\dfrac{(-3)^n+2^n}{3^n}$ (4) $\sqrt{n^2+n}-\sqrt{n^2-n}$

(5) $\dfrac{1^2+2^2+\cdots+n^2}{n^3}$ (6) $\dfrac{\sqrt{n^2+2n}-3n}{n}$

3. $n=1,2,\cdots$ に対して $\sqrt[n]{n}=1+d_n$ とおく．二項定理を利用して $\lim_{n\to\infty} d_n=0$ を示せ．このことから $\lim_{n\to\infty}\sqrt[n]{n}=1$ がわかる．

4. 関数 $\sin\left(\dfrac{x}{2}\right)$，$\tan(3x)$，$\cos^2 x$，$\sin x+\cos x$ の周期を求めよ．

5. $2\cos(2x)+4\cos x+3\geqq 0$ を示せ．

6. 実数 x は $\sin\left(\dfrac{x}{2}\right)\neq 0$ を満たすとする．次の等式を示せ．

(1) $\displaystyle\sum_{k=1}^{n}\sin(kx)=\frac{\cos\left(\frac{x}{2}\right)-\cos\left(\left(n+\frac{1}{2}\right)x\right)}{2\sin\left(\frac{x}{2}\right)}$

(2) $\displaystyle\frac{1}{2}+\sum_{k=1}^{n}\cos(kx)=\frac{\sin\left(\left(n+\frac{1}{2}\right)x\right)}{2\sin\left(\frac{x}{2}\right)}$

7. 次の等式を示せ．

(1) $\mathrm{Tan}^{-1}\left(\dfrac{1}{2}\right)+\mathrm{Tan}^{-1}\left(\dfrac{1}{3}\right)=\dfrac{\pi}{4}$

(2) $4\,\mathrm{Tan}^{-1}\left(\dfrac{1}{5}\right)-\mathrm{Tan}^{-1}\left(\dfrac{1}{239}\right)=\dfrac{\pi}{4}$

8. $a_0=x\in[0,1]$ とする．$n=0,1,2,\cdots$ に対して，漸化式 $a_{n+1}=4a_n(1-a_n)$ によって数列 $\{a_n\}_{n=0,1,2,\cdots}$ を定める．これは Coffee Break で紹介した「カオス的な数列」であるが，逆三角関数を利用すると，一般項が

$$a_n=\sin^2(2^n\,\mathrm{Sin}^{-1}\sqrt{x}) \tag{1.7}$$

と求められることを示せ．

2
1 変数関数の微分

「瞬間の変化率」に注目することで関数の変化の様子を調べるのが微分法である．これは，各点の近くでどのような直線と似ているかに注目しているともいい換えられる．さらに，「瞬間の変化率」の変化の様子は，もとの関数のグラフの凹凸に関係していることがわかる．これは，各点の近くでどのような放物線と似ているかに注目しているともいい換えられる．本章では，複雑な関数を単純な関数で近似・展開し，挙動を解明するための手法を学ぶ．

2.1　微分係数と導関数

微 分 係 数

点 a を含むある開区間で定義された関数 $f(x)$ について，極限値

$$\lim_{x \to a} \frac{f(x) - f(a)}{x - a} \tag{2.1}$$

が存在するとき，$f(x)$ は $x = a$ で**微分可能**であるという．また，式 (2.1) の極限値を $f'(a)$ と表し，$f(x)$ の $x = a$ における**微分係数**という．$h = x - a$ とおくと，

$$f'(a) = \lim_{h \to 0} \frac{f(a+h) - f(a)}{h} \tag{2.2}$$

と書くこともできる．

○例 **2.1.** $f(x) = \dfrac{1}{x}$ とする．$x, a \neq 0$ のとき，

$$f(x)-f(a)=\frac{1}{x}-\frac{1}{a}=\frac{a-x}{ax}$$

より，

$$\lim_{x\to a}\frac{f(x)-f(a)}{x-a}=\lim_{x\to a}\left(-\frac{1}{ax}\right)=-\frac{1}{a^2}$$

となる．したがって，$f(x)$ は $x=a\neq 0$ において微分可能で，$f'(a)=-\dfrac{1}{a^2}$ である．

定理 2.2. 関数 $f(x)$ が $x=a$ で微分可能ならば，$x=a$ で連続である．

証明. $\displaystyle\lim_{x\to a}\{f(x)-f(a)\}=\lim_{x\to a}\frac{f(x)-f(a)}{x-a}\cdot(x-a)=f'(a)\cdot 0=0$ □

★注意 2.3. $f(x)$ が $x=a$ で連続であっても，$x=a$ で微分可能であるとは限らない．例えば，$f(x)=|x|$ は $x=0$ で連続であるが，

$$\lim_{x\to+0}\frac{f(x)-f(0)}{x-0}=\lim_{x\to+0}\frac{x}{x}=1,\quad \lim_{x\to-0}\frac{f(x)-f(0)}{x-0}=\lim_{x\to-0}\frac{-x}{x}=-1$$

となっているから，$x=0$ で微分可能でない (図 1.8 参照).

極限値

$$\lim_{x\to a+0}\frac{f(x)-f(a)}{x-a}\tag{2.3}$$

が存在するとき，$f(x)$ は $x=a$ で**右側微分可能**といい，この極限値を $f'_+(a)$ で表して**右側微分係数**とよぶ．同様に，式 (2.3) において，$x\to a+0$ を $x\to a-0$ に変更したものを考えると，**左側微分可能**性，**左側微分係数**および $f'_-(a)$ が定義される．$f'(a)$ が存在することと，$f'_+(a)$ および $f'_-(a)$ がともに存在して一致することは同値である．

導関数

区間 I で定義された関数 $f(x)$ について，任意の $a\in I$ で微分可能であるとき，$f(x)$ は I 上で**微分可能**であるという．このとき，各 $a\in I$ に微分係数 $f'(a)$ を対応させる関数 $f'(x)$ を，$f(x)$ の**導関数**という．$y=f(x)$ の導関数を表す記号として

$$y',\quad f',\quad \frac{dy}{dx},\quad \frac{df}{dx}$$

などが用いられる．また，$y=f(x)$ の $x=a$ における微分係数を表す記号として

$$y'(a), \quad f'(a), \quad \left.\frac{dy}{dx}\right|_{x=a}, \quad \frac{df}{dx}(a)$$

などが用いられる．

代表的な関数の導関数を計算しよう．

○**例 2.4.** $n = 1, 2, \cdots$ のとき，$f(x) = x^n$ の導関数は $f'(x) = nx^{n-1}$ である．なぜならば，二項定理により

$$(x+h)^n - x^n = \sum_{k=0}^{n} {}_n\mathrm{C}_k x^{n-k} h^k - x^n = nx^{n-1}h + \sum_{k=2}^{n} {}_n\mathrm{C}_k x^{n-k} h^k$$

となるから，

$$\lim_{h \to 0} \frac{(x+h)^n - x^n}{h} = \lim_{h \to 0} \left(nx^{n-1} + \sum_{k=2}^{n} {}_n\mathrm{C}_k x^{n-k} h^{k-1} \right) = nx^{n-1}$$

が得られる．あるいは，$n = 2, 3, \cdots$ のとき

$$(x-a)(x^{n-1} + ax^{n-2} + \cdots + a^{n-2}x + a^{n-1}) = x^n - a^n$$

より，

$$\lim_{x \to a} \frac{x^n - a^n}{x - a} = \lim_{x \to a} (x^{n-1} + ax^{n-2} + \cdots + a^{n-2}x + a^{n-1}) = na^{n-1}$$

と計算してもよい．

○**例 2.5.** $\sin x$ の導関数は $\cos x$ である．なぜならば，$x \neq a$ のとき，

$$\frac{\sin x - \sin a}{x - a} = \frac{2\cos\left(\dfrac{x+a}{2}\right)\sin\left(\dfrac{x-a}{2}\right)}{x-a} = \cos\left(\frac{x+a}{2}\right) \cdot \frac{\sin\left(\dfrac{x-a}{2}\right)}{\dfrac{x-a}{2}}$$

が成り立つから，例 1.36 より，

$$\lim_{x \to a} \frac{\sin x - \sin a}{x - a} = \cos\left(\frac{a+a}{2}\right) \cdot 1 = \cos a$$

が得られる．

◇**問 2.1.** $\cos x$ の導関数は $-\sin x$ であることを示せ．

○**例 2.6.** e^x の導関数はまた e^x である．実際，問 1.7 (3) より

$$\lim_{h \to 0} \frac{e^{x+h} - e^x}{h} = \lim_{h \to 0} \left(e^x \cdot \frac{e^h - 1}{h} \right) = e^x \cdot 1 = e^x.$$

関数 $f(x)$ がある区間で微分可能でも，導関数 $f'(x)$ が連続にならない例が知られている (章末問題 1 を参照)．そこで，$f(x)$ が微分可能で，さらに $f'(x)$ も連続であるとき，$f(x)$ は $\boldsymbol{C^1}$ **級**の関数であるという．

接　線

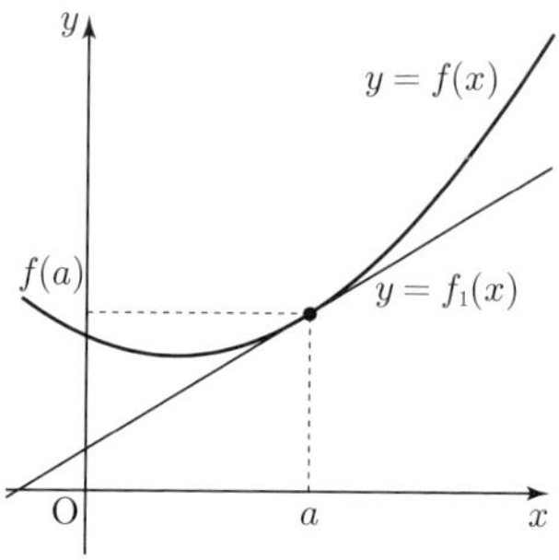

図 2.1

$f(x)$ が $x = a$ で微分可能であるとき，直線

$$y = f'(a)(x - a) + f(a)$$

を $y = f(x)$ の点 $(a, f(a))$ における**接線**という．ここで，

$$f_1(x) := f'(a)(x - a) + f(a)$$

とおくと，$x = a$ の近くでは $y = f(x)$ のグラフと直線 $y = f_1(x)$ のグラフは「よく似ている」であろう．

$$r_1(x) := f(x) - f_1(x)$$

とおくと，定理 2.2 により

$$\begin{aligned}\lim_{x \to a} r_1(x) &= \lim_{x \to a} \{f(x) - f'(a)(x - a) - f(a)\} \\ &= f(a) - f'(a)(a - a) - f(a) = 0\end{aligned}$$

が成り立つ．さらに，

$$\begin{aligned}\lim_{x \to a} \frac{r_1(x)}{x - a} &= \lim_{x \to a} \frac{f(x) - f'(a)(x - a) - f(a)}{x - a} \\ &= \lim_{x \to a} \left\{ \frac{f(x) - f(a)}{x - a} - f'(a) \right\} = f'(a) - f'(a) = 0 \qquad (2.4)\end{aligned}$$

となることもわかる．これは，

$x \to a$ のとき，$r_1(x)$ は $x - a$ よりも「圧倒的に速く」0 に収束する

ことを意味している．したがって，点 $(a, f(a))$ の近くでは，x の増分 $\Delta x := x - a$ に応じた $y = f(x)$ の増分 $\Delta y := f(x) - f(a)$ が，Δx に応じた $y = f_1(x)$ の増分 $dy := f'(a)\Delta x$ でよく近似されることになる．本来は，この近似 1 次関数のことを**微分**とよぶ ($f'(a)$ を微分係数とよぶ理由はここにある)．x の増分 $\Delta x = x - a$ は 1 次式であるから，$dx := \Delta x$ と約束し，微分を表すときには Δx の代わりに dx を用いて

$$dy = f'(a)\, dx$$

と書くことにする．なお，本章で扱う 1 変数関数においては，a を決めると微分と微分係数が 1 対 1 に対応するから，これらを区別するほうが難しく感じられるが，後に 2 変数の関数を扱うときに役立つ考え方として慣れておきたい．

式 (2.4) の性質をもつような関数 $r_1(x)$ を総称して $o(x-a)$ と書くと，$f(x)$ が $x=a$ で微分可能であるとき

$$f(x)-f(a)=f'(a)(x-a)+o(x-a) \quad (x\to a) \tag{2.5}$$

と表すことができる．この記法は $x=a$ の近くにおける関数の挙動を調べるのに大変便利である．後の 2.5 節で詳しく説明しよう．

微分法の公式

定理 2.7. 関数 $f(x)$, $g(x)$ は開区間 I 上で微分可能であるとし，c を定数とする．このとき，$cf(x)$, $f(x)\pm g(x)$, $f(x)g(x)$ も区間 I 上で微分可能で，

$$(cf(x))'=cf'(x),$$
$$(f(x)\pm g(x))'=f'(x)\pm g'(x),$$
$$(f(x)g(x))'=f'(x)g(x)+f(x)g'(x)$$

が成り立つ．また，$g(x)\neq 0$ である点 $x\in I$ では $\dfrac{f(x)}{g(x)}$ も微分可能で，

$$\left(\frac{f(x)}{g(x)}\right)'=\frac{f'(x)g(x)-f(x)g'(x)}{\{g(x)\}^2}$$

が成り立つ．

証明. $a\in I$ とする．まず，

$$\lim_{x\to a}\frac{cf(x)-cf(a)}{x-a}=c\cdot\lim_{x\to a}\frac{f(x)-f(a)}{x-a}=cf'(a)$$

である．また，

$$\begin{aligned}&\lim_{x\to a}\frac{\{f(x)\pm g(x)\}-\{f(a)\pm g(a)\}}{x-a}\\&\quad=\lim_{x\to a}\left\{\frac{f(x)-f(a)}{x-a}\pm\frac{g(x)-g(a)}{x-a}\right\}=f'(a)\pm g'(a)\end{aligned}$$

である．さらに，

$$\begin{aligned}f(x)g(x)-f(a)g(a)&=f(x)g(x)-f(a)g(x)+f(a)g(x)-f(a)g(a)\\&=\{f(x)-f(a)\}g(x)+f(a)\{g(x)-g(a)\}\end{aligned}$$

より，

$$\begin{aligned}
&\lim_{x\to a}\frac{f(x)g(x)-f(a)g(a)}{x-a}\\
&\quad=\lim_{x\to a}\left\{\frac{f(x)-f(a)}{x-a}\cdot g(x)+f(a)\cdot\frac{g(x)-g(a)}{x-a}\right\}\\
&\quad=f'(a)g(a)+f(a)g'(a)
\end{aligned}$$

が得られる．ここで，$g(x)$ が $x=a$ で連続であること (定理 2.2) を用いた．商の微分公式については後の例 2.10 を参照. □

正比例の関数 $y=ax$, $z=by$ を合成すると，$z=bax$ という正比例の関数になる．一般に，次が成り立つ.

定理 2.8. 関数 $y=f(x)$ が開区間 I 上で微分可能であり，関数 $z=g(y)$ が $f(x)$ の値域を含む開区間 J 上で微分可能であるとき，合成関数 $z=g(f(x))$ も区間 I 上で微分可能であって，$\dfrac{dz}{dx}=g'(f(x))\cdot f'(x)$ が成り立つ.

証明. 関数 $h(y):=\dfrac{g(y)-g(f(a))}{y-f(a)}$ は $y\neq f(a)$ で連続であり，$\displaystyle\lim_{y\to f(a)}h(y)=g'(f(a))$ である.

$$\widehat{h}(y):=\begin{cases}h(y) & (y\neq f(a)),\\ g'(f(a)) & (y=f(a))\end{cases}$$

とおくと，$\widehat{h}(y)$ は $h(y)$ を拡張した連続関数になっており，$x\neq a$ のとき

$$\frac{g(f(x))-g(f(a))}{x-a}=\widehat{h}(f(x))\cdot\frac{f(x)-f(a)}{x-a}$$

が成り立つ．定理 2.2 より $x\to a$ のとき $f(x)\to f(a)$ となることから，$\widehat{h}(f(x))\to g'(f(a))$ であり，

$$\lim_{x\to a}\frac{g(f(x))-g(f(a))}{x-a}=g'(f(a))\cdot f'(a)$$

が得られる. □

○例 **2.9.** $a>0$, $x\in\mathbf{R}$ のとき，

$$(a^x)'=(e^{x\log a})'=e^{x\log a}\cdot\log a=a^x\log a$$

が成り立つ.

○例 **2.10.** $h(y) = \dfrac{1}{y}$ とおく．$h(g(x)) = \dfrac{1}{g(x)}$ の導関数は，

$$h'(g(x)) \cdot g'(x) = -\frac{1}{\{g(x)\}^2} \cdot g'(x)$$

である．したがって，積の微分公式より

$$\left(\frac{f(x)}{g(x)}\right)' = \left(f(x) \cdot \frac{1}{g(x)}\right)' = f'(x) \cdot \frac{1}{g(x)} + f(x) \cdot \left(-\frac{g'(x)}{\{g(x)\}^2}\right)$$
$$= \frac{f'(x)g(x) - f(x)g'(x)}{\{g(x)\}^2}$$

という商の微分公式が得られる．

◇問 **2.2.** 商の微分公式を用いて，次の関数の導関数を求めよ．

(1) $\dfrac{1}{x^n}$ $(n = 1, 2, \cdots;\ x \neq 0)$ (2) $\tan x$ $\left(x \neq \dfrac{\pi}{2} + n\pi,\ n \text{ は整数}\right)$

逆関数の導関数

$c \neq 0$ のとき，正比例の関数 $y = cx$ の逆関数は $x = \dfrac{1}{c}y$ という正比例の関数になる．一般に，次が成り立つ．

定理 2.11. 関数 $y = f(x)$ は，開区間 I において微分可能で真に単調であり，任意の $x \in I$ に対して $f'(x) \neq 0$ を満たすとする．このとき，逆関数 $x = f^{-1}(y)$ は区間 $f(I)$ 上で微分可能であり，$(f^{-1})'(y) = \dfrac{1}{f'(f^{-1}(y))}$ が成り立つ．すなわち，$\dfrac{dx}{dy} = 1 \Big/ \dfrac{dy}{dx}$ と考えてよい．

証明. $a \in I$ とし，$b = f(a)$ とおく．$y = f(x)$ とおくと $x = f^{-1}(y)$ であり，$y \to b$ と $x \to a$ は同値であるから

$$\lim_{y \to b} \frac{f^{-1}(y) - f^{-1}(b)}{y - b} = \lim_{x \to a} \frac{x - a}{f(x) - f(a)} = \frac{1}{f'(a)}$$

が得られる． □

○例 **2.12.** $\mathbf{R}$ 上の関数 $y = e^x$ の値域は $(0, \infty)$ であり，その逆関数が $x = \log y$ であった．$\dfrac{dy}{dx} = e^x = y$ より，$\dfrac{dx}{dy} = \dfrac{1}{y}$ となる．したがって，

$$x > 0 \text{ のとき，} \quad (\log x)' = \frac{1}{x}.$$

○例 **2.13.** $\mathbf{R}$ 上の関数 $y=x^2$ については, 1つの $y>0$ に対応する x が2つある. しかし, 区間 $(0,\infty)$ において $y=x^2$ は真に単調増加であり, $y'=\dfrac{dy}{dx}=2x>0$ を満たす. この区間における逆関数 $x=\sqrt{y}$ については, $\dfrac{dx}{dy}=\dfrac{1}{2\sqrt{y}}$ が成り立つ. すなわち,

$$x>0 \text{ のとき}, \quad (\sqrt{x})'=\frac{1}{2\sqrt{x}}.$$

より一般に, $x>0,\ \alpha\in\mathbf{R}$ のとき

$$(x^\alpha)'=(e^{\alpha\log x})'=e^{\alpha\log x}\cdot(\alpha\log x)'=x^\alpha\cdot\frac{\alpha}{x}=\alpha x^{\alpha-1}$$

が成り立つ.

○例 **2.14** (逆三角関数の導関数)**.** 区間 $(-\frac{\pi}{2},\frac{\pi}{2})$ における $y=\tan x$ の逆関数を $x=\mathrm{Tan}^{-1}\,y$ と表した. $\dfrac{dy}{dx}=\dfrac{1}{\cos^2 x}=1+\tan^2 x>0$ より $\dfrac{dx}{dy}=\dfrac{1}{1+y^2}$ が成り立つ. すなわち,

$$x\in\mathbf{R} \text{ のとき}, \quad (\mathrm{Tan}^{-1}\,x)'=\frac{1}{1+x^2}.$$

区間 $[-\frac{\pi}{2},\frac{\pi}{2}]$ における $y=\sin x$ の逆関数を $x=\mathrm{Sin}^{-1}\,y$ と表した. 両端の点を除いた区間 $(-\frac{\pi}{2},\frac{\pi}{2})$ では $\dfrac{dy}{dx}=\cos x>0$ であり, $\cos x=\sqrt{1-\sin^2 x}$ と書き直せるから $\dfrac{dx}{dy}=\dfrac{1}{\sqrt{1-y^2}}$ が成り立つ. すなわち,

$$-1<x<1 \text{ のとき}, \quad (\mathrm{Sin}^{-1}\,x)'=\frac{1}{\sqrt{1-x^2}}.$$

同様にして

$$-1<x<1 \text{ のとき}, \quad (\mathrm{Cos}^{-1}\,x)'=\frac{-1}{\sqrt{1-x^2}}$$

も得られる.

例 2.14 の逆三角関数の微分の公式は,

$$\int\frac{1}{\sqrt{1-x^2}}\,dx=\mathrm{Sin}^{-1}\,x+C, \qquad \int\frac{1}{1+x^2}\,dx=\mathrm{Tan}^{-1}\,x+C$$

という分数関数の不定積分の公式としても利用することが多い (C は積分定数). これにより, 例えば

$$\int_0^1 \frac{1}{1+x^2}\,dx = \left[\mathrm{Tan}^{-1}\,x\right]_0^1 = \frac{\pi}{4} - 0 = \frac{\pi}{4}$$

と求まる．高校では，この定積分を $x = \tan\theta$ という置き換えにより計算していた．

◇問 **2.3.** 次の関数を微分せよ．

(1) $\mathrm{Sin}^{-1}\left(\dfrac{x}{a}\right) \quad (a > 0,\ -a < x < a)$　　(2) $\mathrm{Sin}^{-1}\sqrt{x} \quad (0 < x < 1)$

(3) $\dfrac{1}{a}\,\mathrm{Tan}^{-1}\left(\dfrac{x}{a}\right) \quad (a > 0)$　　(4) $\log\left|x + \sqrt{x^2 + a^2}\right| \quad (a > 0)$

◇問 **2.4.** 問 1.5 の双曲関数 $\sinh x$, $\cosh x$, $\tanh x$ のそれぞれについて，導関数を求めよ．また，問 1.9 で述べた双曲関数の逆関数 $\sinh^{-1} x$, $\cosh^{-1} x$, $\tanh^{-1} x$ のそれぞれについて，導関数を求めよ (問 1.9 で導いた対数関数を用いた表示を使っても，逆関数の微分公式を使っても同じ結果になる)．

対数微分法

積や商に関する微分は複雑になることが多いが，対数関数を用いて積・商を和・差に変換すると微分の計算が少し楽になる場合がある．

$x \neq 0$ のとき，$(\log|x|)' = \dfrac{1}{x}$ が成り立つ．実際，例 2.12 より $x > 0$ のときは $(\log|x|)' = (\log x)' = \dfrac{1}{x}$ である．また, $x < 0$ のときは $(\log|x|)' = \{\log(-x)\}' = \dfrac{1}{-x}\cdot(-1) = \dfrac{1}{x}$ である．ゆえに，0 以外の値をとる関数 $f(x)$ に対して

$$(\log|f(x)|)' = \frac{f'(x)}{f(x)}$$

である．この性質を利用して微分を求める方法を**対数微分法**とよぶ．

○例 **2.15.** $x > 0$ のとき，$f(x) = x^x$ とおくと

$$\frac{f'(x)}{f(x)} = \{\log f(x)\}' = (x\log x)' = \log x + x\cdot\frac{1}{x} = \log x + 1$$

より $f'(x) = f(x)\cdot(\log x + 1)$, すなわち $(x^x)' = x^x(\log x + 1)$ が得られる．

◇問 **2.5.** 0 以外の値をとる関数 $f_1, f_2, \cdots, f_n$ が微分可能であるとき，

$$\frac{(f_1 f_2 \cdots f_n)'}{f_1 f_2 \cdots f_n} = \frac{(f_1)'}{f_1} + \frac{(f_2)'}{f_2} + \cdots + \frac{(f_n)'}{f_n}$$

が成り立つことを示せ．

表 2.1 基本的な関数の導関数 (まとめ)

$f(x)$	$f'(x)$
$x^n \ (n=0,1,2,\cdots)$	nx^{n-1}
$x^{-n} \ (n=1,2,\cdots)$	$-nx^{-n-1} \quad (x \neq 0)$
$x^\alpha \ (\alpha \in \mathbf{R})$	$\alpha x^{\alpha-1} \quad (x>0)$
e^x	e^x
$a^x \ (a>0)$	$a^x \log a$
$\log x$	$\dfrac{1}{x} \quad (x>0)$
$\log \lvert x \rvert$	$\dfrac{1}{x} \quad (x \neq 0)$
$\sin x$	$\cos x$
$\cos x$	$-\sin x$
$\tan x$	$\dfrac{1}{\cos^2 x} = 1+\tan^2 x \quad \left(x \neq \dfrac{\pi}{2}+n\pi,\ n \text{ は整数}\right)$
$\mathrm{Sin}^{-1}\, x$	$\dfrac{1}{\sqrt{1-x^2}} \quad (-1<x<1)$
$\mathrm{Cos}^{-1}\, x$	$\dfrac{-1}{\sqrt{1-x^2}} \quad (-1<x<1)$
$\mathrm{Tan}^{-1}\, x$	$\dfrac{1}{1+x^2}$

2.2 平均値の定理とその応用

関数 $f(x)$ の挙動に関する情報を，その導関数 $f'(x)$ から引き出すために用いられるのが「**平均値の定理**」であり，「ある区間において，平均の変化率と瞬間の変化率が等しくなるときが途中にある」ことがわかる．次の定理が最も基本となる．

定理 2.16 (ロルの定理)**.** 関数 $f(x)$ が閉区間 $[a,b]$ で連続，開区間 (a,b) で微分可能であって，$f(a)=f(b)=0$ を満たすとき，$f'(c)=0$ となる $c \ (a<c<b)$ が存在する．

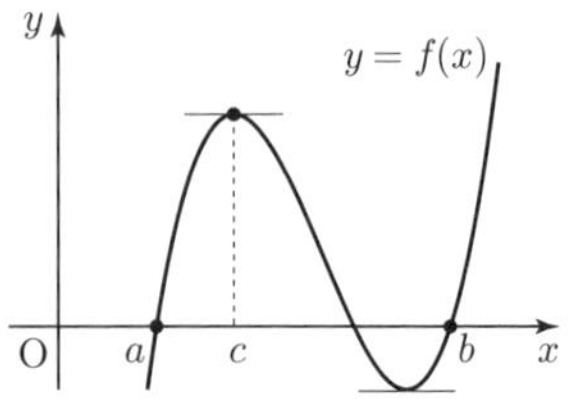

図 2.2 ロルの定理

証明. 連続関数 $f(x)$ の閉区間 $[a,b]$ における最大値を $f(x_1)$，最小値を $f(x_2)$ とする (x_1, x_2

$\in [a,b]$). まず，$f(x_1) > 0$ のとき，$x_1 \neq a, b$ であって，

$$\frac{f(x_1+h)-f(x_1)}{h}\begin{cases}\leqq 0 & (h>0),\\ \geqq 0 & (h<0)\end{cases}$$

より，

$$f'(x_1) = \lim_{h\to 0}\frac{f(x_1+h)-f(x_1)}{h} = \begin{cases}\displaystyle\lim_{h\to +0}\frac{f(x_1+h)-f(x_1)}{h} \leqq 0,\\ \displaystyle\lim_{h\to -0}\frac{f(x_1+h)-f(x_1)}{h} \geqq 0\end{cases}$$

となる．これは，$f'(x_1)=0$ を示している．次に，$f(x_1)=0$, $f(x_2)<0$ のとき，$x_2 \neq a,b$ であり，先ほどと同様の議論で $f'(x_2)=0$ とわかる．最後に，$f(x_1)=f(x_2)=0$ のとき，任意の $x \in [a,b]$ に対して $f(x)=0$ であるから，すべての $x\in(a,b)$ で $f'(x)=0$ である． □

定理 2.17 ((ラグランジュの) **平均値の定理**)**.** 関数 $f(x)$ が閉区間 $[a,b]$ 上で連続，開区間 (a,b) 上で微分可能であるとき，

$$\frac{f(b)-f(a)}{b-a} = f'(c) \qquad (2.6)$$

となる c $(a<c<b)$ が存在する．

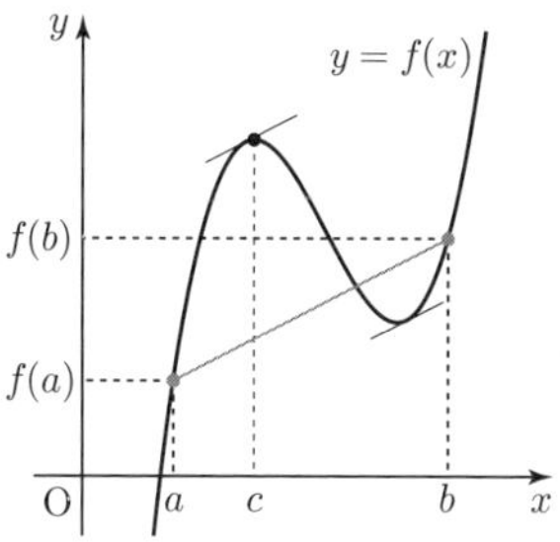

図 2.3 平均値の定理

証明. $f(x)$ と，点 $(a, f(a))$ と点 $(b, f(b))$ を結ぶ直線の式との差を

$$F(x) := f(x) - \left[\frac{f(b)-f(a)}{b-a}\cdot(x-a)+f(a)\right]$$

とおくと，$F(a)=F(b)=0$ であり，$F(x)$ にも連続性・微分可能性が遺伝する．

$$F'(x) = f'(x) - \frac{f(b)-f(a)}{b-a}$$

であるから，ロルの定理によって求める結論が導かれる． □

★注意 2.18. 式 (2.6) の左辺は a と b を入れ替えても同じだから，$a\neq b$ ならば，a と b の大小に関係なく，(2.6) を満たす c が a と b の間に存在する，ということができる．また，$h := b-a$ とおくと，$c = a+\theta h$ $(0<\theta<1)$ と表すことができるから，

$$f(a+h) = f(a) + f'(a+\theta h)h$$

を満たす $\theta\,(0<\theta<1)$ が存在する，ということもできる．今後は，場面に応じて便利な表現を用いることにする．

平均値の定理の応用：関数の増減

有界閉区間における関数 $f(x)$ の増減について，導関数 $f'(x)$ の符号を利用して調べることができる．

定理 2.19. 関数 $f(x)$ は閉区間 $[a,b]$ 上で連続であり，開区間 (a,b) 上で微分可能であるとする．このとき，開区間 (a,b) 上で $f'(x)>0$ ［$f'(x)<0$］ならば，$f(x)$ は閉区間 $[a,b]$ 上で真に単調増加［真に単調減少］である．また，開区間 (a,b) 上で $f'(x)=0$ ならば $f(x)$ は閉区間 $[a,b]$ 上で一定の値をとる．

証明. $a \leqq x_1 < x_2 \leqq b$ とすると，平均値の定理 (定理 2.17) から

$$x_1 < c < x_2 \text{ かつ } f(x_2)-f(x_1)=f'(c)\cdot(x_2-x_1)$$

を満たす c が存在する．$x_2-x_1>0$ であるから，$f(x_2)-f(x_1)$ と $f'(c)$ の符号 (正か負もしくは 0) は一致する． □

○**例 2.20.** 関数 $f(x)=\sqrt{x}$ は閉区間 $[0,1]$ 上で連続であり，区間 $(0,1]$ 上で $f'(x)=\dfrac{1}{2\sqrt{x}}>0$ を満たす．したがって，$f(x)=\sqrt{x}$ は閉区間 $[0,1]$ 上で真に単調増加である．

★**注意 2.21.** 関数 $f(x)$ が $x=a$ において微分可能で $f'(a)>0$ であるとしても，「$x=a$ の近くで単調増加」とは限らない．章末問題 1 を参照.

曲線の媒介変数表示

平面上の曲線 C の点 P の座標が，区間 I 上で定義された t の関数 $a(t)$, $b(t)$ を用いて $x=a(t)$, $y=b(t)$ と表されるとき，t を**媒介変数**とする曲線 C の**媒介変数表示**という．

定理 2.22. 開区間 I 上で定義された t の関数 $a(t)$, $b(t)$ は C^1 級で，$a'(t)\neq 0$ を満たすとする．$x=a(t)$, $y=b(t)$ と媒介変数表示される曲線 C の，点 $\mathrm{P}(a(t_0),b(t_0))$ における接線の方程式は

$$y-b(t_0)=\frac{b'(t_0)}{a'(t_0)}(x-a(t_0))$$

である．すなわち，$\dfrac{dy}{dx} = \dfrac{dy}{dt}\Big/\dfrac{dx}{dt}$ と考えることができる．

証明. $a'(t)$ が連続で $a'(t_0) \neq 0$ であることから，t_0 を含むある区間において $a'(t_0)$ の符号は一定になっており，$a(t)$ は真に単調である．したがって，この区間において $t = a^{-1}(x)$ と表すことができる．合成関数の微分法と逆関数の微分法により $\dfrac{dy}{dx} = \{b(a^{-1}(x))\}' = b'(a^{-1}(x)) \cdot \dfrac{1}{a'(a^{-1}(x))}$ となり，$x = a(t_0)$ とおくと $\left.\dfrac{dy}{dx}\right|_{x=a(t_0)} = \dfrac{b'(t_0)}{a'(t_0)}$ が得られる．□

平均値の定理 (定理 2.17) を次のように拡張すると便利である ($g(x) = x$ の場合が定理 2.17 にあたる)．

定理 2.23 (**コーシーの平均値の定理**)**.** 関数 $f(x), g(x)$ は，ともに閉区間 $[a, b]$ 上で連続，開区間 (a, b) 上で微分可能であるとする．さらに，$g(x)$ は開区間 (a, b) 上で $g'(x) \neq 0$ を満たすとする．このとき，

$$\frac{f(b) - f(a)}{g(b) - g(a)} = \frac{f'(c)}{g'(c)}$$

となる $c\ (a < c < b)$ が存在する．

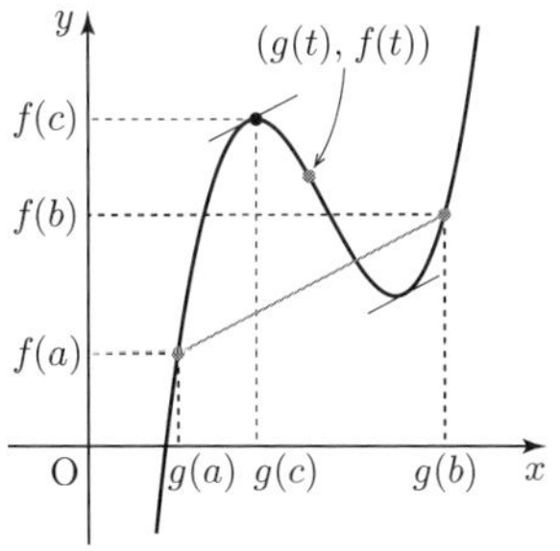

図 2.4　コーシーの平均値の定理

★注意 2.24. $g(b) = g(a)$ とはならない．もし $g(b) = g(a)$ ならば，ロルの定理 (定理 2.16) より，ある $\gamma\ (a < \gamma < b)$ で $g'(\gamma) = 0$. これは $g'(x) \neq 0$ に反する．

証明. 媒介変数 t によって $x = g(t), y = f(t)$ と表される曲線を考える．$f(t)$ と，点 $(g(a), f(a))$ と点 $(g(b), f(b))$ を結ぶ直線の式との差を

$$F(t) := f(t) - \left[\frac{f(b) - f(a)}{g(b) - g(a)} \cdot (g(t) - g(a)) + f(a)\right]$$

とおくと，$F(a) = F(b) = 0$ であり，$F(t)$ にも連続性・微分可能性が遺伝する．

$$F'(t) = f'(t) - \frac{f(b) - f(a)}{g(b) - g(a)} \cdot g'(t)$$

であるから，ロルの定理 (定理 2.16) によって求める結論が導かれる．□

2.3 不定形の極限とロピタルの定理

$x=1$ のとき，$\dfrac{x^2-1}{x-1}$ は分母・分子とも 0 になってしまう．しかし，$\dfrac{x^2-1}{x-1}=\dfrac{(x+1)(x-1)}{x-1}=x+1$ と約分すると問題が解消し，

$$\lim_{x\to 1}\frac{x^2-1}{x-1}=\lim_{x\to 1}(x+1)=2$$

と計算される．このような**不定形**の極限値を，微分を利用することで計算する方法を与える**ロピタルの定理**を紹介する．

ロピタルの定理の原型

点 a を含むある開区間 I 上で微分可能な関数 $f(x), g(x)$ について，$x\in I$ $(x\neq a)$ で $g(x)\neq 0$ であり，$f'(a), g'(a)$ が存在すると仮定する．このとき，

$$f(a)=g(a)=0 \text{ だが } g'(a)\neq 0 \text{ であるとき，} \lim_{x\to a}\frac{f(x)}{g(x)}=\frac{f'(a)}{g'(a)}.$$

これは

$$\lim_{x\to a}\frac{f(x)}{g(x)}=\lim_{x\to a}\frac{f(x)-f(a)}{x-a}\cdot\frac{x-a}{g(x)-g(a)}=f'(a)\cdot\frac{1}{g'(a)}$$

と確かめられる[1)]．また，この結果を利用して

$$\lim_{x\to 1}\frac{x^2-1}{x-1}=\frac{(x^2-1)'|_{x=1}}{(x-1)'|_{x=1}}=\frac{2x|_{x=1}}{1}=2$$

と計算できる．

さて，$x=1$ のとき，$\dfrac{x^3-x^2-x+1}{(x-1)^2}$ は分母・分子とも 0 になるが，

$$\frac{(x^3-x^2-x+1)'}{\{(x-1)^2\}'}=\frac{3x^2-2x-1}{2(x-1)}$$

---

1) ロピタルの著書 (1696 年出版) には

$$\frac{f(a+dx)}{g(a+dx)}=\frac{f(a)+f'(a)\,dx}{g(a)+g'(a)\,dx}=\frac{f'(a)\,dx}{g'(a)\,dx}=\frac{f'(a)}{g'(a)}$$

という，理解するのは困難だが味わい深い式が書かれている．本文のように微分係数の定義に立ち返った証明は簡潔であるが，式 (2.5) を用いると

$$\frac{f(x)}{g(x)}=\frac{f(x)-f(a)}{g(x)-g(a)}=\frac{f'(a)(x-a)+o(x-a)}{g'(a)(x-a)+o(x-a)}\quad(x\to a)$$

より $\displaystyle\lim_{x\to a}\frac{f(x)}{g(x)}=\frac{f'(a)}{g'(a)}$ が得られ，ロピタルの著書にみられるアイデアにより近い計算になる．

もやはり同じ状況である．しかし，

$$\frac{(3x^2-2x-1)'|_{x=1}}{\{2(x-1)\}'|_{x=1}} = \frac{(6x-2)|_{x=1}}{2} = 2$$

であるから，「ロピタルの定理の原型」により

$$\lim_{x\to 1}\frac{(x^3-x^2-x+1)'}{\{(x-1)^2\}'} = 2$$

である．これは $\displaystyle\lim_{x\to 1}\frac{x^3-x^2-x+1}{(x-1)^2} = \lim_{x\to 1}(x+1) = 2$ と確かに一致している．そこで，

> $f(a)=g(a)=0$ だが $\displaystyle\lim_{x\to a}\frac{f'(x)}{g'(x)} = A$ が存在するとき，$\displaystyle\lim_{x\to a}\frac{f(x)}{g(x)}$ も存在して A に等しい．

といったことが，適当な条件のもとで成り立つものと期待される．現在では，不定形の極限値に関するこのような形式の定理 (定理 2.25, 2.28，系 2.26, 2.29) を総称して「**ロピタルの定理**」とよんでいる．

$\dfrac{0}{0}$ の不定形に関して，最も基本的なのが次の定理 2.25 であり，系 2.26 で示すような場合にも適用範囲を広げることができる．

定理 2.25. 区間 (a,b) 上で微分可能な関数 $f(x)$, $g(x)$ は次を満たすとする．

- $\displaystyle\lim_{x\to a+0} f(x) = \lim_{x\to a+0} g(x) = 0$
- $x\in(a,b)$ では $g'(x)\neq 0$ で，$\displaystyle\lim_{x\to a+0}\frac{f'(x)}{g'(x)}$ が存在する．

このとき，$\displaystyle\lim_{x\to a+0}\frac{f(x)}{g(x)}$ も存在して $\displaystyle\lim_{x\to a+0}\frac{f'(x)}{g'(x)}$ と一致する．

証明. $\displaystyle\lim_{x\to a+0} f(x) = \lim_{x\to a+0} g(x) = 0$ より，$f(a)=g(a)=0$ と定めれば，$f(x)$, $g(x)$ はともに区間 $[a,b]$ 上で連続になる．また，$x\in(a,b)$ とすると，$g(x)\neq 0$ であることがロルの定理 (定理 2.16) によりわかり，さらに，コーシーの平均値の定理 (定理 2.23) により，

$$\frac{f(x)}{g(x)} = \frac{f(x)-f(a)}{g(x)-g(a)} = \frac{f'(c)}{g'(c)} \quad (a<c<x)$$

を満たす c が存在する．$x\to a+0$ のとき $c\to a+0$ であるから，

$$\lim_{x\to a+0}\frac{f(x)}{g(x)}=\lim_{c\to a+0}\frac{f'(c)}{g'(c)}$$

となる. □

系 2.26. 定理 2.25 において, "区間 (a,b)" と "$x\to a+0$" を次のように置き換えた主張も成り立つ.

(a,b)	$x\to a+0$
(b',a)	$x\to a-0$
$(b',a)\cup(a,b)$	$x\to a$
(b',∞)	$x\to\infty$
$(-\infty,b)$	$x\to-\infty$

証明. $x\to a-0$ の場合の証明は $x\to a+0$ の場合とまったく同様であり, この 2 つの場合の結果から $x\to a$ の場合の結果が導かれる. 次に, $x\to\infty$ の場合は

$$\begin{aligned}\lim_{x\to\infty}\frac{f(x)}{g(x)}&=\lim_{t\to+0}\frac{f(1/t)}{g(1/t)}\\&=\lim_{t\to+0}\frac{f'(1/t)\cdot(-1/t^2)}{g'(1/t)\cdot(-1/t^2)}=\lim_{x\to\infty}\frac{f'(x)}{g'(x)}\end{aligned}$$

となる. $x\to-\infty$ の場合も同様である. □

○**例 2.27.** $\dfrac{e^x-x-1}{x^2}$ は $x\to 0$ のとき不定形である. また, $\dfrac{(e^x-x-1)'}{(x^2)'}=\dfrac{e^x-1}{2x}$ も $x\to 0$ のとき不定形である. しかし, $\dfrac{(e^x-1)'}{(2x)'}=\dfrac{e^x}{2}$ は $x\to 0$ で $\dfrac{1}{2}$ に収束するから, ロピタルの定理を 2 回用いると

$$\frac{1}{2}=\lim_{x\to 0}\frac{e^x}{2}=\lim_{x\to 0}\frac{e^x-1}{2x}=\lim_{x\to 0}\frac{e^x-x-1}{x^2}$$

となる. なお, 正式にはこのように書くことを理解したうえで, 逆向きに書く場合も多い.

$\dfrac{\infty}{\infty}$ の不定形に関しては, 最も基本的なのが次の定理 2.28 であり, 系 2.29 で示すような場合にも適用範囲を広げることができる. (定理 2.28 の証明の方針は定理 2.25 と似ているが, 少し複雑なので最初はとばしてもかまわない.)

定理 2.28. 区間 (b', ∞) 上で微分可能な関数 $f(x)$, $g(x)$ は次を満たすとする.

- $\lim_{x\to\infty} |f(x)| = \lim_{x\to\infty} |g(x)| = +\infty$
- $x \in (b', \infty)$ では $g'(x) \neq 0$ で, $\lim_{x\to\infty} \dfrac{f'(x)}{g'(x)}$ が存在する.

このとき, $\lim_{x\to\infty} \dfrac{f(x)}{g(x)}$ も存在して $\lim_{x\to\infty} \dfrac{f'(x)}{g'(x)}$ と一致する.

証明. 任意の $\varepsilon > 0$ を固定する. $\lim_{x\to\infty} \dfrac{f'(x)}{g'(x)} = A$ とおくと,

$$x > M \text{ ならば } \quad \left| \frac{f'(x)}{g'(x)} - A \right| < \frac{\varepsilon}{2}$$

となるような $M > b'$ が存在する. また, $x > M$ に対して, コーシーの平均値の定理 (定理 2.23) により,

$$\frac{f(x) - f(M)}{g(x) - g(M)} = \frac{f'(c)}{g'(c)} \quad (M < c < x)$$

を満たす c が存在する. したがって,

$$\left| \frac{f(x) - f(M)}{g(x) - g(M)} - A \right| < \frac{\varepsilon}{2}.$$

次に,

$$\begin{aligned} \frac{f(x)}{g(x)} &= \frac{f(x) - f(M)}{g(x) - g(M)} \cdot \frac{f(x)/\{f(x) - f(M)\}}{g(x)/\{g(x) - g(M)\}} \\ &= \frac{f(x) - f(M)}{g(x) - g(M)} \cdot \frac{1 - g(M)/g(x)}{1 - f(M)/f(x)} \end{aligned}$$

と書き直す. $\lim_{x\to\infty} |f(x)| = \lim_{x\to\infty} |g(x)| = +\infty$ より

$$\lim_{x\to\infty} \frac{1 - g(M)/g(x)}{1 - f(M)/f(x)} = 1$$

であるから,

$$x > M' \text{ ならば } \quad \left| \frac{f(x)}{g(x)} - \frac{f(x) - f(M)}{g(x) - g(M)} \right| < \frac{\varepsilon}{2}$$

となるような $M' > M$ が存在する. 以上により,

$$x > M' \text{ ならば } \quad \left| \frac{f(x)}{g(x)} - A \right| < \varepsilon.$$

これは $\lim_{x\to\infty} \dfrac{f(x)}{g(x)} = A$ を意味する. □

系 2.29. 定理 2.28 において，“区間 (b',∞)” と “$x\to\infty$” を次のように置き換えた主張も成り立つ．

(b',∞)	$x\to\infty$
$(-\infty,b)$	$x\to-\infty$
(a,b)	$x\to a+0$
(b',a)	$x\to a-0$
$(b',a)\cup(a,b)$	$x\to a$

証明. $x\to-\infty$ の場合の証明は $x\to\infty$ の場合とまったく同様である．次に，$x\to a+0$ の場合は

$$\lim_{x\to a+0}\frac{f(x)}{g(x)}=\lim_{t\to\infty}\frac{f(a+(1/t))}{g(a+(1/t))}$$
$$=\lim_{t\to\infty}\frac{f'(a+1/t)\cdot(-1/t^2)}{g'(a+1/t)\cdot(-1/t^2)}=\lim_{x\to a+0}\frac{f'(x)}{g'(x)}$$

となる．$x\to a-0$ の場合も同様であり，この 2 つの場合の結果から $x\to a$ の場合の結果が導かれる． □

○**例 2.30.** $\lim\limits_{x\to+0}x\log x$ を求める．これは $0\cdot(-\infty)$ という不定形だが，$x\log x=\dfrac{\log x}{1/x}$ と考えると $\dfrac{-\infty}{+\infty}$ という不定形である．

$$\frac{(\log x)'}{(1/x)'}=\frac{1/x}{-1/x^2}=-x\to 0\quad(x\to+0)$$

であるから，ロピタルの定理により $\lim\limits_{x\to+0}x\log x=0$ が成り立つ．さらに，

$$\lim_{x\to+0}x^x=\lim_{x\to+0}\exp(\log(x^x))$$
$$=\exp\Bigl(\lim_{x\to+0}\log(x^x)\Bigr)=\exp(0)=1$$

となることもわかる．ここで，指数関数 $\exp x=e^x$ が連続関数であることを用いた．

◇**問 2.6.** ロピタルの定理を用いて，次の極限値を求めよ．

(1) $\displaystyle\lim_{x\to0}\left(\frac{1}{e^x-1}-\frac{1}{\sin x}\right)$ (2) $\displaystyle\lim_{x\to\infty}\frac{\log x}{x^\alpha}\quad(\alpha>0)$ (3) $\displaystyle\lim_{x\to\infty}\frac{(\log x)^3}{x}$

(4) $\displaystyle\lim_{x\to\infty}\frac{x^n}{a^x}$ （n は正の整数，$a>1$） (5) $\displaystyle\lim_{x\to\infty}\frac{\log(13+19x)}{\log(17+11x)}$

2.4 高階の導関数

関数 $f(x)$ の導関数 $f'(x)$ がさらに微分可能であるとき，$f(x)$ は **2 回微分可能**であるという．$f'(x)$ の導関数を $f''(x)$ で表し，$f(x)$ の **2 階の導関数**という．同様にして，$f(x)$ が $\boldsymbol{n}$ **回微分可能**であることと，$f(x)$ の $\boldsymbol{n}$ **階の導関数** $f^{(n)}(x)$ が定義される．なお，$f^{(0)}(x) = f(x)$ と約束すると便利である．

○例 **2.31.** $(\sin x)' = \cos x = \sin\left(x + \dfrac{\pi}{2}\right)$ より $(\sin x)^{(n)} = \sin\left(x + \dfrac{n\pi}{2}\right)$.

$f(x)$ が n 回微分可能で，さらに $f^{(n)}(x)$ が連続であるとき，$f(x)$ は $\boldsymbol{C^n}$ **級**の関数であるという．また，何回でも微分可能な関数を $\boldsymbol{C^\infty}$ **級**の関数であるという．

n 次関数のテイラー展開

3 次関数 $f(x) = a_0 + a_1 x + a_2 x^2 + a_3 x^3$ について，

$$
\begin{aligned}
f'(x) &= a_1 + 2a_2 x + 3a_3 x^2, \\
f''(x) &= 2a_2 + 3 \cdot 2a_3 x, \\
f'''(0) &= 3! \cdot a_3
\end{aligned}
$$

より $f(0) = a_0$, $f'(0) = a_1$, $f''(0) = 2a_2$, $f'''(0) = 3! \cdot a_3$ とわかる．したがって，x^k の係数は $\dfrac{f^{(k)}(0)}{k!}$ である ($f^{(0)}(x) = f(x)$, $0! = 1$ であることに注意)．この関数 $f(x)$ を

$$
f(x) = c_0 + c_1(x-a) + c_2(x-a)^2 + c_3(x-a)^3
$$

という形に表すとき，上記と同様の考え方で，$(x-a)^k$ の係数 c_k は $\dfrac{f^{(k)}(a)}{k!}$ に一致することがわかる．

一般に，$f(x)$ が n 次関数であるとき，

$$
f(x) = \sum_{k=0}^{n} \frac{f^{(k)}(a)}{k!}(x-a)^k \tag{2.7}
$$

と表すことができる．これを，n 次関数 $f(x)$ の $x = a$ における**テイラー展開**という．特に，$x = 0$ におけるテイラー展開

$$
f(x) = \sum_{k=0}^{n} \frac{f^{(k)}(0)}{k!} x^k \tag{2.8}
$$

がよく用いられ，**マクローリン展開**とよぶことが多い．

●**例題 2.32.** n を正の整数とする．高階の導関数を計算することで，n 次関数 $f(x)=(1+x)^n$ の x^k の係数を求めよ．

解答例. $k=1,2,\cdots$ のとき，

$$f^{(k)}(x)=n(n-1)\cdots(n-k+1)\cdot(1+x)^{n-k}=\frac{n!}{(n-k)!}\cdot(1+x)^{n-k}$$

であるから，x^k の係数は次のように求まる．定数項は $f(0)=1={}_n\mathrm{C}_0$ である．

$$\frac{f^{(k)}(0)}{k!}=\frac{n(n-1)\cdots(n-k+1)}{k(k-1)\cdots 1}=\frac{n!}{k!\,(n-k)!}={}_n\mathrm{C}_k$$ □

例題 2.32 の結果から，n が正の整数であるとき，

$$(a+b)^n=\sum_{k=0}^{n}{}_n\mathrm{C}_k a^k b^{n-k}$$

が成り立つ，という二項定理が得られる．

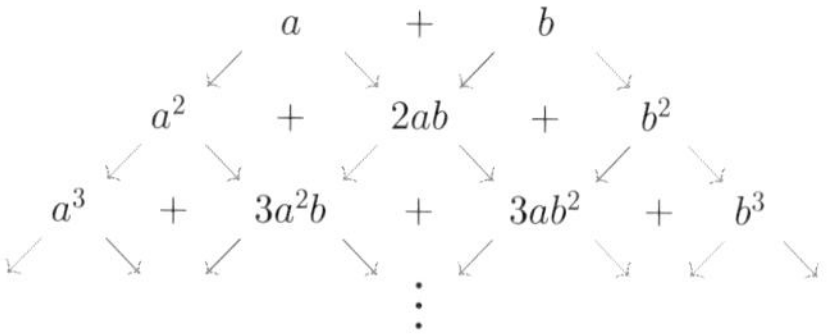

図 2.5　二項定理

積の微分に関するライプニッツの公式

積の微分公式 $(f(x)g(x))'=f'(x)g(x)+f(x)g'(x)$ を繰り返し用いると，高階の導関数を計算する際に役立つ次の公式が得られる．

定理 2.33 (ライプニッツの公式)**.** n が正の整数であるとき，

$$(f(x)g(x))^{(n)}=\sum_{k=0}^{n}{}_n\mathrm{C}_k f^{(k)}(x)g^{(n-k)}(x).$$

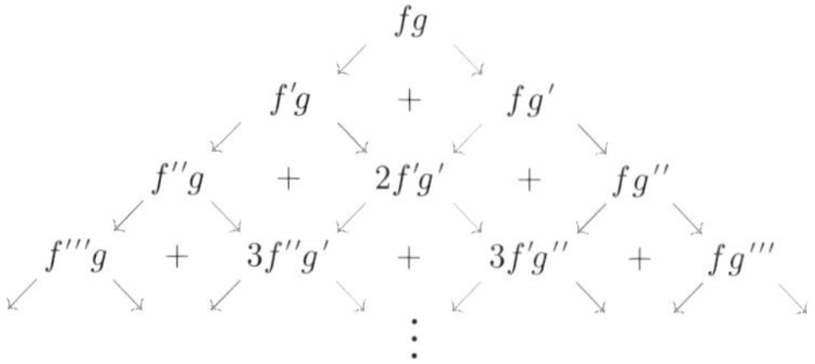

図 2.6　ライプニッツの公式

●例題 2.34. $(x\sin x)^{(n)}$ を求めよ．

解答例. $(x)'=1$, $(x)''=0$ に注目すると，ライプニッツの公式と例 2.31 により

$$\begin{aligned}(x\sin x)^{(n)} &= (\sin x)^{(n)}\cdot x + {}_n\mathrm{C}_1\cdot(\sin x)^{(n-1)}\cdot 1\\ &= x\sin\left(x+\frac{n\pi}{2}\right)+n\sin\left(x+\frac{(n-1)\pi}{2}\right)\end{aligned}$$

と求まる． □

例題 2.34 のように，積の一方の関数が多項式であるときが，ライプニッツの公式が有効にはたらく典型的な状況といえよう．

◇**問 2.7.** 関数 $f(x)=x(x+1)e^{3x}$ の n 階の導関数を求めよ．

次は，少し工夫するとライプニッツの公式が使える例である．

●例題 2.35. 関数 $f(x)=\dfrac{1}{1-x}$ $(x\neq 1)$ について，$f^{(n)}(0)$ を計算せよ．

解答例. $f(x)=(1-x)^{-1}$ と考えると，$f^{(n)}(x)=n!\cdot(1-x)^{-1-n}$ となり

$$f^{(n)}(0)=n!$$

が得られる．さらにもう一つ，別の計算法を紹介しよう．$f(x)\cdot(1-x)=1$ の両辺をライプニッツの公式を利用して n 回微分すると，

$$f^{(n)}(x)\cdot(1-x)+{}_n\mathrm{C}_1f^{(n-1)}(x)\cdot(-1)=0$$

となる．$x=0$ を代入すると $f^{(n)}(0)-nf^{(n-1)}(0)=0$, すなわち $f^{(n)}(0)=nf^{(n-1)}(0)$ であるから，$f^{(0)}(0)=f(0)=1$ より，$f^{(n)}(0)=n!$ が得られる． □

2.5 テイラーの定理

$f(x)$ が n 次の多項式であるとき，n 次方程式 $f(x)=0$ の実数解は多くても n 個しかない．一方，$\sin x=0$ の解は $x=m\pi$ (m は整数) であるから，$\sin x$ を多項式で表すことは不可能とわかる．しかし，式 (2.8) を念頭におくと，多項式でなくても，$f(x)$ が何回でも微分できる関数ならば，

$$\sum_{k=0}^{\infty}\frac{f^{(k)}(0)}{k!}x^k \tag{2.9}$$

という形に書けるのではないか，と考えられる．これを $f(x)$ に対する**マクローリン級数**という．$x=0$ のときは $f(0)$ に一致するが，他の x で式 (2.9) の級数が収束するか，さらに，もとの $f(x)$ と一致するかは別の問題として残る．

○例 **2.36.** 例題 2.35 の結果から，関数 $f(x)=\dfrac{1}{1-x}$ $(x\neq 1)$ に対するマクローリン級数は，等比級数 $\sum_{k=0}^{\infty} x^k$ である．

$$\sum_{k=0}^{n} x^k=\frac{1-x^{n+1}}{1-x}=\frac{1}{1-x}-\frac{x^{n+1}}{1-x} \quad \text{より} \quad \frac{1}{1-x}=\sum_{k=0}^{n} x^k+\frac{x^{n+1}}{1-x}$$

であるから，級数 $\sum_{k=0}^{\infty} x^k$ は $|x|<1$ のとき収束し，もとの関数 $f(x)=\dfrac{1}{1-x}$ と一致する．

○例 **2.37.** α を実数とする．関数 $f(x)=(1+x)^\alpha$ について，$f(0)=1$ であり，例題 2.32 と同様にして，$k=1,2,\cdots$ のとき，

$$f^{(k)}(x)=\alpha(\alpha-1)\cdots(\alpha-k+1)\cdot(1+x)^{\alpha-k},$$
$$\frac{f^{(k)}(0)}{k!}=\frac{\alpha(\alpha-1)\cdots(\alpha-k+1)}{k(k-1)\cdots 1}$$

とわかる．$k=0,1,2,\cdots$ に対して，

$$\binom{\alpha}{0}:=1,\quad \binom{\alpha}{k}:=\frac{\alpha(\alpha-1)\cdots(\alpha-k+1)}{k!}\quad (k=1,2,\cdots)$$

と定義し，**一般の二項係数**とよぶ．これを用いると，$f(x)=(1+x)^\alpha$ のマクローリン級数を $\sum_{k=0}^{\infty}\binom{\alpha}{k}x^k$ と表すことができる．n が正の整数のときは

$$\binom{n}{k}=\begin{cases} {}_n\mathrm{C}_k & (k=0,1,\cdots,n), \\ 0 & (k=n+1,\cdots) \end{cases}$$

であるから，α を正の整数 n とした場合，例題 2.32 や二項定理により，マクローリン級数はすべての x で収束して $(1+x)^n$ に一致する．また，$\alpha=-1$ とし x を $-x$ に置き換えると，例 2.36 の等比級数と一致する．一般に，α が正の整数でない場合も，$\sum_{k=0}^{\infty}\binom{\alpha}{k}x^k$ は $|x|<1$ で収束し，$(1+x)^\alpha$ と一致することが知られている (章末問題 4，および例 6.40 を参照)．これを**一般の二項定理**と

いう.

◇**問 2.8.** 一般の二項係数の定義から，$\alpha \in \mathbf{R}$ と $n = 1, 2, \cdots$ に対して，次の等式が成り立つことを示せ.

(1) $n\binom{\alpha}{n} = \alpha\binom{\alpha-1}{n-1}$ (2) $\binom{\alpha-1}{n-1} + \binom{\alpha-1}{n} = \binom{\alpha}{n}$

○**例 2.38.** 関数 $f(x) = \mathrm{Tan}^{-1}\, x$ について，$f^{(n)}(0)$ を計算し，マクローリン級数を求めよう．$f'(x) = \dfrac{1}{1+x^2}$ を $(1+x^2)f'(x) = 1$ と書き直し，両辺を n 回微分すると，ライプニッツの公式により

$$(1+x^2)f^{(n+1)}(x) + 2nxf^{(n)}(x) + n(n-1)f^{(n-1)}(x) = 0$$

が得られる．$x = 0$ を代入すると

$$f^{(n+1)}(0) = -n(n-1)f^{(n-1)}(0).$$

$f(0) = 0,\ f'(0) = 1$ に注意すると，$m = 0, 1, 2, \cdots$ に対して

$$f^{(2m)}(0) = 0,$$

$$f^{(2m+1)}(0) = (-1)^m \cdot 2m \cdot (2m-1) \cdots 2 \cdot 1 \cdot f'(0) = (-1)^m \cdot (2m)!$$

となる．したがって，$f(x) = \mathrm{Tan}^{-1}\, x$ のマクローリン級数は $\displaystyle\sum_{m=0}^{\infty} \frac{(-1)^m}{2m+1} x^{2m+1}$ である[2]．この級数は $|x| \leqq 1$ のとき収束し，$\mathrm{Tan}^{-1}\, x$ と一致することが知られている (章末問題 3, および例 3.27 を参照).

基本的な関数のべき級数展開について，結果を表 2.2 にまとめておく．このなかには本章の知識だけで証明するのが難しいものもあるが，それぞれ機が熟したところで証明を与えていくことにする.

---

2) なお，$x = 1$ とおいて得られる

$$\frac{\pi}{4} = \sum_{m=0}^{\infty} \frac{(-1)^m}{2m+1} = 1 - \frac{1}{3} + \frac{1}{5} - \frac{1}{7} + \cdots$$

という式は，微分積分学が生まれるはるか前からすでに知られていたというが，右辺の級数の収束が遅いため，円周率 π の数値計算には適さない．第 1 章の章末問題 7 (2) で示した $\dfrac{\pi}{4} = 4\,\mathrm{Tan}^{-1}\left(\dfrac{1}{5}\right) - \mathrm{Tan}^{-1}\left(\dfrac{1}{239}\right)$ という式を利用するのが**マチンの方法**である．これにより，マチンは π を 100 桁まで正確に求めた (1706 年).

表 2.2

$\dfrac{1}{1-x}=\sum_{k=0}^{\infty}x^k$	$(\lvert x\rvert<1)$
$(1+x)^{\alpha}=\sum_{k=0}^{\infty}\dbinom{\alpha}{k}x^k$	$(\lvert x\rvert<1)$
$\log(1+x)=\sum_{k=0}^{\infty}\dfrac{(-1)^k}{k+1}x^{k+1}$	$(-1<x\leqq 1)$
$e^x=\sum_{k=0}^{\infty}\dfrac{1}{k!}x^k$	$(x\in\mathbf{R})$
$\sin x=\sum_{m=0}^{\infty}\dfrac{(-1)^m}{(2m+1)!}x^{2m+1}$	$(x\in\mathbf{R})$
$\cos x=\sum_{m=0}^{\infty}\dfrac{(-1)^m}{(2m)!}x^{2m}$	$(x\in\mathbf{R})$
$\mathrm{Sin}^{-1}\,x=\sum_{m=0}^{\infty}\dfrac{1}{2m+1}\cdot\dfrac{(2m-1)!!}{(2m)!!}x^{2m+1}$	$(\lvert x\rvert\leqq 1)$
$\mathrm{Tan}^{-1}\,x=\sum_{m=0}^{\infty}\dfrac{(-1)^m}{2m+1}x^{2m+1}$	$(\lvert x\rvert\leqq 1)$

ここで，$m=1,2,\cdots$ に対して，$(2m)!!:=2^m\cdot m!$ は 2 から $2m$ までの偶数の積を表し，$(2m-1)!!:=\dfrac{(2m)!}{(2m)!!}=\dfrac{(2m)!}{2^m\cdot m!}$ は 1 から $2m-1$ までの奇数の積を表すものとする (通常の階乗に比べ「1 段跳ばし」になっているので "!!" を用いる習慣である)．さらに，$(-1)!!$ や $0!!$ は 1 と解釈する．

テイラーの定理

関数 $f(x)$ は $x=a$ において n 回微分可能とし，

$$f_n(x):=\sum_{k=0}^{n}\frac{f^{(k)}(a)}{k!}(x-a)^k, \tag{2.10}$$

$$r_n(x):=f(x)-f_n(x) \tag{2.11}$$

とおく．$f_n(x)$ を x^n の項までの**テイラー多項式**とよび，$r_n(x)$ をそれに応じた**剰余項**とよぶ．

$$f_n^{(k)}(a)=f^{(k)}(a) \quad (k=0,1,\cdots,n) \tag{2.12}$$

と $f_n^{(n+1)}(x)\equiv 0$ より，

$$r_n^{(k)}(a)=f^{(k)}(a)-f_n^{(k)}(a)=0 \quad (k=0,1,\cdots,n) \tag{2.13}$$

と $r_n^{(n+1)}(x) \equiv f^{(n+1)}(x)$ が成り立つ．

$f(x)$ が n 次関数の場合は式 (2.7) により $f_n(x)$ が $f(x)$ と一致するが，一般にはそうではない．次の定理は剰余項 $r_n(x)$ を簡潔に表す方法のひとつで，**ラグランジュ形の剰余項**とよばれている．$n=0$ の場合が平均値の定理 (定理 2.17) である．

定理 2.39 (テイラーの定理)**.** 関数 $f(x)$ は a を含むある開区間 I において $(n+1)$ 回微分可能とする．このとき，$x \in I$ $(x \neq a)$ に対して，

$$r_n(x) = f(x) - f_n(x) = \frac{f^{(n+1)}(c)}{(n+1)!}(x-a)^{n+1} \tag{2.14}$$

を満たす c が a と x の間に存在する．

証明. $g(x) := (x-a)^{n+1}$ とおくと，

$$g^{(k)}(a) = 0 \quad (k = 0, 1, \cdots, n) \tag{2.15}$$

と $g^{(n+1)}(x) = (n+1)!$ が成り立つ．式 (2.13)，式 (2.15) とコーシーの平均値の定理 (定理 2.23) により，

$$\begin{aligned}
\frac{r_n(x)}{g(x)} &= \frac{r_n(x) - r_n(a)}{g(x) - g(a)} = \frac{r_n'(c_1)}{g'(c_1)} \quad (c_1 \text{ は } a \text{ と } x \text{ の間の数}) \\
&= \frac{r_n'(c_1) - r_n'(a)}{g'(c_1) - g'(a)} = \frac{r_n''(c_2)}{g''(c_2)} \quad (c_2 \text{ は } a \text{ と } c_1 \text{ の間の数}) \\
&\;\;\vdots \\
&= \frac{r_n^{(n)}(c_n) - r_n^{(n)}(a)}{g^{(n)}(c_n) - g^{(n)}(a)} = \frac{r_n^{(n+1)}(c_{n+1})}{g^{(n+1)}(c_{n+1})} = \frac{f^{(n+1)}(c_{n+1})}{(n+1)!} \\
&\qquad\qquad\qquad (c_{n+1} \text{ は } a \text{ と } c_n \text{ の間の数})
\end{aligned}$$

となる．c_{n+1} を c とおくと，$\dfrac{r_n(x)}{(x-a)^{n+1}} = \dfrac{f^{(n+1)}(c)}{(n+1)!}$ が成り立つ．　□

この定理をいい換えると，関数 $f(x)$ が a を含むある開区間 I において n 回微分可能であるとき，$x \in I$ $(x \neq a)$ に応じて，a と x の間の数 c をうまくとることにより，

$$f(x) = \sum_{k=0}^{n-1} \frac{f^{(k)}(a)}{k!}(x-a)^k + \frac{f^{(n)}(c)}{n!}(x-a)^n \tag{2.16}$$

が成り立ち，$f_n(x)$ の最後の項を調整したものと $f(x)$ が「手品のように」一致

することがわかる．式 (2.16) を $f(x)$ の $(n-1)$ 次までの**テイラー展開**とよぶ．

テイラーの定理の応用：近似計算

定理 2.39 を利用して，近似式を用いたときの誤差を評価することができる．

○例 **2.40.** $f(x)=\sqrt{1+x}=(1+x)^{\frac{1}{2}}$ とする．$x>-1$ のとき

$$f'(x)=\frac{1}{2}(1+x)^{-\frac{1}{2}},\quad f''(x)=\frac{1}{2}\cdot\left(-\frac{1}{2}\right)\cdot(1+x)^{-\frac{3}{2}}=\frac{-1}{4(1+x)^{\frac{3}{2}}}$$

より，定理 2.39 を $a=0$ として用いると

$$\sqrt{1+x}=1+\frac{1}{2}x-\frac{x^2}{8(1+c)^{\frac{3}{2}}}$$

となる c が 0 と x の間に存在する．近似式 $\sqrt{1+x}\fallingdotseq 1+\dfrac{1}{2}x$ を用いると，$\sqrt{1.21}\fallingdotseq 1+\dfrac{0.21}{2}=1.105$ が得られる．さらに，$x=0.21$ のとき $0<c<0.21$ だから，この近似式に対する剰余項は

$$0>-\frac{x^2}{8(1+c)^{\frac{3}{2}}}>-\frac{(0.21)^2}{8(1+0)^{\frac{3}{2}}}=-0.0055125$$

と評価できる．したがって，$\sqrt{1.21}$ の真の値は，1.0994875 と 1.105 の間にあることがわかる (確かに $\sqrt{1.21}=1.1$ である)．

テイラーの定理 (定理 2.39) の後の説明で，「手品のように」という表現を用いたが，c という数は「手品のタネ」に相当する．通常，手品をするときにはタネが見えないようにする．この「手品のタネ」c が隠れるように不等式で評価するのがラグランジュ形の剰余項をうまく扱うコツといえる．

○例 **2.41.** $f(x)=\log(1+x)$ とする．$x>-1$ のとき

$$f'(x)=\frac{1}{1+x}=(1+x)^{-1},\quad f''(x)=-(1+x)^{-2},\quad f'''(x)=2(1+x)^{-3}$$

より，

$$\log(1+x)=x-\frac{1}{2}x^2+\frac{1}{3(1+c)^3}x^3$$

となる c が 0 と x の間に存在する．$\log(1+x)\fallingdotseq x-\dfrac{1}{2}x^2$ という近似式を用いて，$\log 1.02$ の近似値を求めると

$$\log 1.02 = \log(1+0.02) \fallingdotseq (0.02) - \frac{1}{2}(0.02)^2 = 0.02 - 0.0002 = 0.0198$$

が得られる．さらに，$x = 0.02$ のとき $0 < c < 0.02$ だから，この近似式に対する剰余項は

$$0 < \frac{1}{3(1+c)^3}x^3 < \frac{1}{3(1+0)^3}(0.02)^3 < 0.0000027$$

と評価できる．したがって，$\log 1.02$ の真の値は 0.0198 と 0.0198027 の間にある．

テイラーの定理の応用：べき級数展開

関数 $f(x)$ を $f(x) = \sum_{k=0}^{\infty} a_k x^k$ の形に表すことを**べき級数展開**という．$f(x)$ が $x = 0$ において何回でも微分可能であるとき，$n = 1, 2, \cdots$ に対して

$$f_n(x) := \sum_{k=0}^{n} \frac{f^{(k)}(0)}{k!}x^k, \quad r_n(x) := f(x) - f_n(x)$$

とおくと，$\lim_{n\to\infty} r_n(x) = 0$ となる x では $f(x) = \sum_{k=0}^{\infty} \frac{f^{(k)}(0)}{k!}x^k$ とべき級数展開できることがわかる．

定理 2.42. 0 を含む開区間 I において，関数 $f(x)$ は何回でも微分可能であるとする．ある正の定数 M が存在して，任意の $x \in I$ と $k = 0, 1, 2, \cdots$ に対して

$$|f^{(k)}(x)| \leqq M$$

が成り立つとき，$x \in I$ に対して $f(x) = \sum_{k=0}^{\infty} \frac{f^{(k)}(0)}{k!}x^k$ とべき級数展開される．

証明. $x = 0$ のときは明らかだから，$x \in I, x \neq 0$ とする．テイラーの定理 (定理 2.39) により，各 n に対して，$r_n(x) = \frac{f^{(n+1)}(c_n)}{(n+1)!}x^{n+1}$ を満たす c_n が 0 と x の間に存在する．$c_n \in I$ に注意し，例題 1.16 の結果を利用すると

$$|r_n(x)| = \frac{|f^{(n+1)}(c_n)|}{(n+1)!}|x|^{n+1} \leqq \frac{M}{(n+1)!}|x|^{n+1} \to 0 \quad (n \to \infty)$$

が得られる． □

○例 **2.43.** $f(x) = \sin x$ とする．例 2.31 より，任意の $x \in \mathbf{R}$ と $k = 0, 1, 2, \cdots$ に対して $f^{(k)}(x) = \sin\left(x + \frac{k\pi}{2}\right)$ であるから $|f^{(k)}(x)| \leqq 1$ が成り立つ．した

がって，定理 2.42 により

$$\sin x = \sum_{m=0}^{\infty} \frac{(-1)^m}{(2m+1)!} x^{2m+1} \quad (x \in \mathbf{R})$$

とべき級数展開される．同様にして

$$\cos x = \sum_{m=0}^{\infty} \frac{(-1)^m}{(2m)!} x^{2m} \quad (x \in \mathbf{R})$$

も得られる．

○例 **2.44.** $f(x) = e^x$ とすると，$k = 0, 1, 2, \cdots$ に対して $f^{(k)}(x) = e^x$ である．区間 $I = (-c, c)$ $(c > 0)$ を考えると，任意の $x \in I$ と $k = 0, 1, 2, \cdots$ に対して $|f^{(k)}(x)| \leqq e^c$ が成り立つ．したがって，定理 2.42 により，$x \in I$ に対して

$$e^x = \sum_{k=0}^{\infty} \frac{1}{k!} x^k$$

とべき級数展開される．$c > 0$ は任意だから，結論としては任意の $x \in \mathbf{R}$ に対して上記のようにべき級数展開できることがわかる．

次の例 2.45 のように，テイラーの定理 (定理 2.39) で与えられる $r_n(x)$ の形を利用してべき級数展開できることを証明するのは，関数 $f(x)$ や x の範囲によっては難しい場合もある．

○例 **2.45.** $-1 < x \leqq 1$ のとき

$$\log(1+x) = \sum_{k=1}^{\infty} \frac{(-1)^{k-1}}{k} x^k \tag{2.17}$$

が成り立ち，特に

$$\sum_{k=1}^{\infty} \frac{(-1)^{k-1}}{k} = 1 - \frac{1}{2} + \frac{1}{3} - \frac{1}{4} + \cdots = \log 2 \tag{2.18}$$

となることを確かめよう．$x > -1$ に対して $f(x) = \log(1+x)$ とおくと，

$$f^{(k)}(x) = (-1)^{k-1} \cdot (k-1)! \cdot (1+x)^{-k} \quad (k = 1, 2, \cdots)$$

である．$n = 1, 2, \cdots$ に対して

$$f_n(x) := \sum_{k=0}^{n} \frac{f^{(k)}(0)}{k!} x^k = \sum_{k=1}^{n} \frac{(-1)^{k-1}}{k} x^k, \quad r_n(x) := f(x) - f_n(x) \tag{2.19}$$

とおくと，定理 2.39 により

$$r_n(x) = \frac{f^{(n+1)}(c)}{(n+1)!}x^{n+1} = \frac{(-1)^n}{(n+1)(1+c)^{n+1}}x^{n+1} \tag{2.20}$$

となる c が 0 と x の間に存在する．$0 < x \leqq 1$ のとき，$1 + c > 1$ より

$$|r_n(x)| = \frac{x^{n+1}}{(n+1)(1+c)^{n+1}} \leqq \frac{1}{n+1} \to 0 \quad (n \to \infty)$$

となるから，等式 (2.17) が成り立つ．一方，$-1 < x < 0$ のときは式 (2.20) を用いて $\lim_{n\to\infty} r_n(x) = 0$ を示すのが難しい．次の問 2.9 で $r_n(x)$ を別な形で表す工夫をして解決しよう．

◇**問 2.9.** $x > -1$ に対して，$f(x) = \log(1+x)$ とおく．次の問いに答えよ．

(1) $n = 1, 2, \cdots$ に対して，式 (2.19) のように $f_n(x)$, $r_n(x)$ を定義する．$r_n'(x) = \dfrac{(-x)^n}{1+x}$ となることを示せ．

(2) $r_n(x) = x \cdot r_n'(c)$ を満たす c が 0 と x の間に存在することを示せ．

(3) $|x| < 1$ のとき，$\lim_{n\to\infty} r_n(x) = 0$ となることを示せ．

○**例 2.46.** $|x| < 1$ のとき，

$$\begin{aligned} \log(1+x) &= \quad x - \frac{x^2}{2} + \frac{x^3}{3} - \frac{x^4}{4} + \frac{x^5}{5} - \frac{x^6}{6} + \cdots, \\ \log(1-x) &= -x - \frac{x^2}{2} - \frac{x^3}{3} - \frac{x^4}{4} - \frac{x^5}{5} - \frac{x^6}{6} - \cdots \end{aligned}$$

より，

$$\log\left(\frac{1+x}{1-x}\right) = 2\left(x + \frac{x^3}{3} + \frac{x^5}{5} + \cdots\right)$$

が得られる[3)]．この級数はべき指数の増え方が速いため収束が速く，対数の数値計算に適している．例えば，

$$\log\left(\frac{1+x}{1-x}\right) \fallingdotseq 2\left(x + \frac{x^3}{3}\right)$$

という近似式を用いて $\log 1.02$ の近似値を求める場合，$\dfrac{1+x}{1-x} = 1.02$ を満たす

---

3) 問 1.9 (3) より，$|x| < 1$ のとき

$$\tanh^{-1}x = \frac{1}{2}\log\left(\frac{1+x}{1-x}\right) = x + \frac{x^3}{3} + \frac{x^5}{5} + \cdots$$

が成り立つ．

$x = \dfrac{1}{101}$ であるから,

$$\log 1.02 \fallingdotseq 2\left\{\frac{1}{101} + \frac{1}{3}\cdot\left(\frac{1}{101}\right)^3\right\} = \underline{0.0198026272}58118\cdots$$

が得られる. 下線部まで真の値と一致していることもわかっている.

漸近展開

関数 $f(x)$ が $x = a$ で微分可能であるとき, 式 (2.5) より

$$f(x) = f(a) + f'(a)(x-a) + o(x-a) \quad (x \to a)$$

が成り立つ. 右辺の $o(x-a)$ は, $x-a$ で割って $x \to a$ とすると 0 に収束する項を表す. この式の一般化について考え, 極限値の計算に応用しよう.

3 次関数 $f(x) = 1 + x + x^2 + x^3$ に対して, $f_n(x) = \displaystyle\sum_{k=0}^{n} \frac{f^{(k)}(0)}{k!}x^k$ を計算すると

$$\begin{aligned} f_0(x) &= 1, \\ f_1(x) &= 1 + x, \\ f_2(x) &= 1 + x + x^2, \\ f_3(x) &= 1 + x + x^2 + x^3 = f(x) \end{aligned}$$

となる. x が 0 に近いとき $1 > |x| > |x^2| > |x^3|$ であるから, より「細かい」項が付け加わっていくことがわかる (図 2.7).

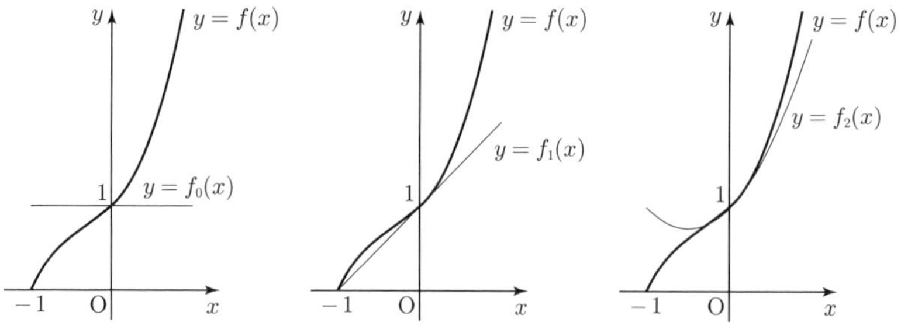

図 2.7 $y = f_n(x)$ と $y = f(x)$ のグラフ

このような状況を表すのに便利な記号を定義する.

定義 2.47. $\displaystyle\lim_{x\to a}\frac{r(x)}{g(x)}=0$ であるとき，$r(x)=o(g(x))\ (x\to a)$ と表し，右辺を「**スモール・オー** $g(x)$」と読む．特に，$r(x)=o(1)\ (x\to a)$ は $\displaystyle\lim_{x\to a} r(x)=0$ を意味する．

$r(x)=o(g(x))\ (x\to a)$ は，a の近くでは $r(x)$ が $g(x)$ に比べて圧倒的に小さいことを表している．

次の定理から，$x\to a$ のとき，剰余項 $f(x)-f_n(x)$ は $(x-a)^n$ に比べて圧倒的に小さいことがわかる．

定理 2.48. 関数 $f(x)$ は a を含むある開区間 I において n 回微分可能とする．このとき，

$$f(x)=f_n(x)+o((x-a)^n)\quad (x\to a) \tag{2.21}$$

が成り立つ．このような表し方を $x\to a$ における $f(x)$ の**漸近展開**という．

証明. $r_{n-1}(x):=f(x)-f_{n-1}(x)$ を調べる．定理 2.39 の証明と同様にして，$x\in I\ (x\neq a)$ に対し，

$$\frac{r_{n-1}(x)}{(x-a)^n}=\frac{r_{n-1}^{(n-1)}(c)}{n!\cdot(c-a)}$$

を満たす c が a と x の間に存在することがわかる．式 (2.13) を用いると

$$\lim_{c\to a}\frac{r_{n-1}^{(n-1)}(c)}{n!\cdot(c-a)}=\lim_{c\to a}\frac{r_{n-1}^{(n-1)}(c)-r_{n-1}^{(n-1)}(a)}{n!\cdot(c-a)}=\frac{r_{n-1}^{(n)}(a)}{n!}=\frac{f^{(n)}(a)}{n!}$$

であり，$x\to a$ のとき $c\to a$ だから，

$$\lim_{x\to a}\frac{r_{n-1}(x)}{(x-a)^n}=\frac{f^{(n)}(a)}{n!}$$

とわかる．これは

$$f(x)-f_{n-1}(x)=r_{n-1}(x)=\frac{f^{(n)}(a)}{n!}(x-a)^n+o((x-a)^n)\quad (x\to a)$$

を意味している． □

以下では，典型的な $a=0$ の場合に絞って話を進めていく．

$x\to 0$ における $o(x^n)$ の性質

(0) 定数 c に対して，$c\cdot o(x^n)=o(x^n)$．

(1) $x^m\cdot o(x^n)=o(x^{m+n})$

(2) $o(x^m)\cdot o(x^n)=o(x^{m+n})$
(3) $m \leqq n$ ならば，$o(x^m)\pm o(x^n)=o(x^m)$.

証明. (0) $\displaystyle\lim_{x\to 0}\frac{c\cdot o(x^n)}{x^n}=c\cdot\lim_{x\to 0}\frac{o(x^n)}{x^n}=0$

(1) $\displaystyle\lim_{x\to 0}\frac{x^m\cdot o(x^n)}{x^{m+n}}=\lim_{x\to 0}\frac{o(x^n)}{x^n}=0$

(2) $\displaystyle\lim_{x\to 0}\frac{o(x^m)\cdot o(x^n)}{x^{m+n}}=\lim_{x\to 0}\frac{o(x^m)}{x^m}\cdot\frac{o(x^n)}{x^n}=0$

(3) $\displaystyle\lim_{x\to 0}\frac{o(x^m)\pm o(x^n)}{x^m}=\lim_{x\to 0}\left[\frac{o(x^m)}{x^m}\pm x^{n-m}\cdot\frac{o(x^n)}{x^n}\right]=0$ □

$x\to 0$ のとき，$o(x^m)$ と $o(x^n)$ はどちらも「ゴミ」のようなものであるが，性質 (3) は，$o(x^m)\pm o(x^n)$ とすると「大きくて目立つゴミ」$o(x^m)$ が見える，といっている.

○**例 2.49.** $x\to 0$ のとき，

$$\begin{aligned}x\{1-x+o(x)\}-\{3x+o(x)\}&=x-x^2+o(x^2)-3x-o(x)\\&=-2x+o(x).\end{aligned}$$

●**例題 2.50.** $x\to 0$ における $(1-x)e^x$ の漸近展開を，$o(x^2)$ を用いて表せ.

解答例. $x\to 0$ のとき，$e^x=1+x+\dfrac{x^2}{2}+o(x^2)$ であるから，

$$\begin{aligned}(1-x)e^x&=(1-x)\left\{1+x+\frac{x^2}{2}+o(x^2)\right\}\\&=1+x+\frac{x^2}{2}+o(x^2)-x-x^2-\frac{x^3}{2}-o(x^3)\\&=1-\frac{x^2}{2}+o(x^2)\end{aligned}$$

が得られる. □

●**例題 2.51.** 漸近展開を用いて，問 2.6 (1) の極限値 $\displaystyle\lim_{x\to 0}\left(\frac{1}{e^x-1}-\frac{1}{\sin x}\right)$ を求めよ.

解答例. $\dfrac{1}{e^x-1}-\dfrac{1}{\sin x}=\dfrac{\sin x-e^x+1}{(e^x-1)(\sin x)}$ と変形する. $x\to 0$ のとき，$e^x=1+x+o(x)$ および $\sin x=x+o(x)$ より，分母は

$$(e^x-1)(\sin x) = \{x+o(x)\}\{x+o(x)\} = x^2+o(x^2)$$

である．したがって，分子の漸近展開を x^2 の項まで求める必要があることがわかる．$x\to 0$ のとき，$e^x = 1+x+\dfrac{x^2}{2}+o(x^2)$ および $\sin x = x+0x^2+o(x^2)$ であるから，分子は

$$\sin x - e^x + 1 = -\frac{x^2}{2}+o(x^2)$$

である．以上により，

$$\frac{1}{e^x-1}-\frac{1}{\sin x} = \frac{-\dfrac{x^2}{2}+o(x^2)}{x^2+o(x^2)} = \frac{-\dfrac{1}{2}+o(1)}{1+o(1)} \to -\frac{1}{2} \quad (x\to 0)$$

となる． □

漸近展開をどこまでで打ち切るかを考えるとき，事前によく観察しておくときれいにできるが，長めにとる分には (面倒になるだけで) 問題ない．「展開が粗すぎて極限値がうまく決まらなかった」，「ここまで詳しい情報はいらなかった」といった経験を，楽しみながら積み重ねると上達する．

◇**問 2.10.** 次の関数の $x\to 0$ における漸近展開を，$o(x^3)$ を用いて表せ．

(1) $(1+x)e^{-2x}$ (2) $(\sin x)(1-\cos x)$ (3) $(8-x)\sqrt{1+x}$

◇**問 2.11.** 漸近展開を用いて，次の極限値を求めよ．

(1) $\displaystyle\lim_{x\to 0}\frac{\log(1-x^2)+x\sin x}{x^4}$ (2) $\displaystyle\lim_{x\to 0}\frac{(1+x^2)^{-1}-\cos x}{x^2}$

定理 2.48 の証明をよくみると，「関数 $f(x)$ は a を含むある開区間 I において $(n-1)$ 回微分可能で，$f^{(n)}(a)$ が存在する」という仮定で十分であることがわかる．さらに，次の便利な性質もわかる．

系 2.52. 関数 $f(x)$ は a を含むある開区間 I において n 回微分可能で，$f^{(n+1)}(a)$ が存在すると仮定する．このとき，$\displaystyle\lim_{x\to a}\frac{f(x)-f_n(x)}{(x-a)^{n+1}} = \frac{f^{(n+1)}(a)}{(n+1)!}$ である．

$\displaystyle\lim_{x\to a}\frac{r(x)}{g(x)}=1$ のとき，$r(x)\sim g(x)$ $(x\to a)$ と表すことにすると，$\displaystyle\lim_{x\to a}\frac{r(x)}{g(x)} = c \neq 0$ のとき $r(x)\sim cg(x)$ $(x\to a)$ と表せる．系 2.52 は，$f^{(n+1)}(a)\neq 0$ ならば

$$f(x) - f_n(x) \sim \frac{f^{(n+1)}(a)}{(n+1)!}(x-a)^{n+1} \quad (x \to a) \tag{2.22}$$

が成り立つことを意味しており，この状況を

“$x \to a$ で $f(x) - f_n(x)$ は $(x-a)^{n+1}$ と**同じオーダー**である”

という．一方，定理 2.48 の式 (2.21) の状況を

“$x \to a$ で $f(x) - f_n(x)$ は $(x-a)^n$ に比べて**高いオーダー**である”

といい，それよりもずっと詳しい情報を与えていることがわかる．なお，$x = a$ の近くで $\left|\dfrac{r(x)}{g(x)}\right|$ が有界であるとき $r(x) = O(g(x))$ $(x \to a)$ と表し，右辺を「**ラージ・オー** $g(x)$」と読む．式 (2.22) から

$$f(x) - f_n(x) = O((x-a)^{n+1}) \quad (x \to a)$$

が導かれ，これは式 (2.21) より詳しい情報を与える．

2.6 凸関数

曲線の凹凸

放物線 $y = x^2$ 上の点 (a, a^2) における接線の方程式は $y = 2a(x-a) + a^2$ である．

$$x^2 - \{2a(x-a) + a^2\} = x^2 - 2ax + 2a^2 - a^2 = x^2 - 2ax + a^2 = (x-a)^2$$

であるから，すべての x で $x^2 \geqq 2a(x-a) + a^2$ が成り立ち，等号が成立するのは $x = a$ に限る．すなわち，この放物線は接線より常に上側にある．また，放物線 $y = x^2$ 上に異なる 2 点 A, B をとるとき，放物線の A と B の間の部分は線分 AB より下側にある．

一般に，次の定理が得られる．

定理 2.53. 関数 $f(x)$ は開区間 I 上で 2 回微分可能であるとする．

(1) すべての $x \in I$ で $f''(x) > 0$ ［$f''(x) < 0$］であるとき，各 $a \in I$ について，

$$\text{すべての } x \in I \text{ で} \quad f(x) \geqq f'(a)(x-a) + f(a)$$
$$[\, f(x) \leqq f'(a)(x-a) + f(a) \,]$$

が成り立ち，等号が成立するのは $x=a$ に限る．すなわち，関数 $y=f(x)$ $(x\in I)$ のグラフは接線より常に上側［下側］にある．また，異なる $x_1,x_2\in I$ と任意の $0<\alpha<1$ に対して

$$f((1-\alpha)x_1+\alpha x_2)<(1-\alpha)f(x_1)+\alpha f(x_2)$$

$$[\,f((1-\alpha)x_1+\alpha x_2)>(1-\alpha)f(x_1)+\alpha f(x_2)\,]$$

が成り立ち，関数 f は区間 I で**凸**（とつ）［**凹**（おう）］であるという (上に凸［下に凸］であるともいう).

(2) $I=(a-\varepsilon,a+\varepsilon)$ とする．$x=a$ の前後で $f''(x)$ の符号が正から負に［負から正に］変化するとき，曲線 $y=f(x)$ は点 $(a,f(a))$ における接線に対して $x=a$ より左では上側［下側］，右では下側［上側］にある．このとき，$(a,f(a))$ を曲線 $y=f(x)$ の**変曲点**という．

証明. まず，(1) の前半と (2) を示そう．$a\in I$ とする．テイラーの定理 (定理 2.39) により，$x\neq a$ を満たす $x\in I$ に対して，

$$f(x)-\{f'(a)(x-a)+f(a)\}=\frac{f''(c)}{2}\cdot(x-a)^2 \tag{2.23}$$

を満たす c が a と x の間に存在する．$x\neq a$ のとき $(x-a)^2>0$ であるから，式 (2.23) の左辺の符号は $f''(c)$ の符号と一致し，(1) の場合は常に正［負］，(2) の場合は $x<c<a$ と $a<c<x$ で符号が異なることがわかる．

次に，$f''(x)>0$ の場合に (1) の後半を示そう．$0<\alpha<1$ のとき，$\overline{x}:=(1-\alpha)x_1+\alpha x_2$ とおくと，$x_1,x_2\neq\overline{x}$ より

$$f(x_1)>f'(\overline{x})(x_1-\overline{x})+f(\overline{x}),\quad f(x_2)>f'(\overline{x})(x_2-\overline{x})+f(\overline{x})$$

が成り立つ．したがって，

$$\begin{aligned}
&(1-\alpha)f(x_1)+\alpha f(x_2)\\
&\quad>f'(\overline{x})\{(1-\alpha)(x_1-\overline{x})+\alpha(x_2-\overline{x})\}+\{(1-\alpha)+\alpha\}f(\overline{x})\\
&\quad=f'(\overline{x})\{(1-\alpha)x_1+\alpha x_2-\overline{x}\}+f(\overline{x})\\
&\quad=f(\overline{x})
\end{aligned}$$

が得られる． □

a を含む区間 I 上で定義された関数 $y=f(x)$ について，a を含む開区間 J $(\subset I)$ が存在して，任意の $x\in J$ $(x\neq a)$ で

$$f(x) > f(a)$$

となるとき，関数 $y = f(x)$ は点 a で**極小**であるといい，$f(a)$ を**極小値**という．同様に，

$$f(x) < f(a)$$

となるとき，関数 $y = f(x)$ は点 a で**極大**であるといい，$f(a)$ を**極大値**という．極小値と極大値をあわせて**極値**という．

系 2.54. 関数 $f(x)$ は 2 回微分可能で，$f''(x)$ は $x = a$ において連続であるとする．

(1) $f'(a) = 0, f''(a) > 0$ のとき，$f(x)$ は $x = a$ において極小値をとる．

(2) $f'(a) = 0, f''(a) < 0$ のとき，$f(x)$ は $x = a$ において極大値をとる．

証明. $f''(x)$ が $x = a$ において連続であることから，(1) の仮定のもとでは a を含むある区間 I で $f''(x) > 0$ であり，$x \neq a$ を満たす $x \in I$ に対して，定理 2.53 (1) より $f(x) > f(a)$ が成り立つ．

(2) についても同様である． □

$f'(x)$, $f''(x)$ を調べることで，曲線 $y = f(x)$ の増減・凹凸の情報が得られる．不連続点の近くや $x \to \pm\infty$ での挙動にも注意しよう．

●**例題 2.55.** 確率・統計で重要な**標準正規分布**を表す関数 $f(x) = \dfrac{1}{\sqrt{2\pi}}e^{-x^2/2}$ について，増減・凹凸を調べよ．

解答例. 合成関数の微分法と積の微分法により

$$f'(x) = \frac{1}{\sqrt{2\pi}}e^{-x^2/2} \cdot \left(-\frac{x^2}{2}\right)' = -xf(x),$$

$$f''(x) = -f(x) - xf'(x) = (x^2 - 1)f(x).$$

ここで $f(x) > 0$ に注意すると，$f'(x)$ や $f''(x)$ の符号の変化は $-x$ や $x^2 - 1$ と同じであることがわかる．$x \to \pm\infty$ で $f(x) \to 0$ となることにも注意して，表にまとめると次のようになる．

x	$(-\infty)$	$\cdots$	-1	$\cdots$	0	$\cdots$	1	$\cdots$	$(+\infty)$
$f'(x)$		$+$	$+$	$+$	0	$-$	$-$	$-$	
$f''(x)$		$+$	0	$-$	$-$	$-$	0	$+$	
$f(x)$	(0)	⤴	$\frac{1}{\sqrt{2\pi e}}$ 変曲点	↗	$\frac{1}{\sqrt{2\pi}}$ 最大値	↘	$\frac{1}{\sqrt{2\pi e}}$ 変曲点	⤵	(0)

□

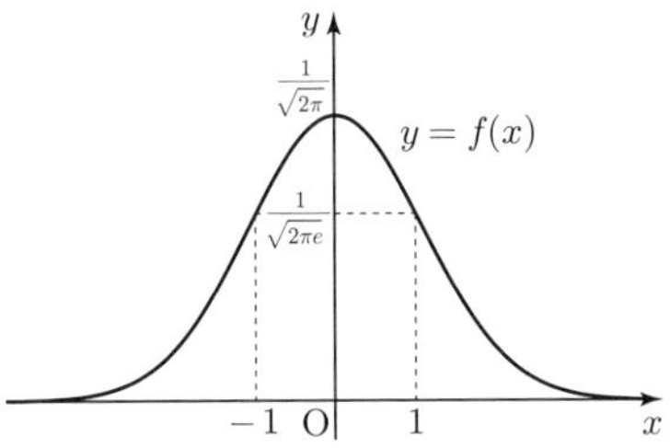

図 2.8

◇問 **2.12.** 区間 $(0,\infty)$ 上の関数 $f(x) = \dfrac{\log x}{x}$ の増減・凹凸を調べよ．また，$x \to +0$ および $x \to \infty$ での挙動も調べよ．

不等式への応用

関数が凸や凹であることを利用して，様々な不等式を証明することができる．

○例 **2.56.** $f(x) = \log x$ は $x \in (0,\infty)$ で $f'(x) = \dfrac{1}{x}$, $f''(x) = -\dfrac{1}{x^2} < 0$ を満たすから，区間 $(0,\infty)$ で凹 (上に凸) である．したがって，$x=1$ での接線を考えると $\log x \leqq x-1$ が得られる (等号成立は $x=1$ のときに限る)．また，$0<a<b$ とすると，

$$\log\frac{a+b}{2} \geqq \frac{1}{2}\log a + \frac{1}{2}\log b = \log\sqrt{ab}$$

より，相加・相乗平均に関する不等式 $\dfrac{a+b}{2} \geqq \sqrt{ab}$ が得られる．

定理 2.53 (1) を次のように一般化すると便利である．これは**イェンセンの不等式**とよばれるものの特別な場合にあたる．

定理 2.57. 関数 $f(x)$ は開区間 I 上で 2 回微分可能で，すべての $x \in I$ で $f''(x) > 0$ を満たすとする．n は 2 以上の整数で，

$$\alpha_1, \alpha_2, \cdots, \alpha_n > 0, \quad \sum_{i=1}^{n} \alpha_i = 1, \quad x_1, x_2, \cdots, x_n \in I$$

とする．このとき，

$$f\left(\sum_{i=1}^{n} \alpha_i x_i\right) \leqq \sum_{i=1}^{n} \alpha_i f(x_i)$$

が成り立つ．等号が成立するのは $x_1 = x_2 = \cdots = x_n$ の場合に限る．なお，す

べての $x \in I$ で $f''(x) < 0$ を満たす場合には逆向きの不等式が成立する.

証明. $\overline{x} := \sum_{i=1}^{n} \alpha_i x_i$ とおく. 定理 2.53 (1) により, $i = 1, 2, \cdots, n$ に対して

$$f(x_i) \geqq f'(\overline{x})(x_i - \overline{x}) + f(\overline{x})$$

であり, 等号が成り立つのは $x_i = \overline{x}$ の場合に限る. したがって,

$$\sum_{i=1}^{n} \alpha_i f(x_i) \geqq f'(\overline{x}) \cdot \left\{ \sum_{i=1}^{n} \alpha_i (x_i - \overline{x}) \right\} + \sum_{i=1}^{n} \alpha_i f(\overline{x})$$

となり, 等号が成立するのは $x_1 = x_2 = \cdots = x_n = \overline{x}$ の場合に限る. 右辺第 1 項を計算すると

$$f'(\overline{x}) \cdot \left(\sum_{i=1}^{n} \alpha_i x_i - \overline{x} \cdot \sum_{i=1}^{n} \alpha_i \right) = f'(\overline{x}) \cdot (\overline{x} - \overline{x}) = 0$$

となり, 右辺第 2 項は $f(\overline{x})$ となる. □

○**例 2.58.** n を 2 以上の整数とする. $a_1, a_2, \cdots, a_n > 0$ であるとき

$$\frac{a_1 + a_2 + \cdots + a_n}{n} \geqq \sqrt[n]{a_1 a_2 \cdots a_n}$$

が成り立つことを示そう. 例 2.56 と同じく, $f(x) = \log x$ が区間 $(0, \infty)$ で $f''(x) < 0$ を満たすことから, $\alpha_1 = \alpha_2 = \cdots = \alpha_n = \dfrac{1}{n}$, $x_i = a_i$ $(i = 1, 2, \cdots, n)$ として定理 2.57 を用いると,

$$\log \sqrt[n]{a_1 a_2 \cdots a_n} = \frac{1}{n} \sum_{i=1}^{n} \log a_i \leqq \log \left(\frac{1}{n} \sum_{i=1}^{n} a_i \right)$$

が成り立ち, 等号が成立するのは $a_1 = a_2 = \cdots = a_n$ の場合に限ることがわかる.

◇**問 2.13.** n を 2 以上の整数とし, $p > 1$ とする. $a_1, a_2, \cdots, a_n > 0$ のとき

$$\left(\frac{a_1 + a_2 + \cdots + a_n}{n} \right)^p \leqq \frac{(a_1)^p + (a_2)^p + \cdots + (a_n)^p}{n}$$

が成り立つことを, 定理 2.57 を利用して示せ.

2.7 展開公式の応用：離散型確率分布

さいころを 1 回投げる試行を考える. 投げる前は何の目が出るのかわからないので, それを X で表す. さいころを 1 回投げて k の目が出る確率を $P(X = k)$

と表すと

$$P(X=k)=\frac{1}{6} \quad (k=1,2,3,4,5,6)$$

と考えられる．このように，試行によって生じる状況に応じて値が決まる変数を**確率変数**という．さいころを 1 回投げて出る目 X の，すべての状況にわたる平均値は

$$\frac{1+2+3+4+5+6}{6}=\frac{21}{6}=3.5$$

である．これを $E[X]$ と書き，X の**期待値**とよぶ．これは

$$1\cdot\frac{1}{6}+2\cdot\frac{1}{6}+3\cdot\frac{1}{6}+4\cdot\frac{1}{6}+5\cdot\frac{1}{6}+6\cdot\frac{1}{6},$$

すなわち，出る目の値とその目が出る確率をかけて和をとったものとも考えられる．

本節では，とりうる値が非負の整数の範囲である**離散型確率変数** X を考え，$k=0,1,2,\cdots$ に対して，$X=k$ となる確率を p_k と表す．数列 $\{p_k\}$ は

$$p_k \geqq 0 \quad (k=0,1,2,\cdots), \qquad \sum_{k=0}^{\infty} p_k=1$$

を満たすものとする．この $\{p_k\}$ を X の**確率分布**とよぶ．また，

$$E[X]:=\sum_{k=0}^{\infty} k\cdot p_k$$

を X の**期待値**とよぶ ($+\infty$ も許せば $E[X]$ は確定する).

• 1 回の試行で起こる確率が p (起こらない確率が $q=1-p$) である事象 E を考える．事象 E が起これば成功，起こらなければ失敗とみなし，p を成功確率とよぶ．この試行を独立に n 回繰り返すとき，事象 E の起こる (成功の) 回数 X の確率分布は

$$P(X=k)=\binom{n}{k}p^k q^{n-k} \quad (k=0,1,\cdots,n)$$

である．この X の分布を**二項分布**とよび，$\mathrm{B}(n,p)$ で表す．さいころを 600 回投げると，1 の目が $600\times\frac{1}{6}=100$ 回程度出ると考えられるが，X の期待値が np となることは次のようにしてわかる．二項定理 $(a+b)^n=\sum_{k=0}^{n}\binom{n}{k}a^k b^{n-k}$ を a について微分し，さらに両辺を a 倍すると

$$na(a+b)^{n-1} = \sum_{k=0}^{n} k\binom{n}{k}a^k b^{n-k}$$

である．ここで，$a=p, b=q$ とおくと，$p+q=1$ より

$$E[X] = \sum_{k=0}^{n} kP(X=k) = \sum_{k=0}^{n} k\binom{n}{k}p^k q^{n-k} = np.$$

• 次に，上記の試行における成功確率を $p\,(\in (0,1))$ と仮定する．試行を独立に繰り返して，初めて成功するまでに失敗した回数を X_1 で表す．このとき，

$$P(X_1 = k) = q^k p \quad (k = 0, 1, 2, \cdots)$$

を**幾何分布**という．「大吉」が出るまでおみくじを引くときの「待ち時間」はこのような確率分布になるだろう．$p \times \dfrac{1}{p} = 1$ から $E[X_1] = \dfrac{1}{p} - 1 = \dfrac{q}{p}$ となることが想像されるが，きちんとした計算は後にしよう．より一般に，$r = 1, 2, \cdots$ に対して，r 回成功するまでに失敗した回数の合計を X_r で表すと，$X_r = k$ となるのは

「$(k+r-1)$ 回目までの試行で失敗が k 回・成功が $(r-1)$ 回あり，
$(k+r)$ 回目の試行で r 回目の成功を達成する」

という場合である．このような場合の数は $\dfrac{(k+r-1)!}{k!\,(r-1)!} = \dbinom{k+r-1}{k}$ であり，各々の場合が等しい確率 $q^k p^r$ で起こるから

$$P(X_r = k) = \binom{k+r-1}{k} q^k p^r \quad (k = 0, 1, 2, \cdots)$$

とわかる．これを**パスカル分布**という．さて，一般の二項係数を利用すると

$$\begin{aligned}\binom{k+r-1}{k} &= \frac{(k+r-1)(k+r-2)\cdots(r+1)r}{k!} \\ &= (-1)^k \frac{(-r)(-r-1)\cdots(-r-k+2)(-r-k+1)}{k!} \\ &= (-1)^k \binom{-r}{k}\end{aligned}$$

と書き直すことができるから，パスカル分布は

$$P(X_r = k) = \binom{-r}{k}(-q)^k p^r \quad (k = 0, 1, 2, \cdots)$$

とも表せる．このことから**負の二項分布**ともよばれている．

$$k \cdot \binom{-r}{k} = (-r) \cdot \binom{-r-1}{k-1}$$

に注目すると，X_r の期待値を計算する際に一般の二項定理が利用でき，

$$\begin{aligned} E[X_r] &= \sum_{k=1}^{\infty} k \cdot \binom{-r}{k} (-q)^k p^r \\ &= (-r) \cdot (-q) \cdot p^r \sum_{k=1}^{\infty} \binom{-r-1}{k-1} (-q)^{k-1} \\ &= rqp^r (1-q)^{-r-1} = \frac{rq}{p} \end{aligned}$$

と求められる．

• さて，非常にまれにしか起こらない事象が起こる回数の確率分布について，次の例をとおして考えよう．体積 V の容器の中に，N 個の気体分子が入っているとし，$\dfrac{N}{V}$ は小さいものとする (希薄気体)．このとき，1 つひとつの気体分子がこの容器の中の小さな体積 v の部分に存在する確率は互いに独立に $p := \dfrac{v}{V}$ と考えられるから，この小さな体積 v の部分に k 個の気体分子がみつかる確率は

$$\binom{N}{k} p^k (1-p)^{N-k} \quad (k = 0, 1, \cdots, N)$$

である．いま，$\dfrac{N}{V}$ を一定に保ったまま $N \to \infty, V \to \infty$ とする極限を考える (熱力学的極限)．このとき，$\lambda := Np = \dfrac{Nv}{V}$ も一定となり，小さな体積 v の部分に k 個の気体分子がみつかる確率は

$$e^{-\lambda} \cdot \frac{\lambda^k}{k!} \quad (k = 0, 1, 2, \cdots) \tag{2.24}$$

に収束することがわかる．この確率分布をパラメータ λ の**ポアソン分布**とよぶ．ここで，二項分布 $\mathrm{B}(n, p)$ の確率において，期待値 np を $\lambda > 0$ という一定の値に固定して $n \to \infty, p \to 0$ としたときの極限としてポアソン分布 (2.24) が得られることを確かめよう．$p = \dfrac{\lambda}{n}$ より，

$$\begin{aligned} \binom{n}{k} p^k (1-p)^{n-k} &= \frac{n \cdot (n-1) \cdots (n-k+2) \cdot (n-k+1)}{k!} \cdot \frac{\lambda^k}{n^k} \cdot \frac{\left(1-\frac{\lambda}{n}\right)^n}{\left(1-\frac{\lambda}{n}\right)^k} \\ &= \frac{n}{n-\lambda} \cdot \frac{n-1}{n-\lambda} \cdot \cdots \cdot \frac{n-k+1}{n-\lambda} \cdot \frac{\lambda^k}{k!} \cdot \left(1-\frac{\lambda}{n}\right)^n \end{aligned}$$

となる．$n \to \infty$ のとき，最初の k 個の因子はすべて 1 に収束する．また，$\lim_{n\to\infty}\left(1-\frac{\lambda}{n}\right)^n = e^{-\lambda}$ である．

◇**問 2.14.** パラメータ λ のポアソン分布に従う確率変数 X の期待値を，定義に従って求めよ．

ここまで紹介してきた確率分布について，「確率の合計が 1 である」ことを表す式は，本章までにでてきた重要な展開公式と関連している．

二項分布	二項定理
幾何分布	等比級数
パスカル分布	一般の二項定理
ポアソン分布	e^x のべき級数展開

Coffee Break

質点が，複素数平面の単位円周上を角速度 1 で正の向きに移動する．このとき，時刻 t での位置は $z(t) = \cos t + i\sin t$ と表される．

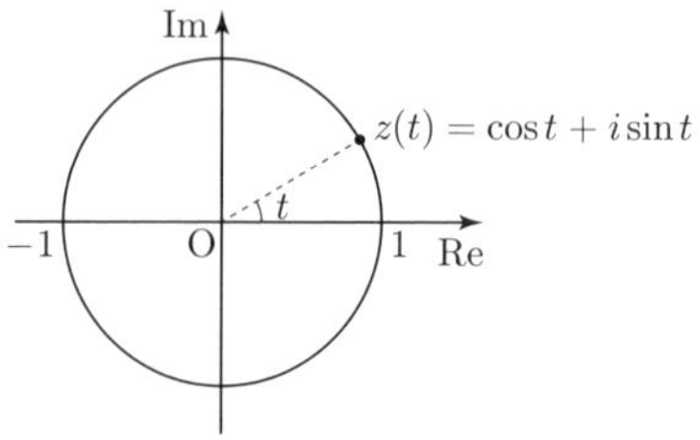

図 2.9　等速円運動

導関数 $z'(t) = -\sin t + i\cos t = i(\cos t + i\sin t) = iz(t)$ は，質点の時刻 t における瞬間の速度を表す．

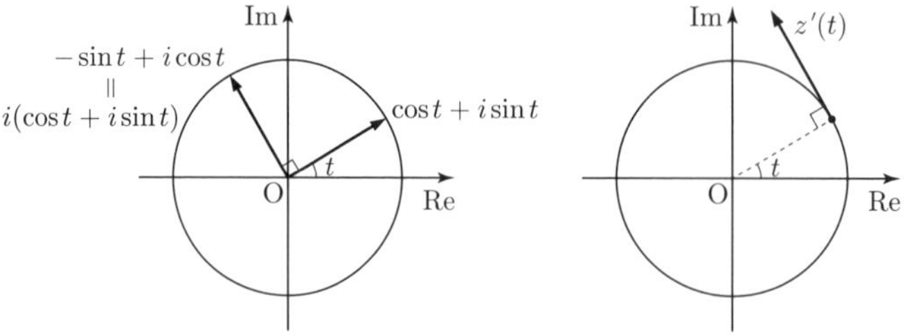

図 2.10　時刻 t における瞬間の速度

a が実数のとき，$f'(x) = af(x)$, $f(0) = 1$ を満たす関数 $f(x)$ は e^{ax} しかないことが知られている．いま，$z'(t) = iz(t)$, $z(0) = 1$ であることから，

$$e^{i\theta} = \cos\theta + i\sin\theta$$

と書けるのではないかと推察される．実際，e^x, $\cos x$, $\sin x$ のべき級数展開の式に $x = i\theta$ を代入すると等しくなる．これは**オイラーの公式**とよばれ，指数関数と三角関数を統一的に扱うことが可能になる大変便利な式である．

$$\begin{aligned}\cos(\alpha+\beta) + i\sin(\alpha+\beta) &= e^{i(\alpha+\beta)} \\ &= e^{i\alpha}\cdot e^{i\beta} = (\cos\alpha + i\sin\alpha)(\cos\beta + i\sin\beta)\end{aligned}$$

は三角関数の加法定理と関係している．また，

$$(\cos\theta + i\sin\theta)^n = (e^{i\theta})^n = e^{in\theta} = \cos n\theta + i\sin n\theta$$

はド・モアヴルの定理と関係している．

章末問題

1. 関数 $f(x) := \begin{cases} x^2\sin\left(\dfrac{1}{x}\right) + \dfrac{x}{2} & (x \neq 0), \\ 0 & (x = 0) \end{cases}$ は $\mathbf{R}$ 上で微分可能で $f'(0) > 0$ であるが，関数 $f(x)$ は $x = 0$ のどんなに近くをみても単調増加や単調減少になっていないことを確かめよう．次の問いに答えよ．

(1) $x \neq 0$ のとき，$f'(x)$ を求めよ．

(2) $f(x)$ が $x = 0$ でも微分可能であることを確かめ，$f'(0)$ を求めよ．

(3) 次の性質を満たす正の数列 $\{x_n\}$ を 1 つみつけよ．
「$\{x_n\}$ は単調減少で $\lim_{n\to\infty} x_n = 0$ となり，すべての n で $f'(x_n) < 0$ である．」

(4) 次の性質を満たす正の数列 $\{z_n\}$ を 1 つみつけよ．
「$\{z_n\}$ は単調減少で $\lim_{n\to\infty} z_n = 0$ となり，すべての n で $f'(z_n) > 0$ である．」

(5) $f'(x)$ は $\mathbf{R}$ 上で連続であるかを調べよ．

$x = 0$ の右側のどんなに短い区間 $[0, \varepsilon]$ $(\varepsilon > 0)$ をみても，$\{x_n\}$ の点と $\{z_n\}$ の点が両方含まれるから，関数 $f(x)$ は区間 $[0, \varepsilon]$ 上で単調増加でも単調減少でもない．区間 $[-\varepsilon, 0]$ についても同様のことがいえる．

2. $-1 < x < 1$ とし，$y = \mathrm{Sin}^{-1}\,x$ とおく．次の問いに答えよ．

(1) $(1 - x^2)y'' = xy'$ が成り立つことを示せ．

(2) $n = 0, 1, \cdots$ に対して，次が成り立つことを示せ．

$$(1 - x^2)y^{(n+2)} - (2n+1)xy^{(n+1)} - n^2y^{(n)} = 0$$

(3) (2) の関係式を利用して $y^{(n)}(0)$ $(n=0,1,\cdots)$ を求めよ．

(4) $\mathrm{Sin}^{-1}x$ のマクローリン級数を求めよ．(ここで求めたマクローリン級数と $\mathrm{Sin}^{-1}x$ が $|x| \leqq 1$ の範囲で一致することについては，後の問 6.8 と第 6 章の章末問題 5 で証明する．)

3. 例 2.38 でみたように，$\mathrm{Tan}^{-1}x$ の n 階の導関数は複雑な形になるため，定理 2.39 で与えられる $r_n(x)$ の形を利用してべき級数展開できることを示すのは困難である．問 2.9 と同様の方針によって，$|x|<1$ のとき

$$\mathrm{Tan}^{-1}x = \sum_{m=0}^{\infty} \frac{(-1)^m}{2m+1} x^{2m+1}$$

が成り立つことを示せ．(後の例 3.27 で，この等式が $x=\pm 1$ でも成立することを証明する．)

4. 任意の実数 α に対して，一般の二項定理

$$(1+x)^{\alpha} = \sum_{k=0}^{\infty} \binom{\alpha}{k} x^k \quad (|x|<1)$$

が成り立つことを示したい．$f(x) := (1+x)^{\alpha}$ とし，

$$f_n(x) := \sum_{k=0}^{n} \binom{\alpha}{k} x^k, \quad r_n(x) := f(x) - f_n(x), \quad h_n(x) := \frac{r_n(x)}{f(x)}$$

とおくと，$\lim_{n\to\infty} r_n(x) = 0$ は $\lim_{n\to\infty} h_n(x) = 0$ と同値である．次の問いに答えよ．

(1) $h_n'(x) = \dfrac{(1+x)r_n'(x) - \alpha r_n(x)}{(1+x)^{\alpha+1}}$ となることを示せ．

(2) $(1+x)r_n'(x) - \alpha r_n(x) = (n+1)\dbinom{\alpha}{n+1} x^n$ となることを示せ．(問 2.8 の等式を利用せよ．)

(3) 平均値の定理 (定理 2.17) により，$|x|<1$ のとき，$h_n(x) = x \cdot h_n'(c)$ を満たす c が 0 と x の間に存在する．これを用いて，$\lim_{n\to\infty} |h_n(x)| = 0$ となることを示せ．(定理 1.15 を利用してよい．)

5. 定理 2.57 を利用して，$p_1, p_2, \cdots, p_n > 0$, $\sum_{i=1}^{n} p_i = 1$ のとき $-\sum_{i=1}^{n} p_i \log p_i \leqq \log n$ が成り立つことを示せ．左辺を確率分布 $\{p_i\}$ の**エントロピー**という．

3
1変数関数の積分

高校では，積分を微分の逆演算として定義することで，閉区間 $[a,b]$ 上の非負値関数 $y=f(x)$ に対して $f(x)$ の原始関数がわかれば，曲線 $y=f(x)$，直線 $x=a$, $x=b$ と x 軸によって囲まれた部分の面積が求められるということを学んだ．しかし，一般の曲線によって囲まれる部分の「面積」とは何か．本章のはじめは，微分の概念と独立に積分を定義することで，直感的ではあるが，積分の概念がもつ意味について述べる．

3.1 定積分

関数 $y=f(x)$ は閉区間 $I=[a,b]$ 上で有界とする．

区間 I の**分割**

$$\Delta : a=x_0<x_1<x_2<\cdots<x_{n-1}<x_n=b$$

を考える．ここで，x_i を分割 Δ の**分点**という (図 3.1)．このとき，各閉区間 $\delta_k:=[x_{k-1},x_k]$ における関数 $y=f(x)$ の上限，下限を，それぞれ

$$M_k:=\sup_{x\in\delta_k} f(x),\quad m_k:=\inf_{x\in\delta_k} f(x)$$

とし，M_k と m_k を高さ，また δ_k を底辺とする長方形の面積の和を，それぞれ

$$S_\Delta(f):=\sum_{k=1}^{n} M_k(x_k-x_{k-1}),\quad s_\Delta(f):=\sum_{k=1}^{n} m_k(x_k-x_{k-1}) \tag{3.1}$$

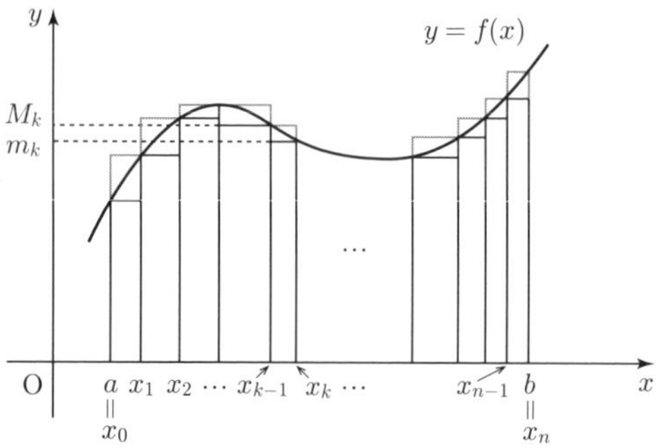

図 3.1

とおく．$S_\Delta(f)$ を分割 Δ に対する $f(x)$ の**過剰和**，$s_\Delta(f)$ を**不足和**という．定義より，同じ分割 Δ に対しては $s_\Delta(f) \leqq S_\Delta(f)$ が成立することに注意する．

分割 Δ, Δ' に対し，Δ の任意の分点が Δ' の分点になっているとき，Δ' は Δ の**細分**であるという．

補題 3.1. 分割 Δ に対して，Δ' を Δ の細分とする．このとき，

$$s_\Delta(f) \leqq s_{\Delta'}(f) \leqq S_{\Delta'}(f) \leqq S_\Delta(f)$$

が成立する．

★注意 3.2. 補題3.1より，分割 Δ を細分した分割を Δ_1，これをさらに細分した分割を Δ_2 というように，逐次的に構成した分割の列 $\{\Delta_i\}_{i=1}^{\infty}$ に対して，不足和の列 $\{s_{\Delta_i}(f)\}_{i=1}^{\infty}$ および過剰和の列 $\{S_{\Delta_i}(f)\}_{i=1}^{\infty}$ は有界な単調列なので，$i \to \infty$ とすると極限値をもつことがわかる．

証明. $s_{\Delta'}(f) \leqq S_{\Delta'}(f)$ は，定義より明らか．まずは，$S_{\Delta'}(f) \leqq S_\Delta(f)$ を示す．区間 $[a, b]$ の分割

$$\Delta : a = x_0 < x_1 < x_2 < \cdots < x_{n-1} < x_n = b$$

において，任意に $1 \leqq \ell \leqq n$ を満たす ℓ を固定して，小区間 $\delta_\ell = [x_{\ell-1}, x_\ell]$ に分点 x' を1点増やした Δ' を考えれば十分である．すなわち，

$$\delta_\ell = [x_{\ell-1}, x'] \cup [x', x_\ell] =: \delta_\ell^{(1)} \cup \delta_\ell^{(2)}$$

とする (図 3.2)．このとき，$\delta_\ell^{(1)}, \delta_\ell^{(2)} \subset \delta_\ell$ であり，上限の定義から，

$$M_\ell^{(1)} = \sup_{x\in\delta_\ell^{(1)}} f(x) \leqq \sup_{x\in\delta_\ell} f(x) = M_\ell,$$

$$M_\ell^{(2)} = \sup_{x\in\delta_\ell^{(2)}} f(x) \leqq \sup_{x\in\delta_\ell} f(x) = M_\ell$$

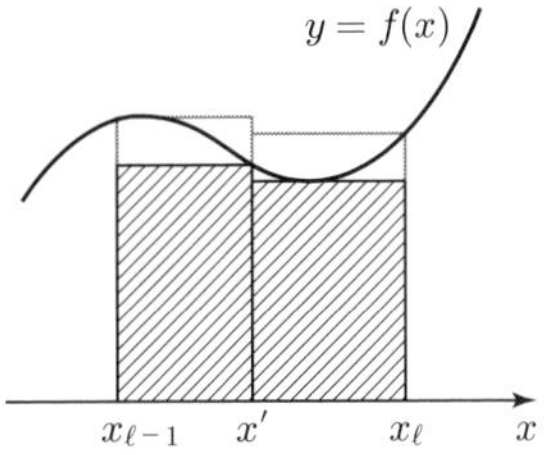

図 3.2

だから,

$$\begin{aligned} &M_\ell^{(1)}(x'-x_{\ell-1}) + M_\ell^{(2)}(x_\ell - x') \\ &\quad \leqq M_\ell(x'-x_{\ell-1}) + M_\ell(x_\ell - x') \\ &\quad \leqq M_\ell(x_\ell - x_{\ell-1}) \end{aligned}$$

に注意すると,

$$S_\Delta(f) - S_{\Delta'}(f) = M_\ell(x_\ell - x_{\ell-1}) - (M_\ell^{(1)}(x'-x_{\ell-1}) + M_\ell^{(2)}(x_\ell - x')) \geqq 0$$

が従う.

$s_\Delta(f) \leqq s_{\Delta'}(f)$ については,下限の定義より,同様にして主張を得る. □

任意の分割 Δ_1 と Δ_2 に対する過剰和と不足和について次が成立する.

補題 3.3. 閉区間 $[a,b]$ の任意の分割 Δ_1 と Δ_2 に対して,

$$s_{\Delta_1}(f) \leqq S_{\Delta_2}(f) \tag{3.2}$$

が成り立つ.

証明. Δ_1 と Δ_2 の分点を合わせた分割を Δ_3 とする.このとき,Δ_3 は Δ_1 および Δ_2 の細分になっていることに注意すると,(3.1) における $s_\Delta(f)$ と $S_\Delta(f)$ の定義および補題 3.1 より,

$$s_{\Delta_1}(f) \leqq s_{\Delta_3}(f) \leqq S_{\Delta_3}(f) \leqq S_{\Delta_2}(f)$$

が従う. □

★注意 3.4. 区間 $[a,b]$ におけるあらゆる分割 Δ に対する $S_\Delta(f)$ の下限,$s_\Delta(f)$ の上限を,

$$S(f) = \inf\{S_\Delta(f) \mid \Delta \text{ は } [a,b] \text{ の分割}\},$$

$$s(f) = \sup\{s_\Delta(f) \mid \Delta \text{ は } [a,b] \text{ の分割}\}$$

とする.このとき,補題 3.3 より $s(f) \leqq S(f)$ が従う.$S(f)$ を関数 $y=f(x)$ の $[a,b]$ における**上積分**,$s(f)$ を**下積分**という.

ここで,積分の定義をする.

定義 3.5. 区間 $I = [a, b]$ 上の有界な関数 $y = f(x)$ に対して $S(f) = s(f)$ が成り立つとき，関数 $y = f(x)$ は区間 I で**積分可能**であるといい，$S(f) = s(f)$ の値を，

$$\int_a^b f(x)\,dx$$

と表し，$f(x)$ の $[a, b]$ における**定積分**という．なお，$a \geqq b$ のとき

$$\int_a^b f(x)\,dx = -\int_b^a f(x)\,dx, \quad \text{および} \quad \int_a^a f(x)\,dx = 0$$

と定める．

この定義は区間 $[a, b]$ 上のあらゆる分割の上限と下限により定義されているが，積分は，注意 3.2 で構成された分割で，分割の幅がどんどん 0 に近づくような分割の単調列の極限値として考えればよいことが下記の補題 3.7 により保証される．その際，次の定理が鍵をにぎる (証明は省略).

定理 3.6 (ダルブーの定理). 分割 Δ の幅を

$$|\Delta| := \max\{x_k - x_{k-1} \mid k = 1, 2, \cdots, n\}$$

とする．このとき，次が成り立つ．

$$\lim_{|\Delta| \to 0} S_\Delta(f) = S(f), \qquad \lim_{|\Delta| \to 0} s_\Delta(f) = s(f).$$

ここで $S(f)$ と $s(f)$ は，注意 3.4 で定義された関数 $y = f(x)$ の区間 I における上積分および下積分である．

補題 3.7. 区間 $[a, b]$ の分割 $\Delta : a = x_0 < x_1 < x_2 < \cdots < x_{n-1} < x_n = b$ について，各小区間 $\delta_k = [x_{k-1}, x_k]$ の ξ_k $(\in \delta_k)$ に対して，

$$S_{\Delta,\xi} := \sum_{k=1}^{n} f(\xi_k)(x_k - x_{k-1})$$

と定義する ($S_{\Delta,\xi}$ を**リーマン和**という)．ここで，$\xi := \{\xi_k\}_{k=1}^{n}$．このとき，区間 $[a, b]$ 上の有界な関数 $f(x)$ に対して，$S(f) = s(f)$ が成立しているとすると，分割 Δ や ξ のとり方によらない極限値 $\displaystyle\lim_{|\Delta| \to 0} S_{\Delta,\xi}$ が存在して，

$$\lim_{|\Delta| \to 0} S_{\Delta,\xi} = \int_a^b f(x)\,dx$$

が成立する．

逆に，極限値 $\lim_{|\Delta|\to 0} S_{\Delta,\xi}$ が存在すれば積分可能で，$S(f) = s(f) = \lim_{|\Delta|\to 0} S_{\Delta,\xi}$ が成立する．

★注意 3.8. この補題は，リーマン和の極限値による積分の定義が，定義 3.5 と同値であることを示している．主張の後半の証明については，本書では立ち入らない．

証明の概略. ダルブーの定理より，任意の $\varepsilon > 0$ に対して，分割 Δ があって，$s(f) - s_\Delta(f) < 2\varepsilon$, $S(f) - S_\Delta(f) < 2\varepsilon$ が成立する．$L = s(f) = S(f)$ なる L を用いて，$s_\Delta(f) \leqq S_{\Delta,\xi} \leqq S_\Delta(f)$ に注意すると，

$$-2\varepsilon < s_\Delta(f) - s(f) \leqq S_{\Delta,\xi} - L \leqq S_\Delta(f) - S(f) < 2\varepsilon$$

が従う．ゆえに，$S_{\Delta,\xi}$ は $|\Delta| \to 0$ において $L = S(f) = s(f)$ に収束することがいえた． □

以上で，積分とは，関数 $y = f(x)$ の囲む部分の「面積」なる量により定義されている概念であることを学んだ．するとここで疑問になるのが，どのような関数が「積分可能」なのかということであるが，次の定理を紹介する．

定理 3.9. 有界閉区間上で連続な関数は積分可能である．

証明は第 7 章 7.2.2 項を参照.

★注意 3.10. ただし，連続関数でなくても，積分区間において不連続な点が有限個である場合は，積分可能であることが知られている．

補題 3.7 を用いて，実際に，区間 $[0, a]$ 上で連続な関数 $y = x^3$ の積分の値を求めてみる．

●例題 3.11. a を正の定数とする．このとき，$\displaystyle\int_0^a x^3\,dx$ の値を求めよ．

解答例. 分割 $\Delta_n : 0 = x_0 < x_1 < \cdots < x_{n-1} < x_n = a$ を考える．ここで $1 \leqq k \leqq n$ なる k に対して，分点 $x_k = \dfrac{ak}{n}$ とする．$n \to \infty$ のとき $|\Delta_n| \to 0$ であることに注意する．さて，$f(x) = x^3$ とおき，$\xi_k = \dfrac{ak}{n}$ とすると，

$$S_{\Delta_n,\xi} = \sum_{k=1}^{n} f(\xi_k)(x_k - x_{k-1}) = \sum_{k=1}^{n} f\left(\frac{ak}{n}\right)\frac{a}{n}.$$

ここで，$f(x) = x^3$ は区間 $[0, a]$ 上で連続なので

$$\lim_{|\Delta_n|\to 0} S_{\Delta_n,\xi} = \lim_{n\to\infty} \frac{a}{n}\sum_{k=1}^{n} f\left(\frac{ak}{n}\right) = \lim_{n\to\infty}\left(\frac{a}{n}\right)^4 \sum_{k=1}^{n} k^3$$
$$= a^4 \lim_{n\to\infty} \frac{1}{n^4}\cdot\left\{\frac{1}{2}n(n+1)\right\}^2 = \frac{a^4}{4}\lim_{n\to\infty}\left(1+\frac{2}{n}+\frac{1}{n^2}\right) = \frac{a^4}{4}$$

が従う．ゆえに，定理 3.9 と補題 3.7 より，

$$\int_0^a x^3\,dx = \frac{a^4}{4}$$

を得る． □

★注意 3.12. 例題3.11と同様に，定数関数 $f(x) = c$ の積分の値が，$\displaystyle\int_0^a c\,dx = ac$ であることがわかる．

一方，積分が定義できない関数とはどのようなものか．有界な関数だからといって，いつでも積分できるとは限らない．例えば，次の例を確認されたい．

○例 3.13. 区間 $[0, 1]$ 上の関数 $f(x)$ を，

$$f(x) = \begin{cases} 1 & (x \in [0,1] \text{ が有理数}), \\ 0 & (x \in [0,1] \text{ が無理数}) \end{cases}$$

とすると，$f(x)$ は $[0, 1]$ 上で積分不可能である．実際に，有理数の稠密性 (定理 1.3) から，任意の分割 Δ に対して $S_\Delta(f) = 1$，無理数の稠密性 (系 7.3) から $s_\Delta(f) = 0$ が従う．ゆえに，$s(f) = \sup s_\Delta(f) < \inf S_\Delta(f) = S(f)$ となる．

以降，本書で登場する関数は，特に断りがないかぎり積分可能であることを認めて議論する．

次に，定積分の重要な性質を紹介する．ただし，証明には立ち入らない．

定理 3.14 (定積分の基本性質)**.** λ, μ を定数とし，$f(x)$ と $g(x)$ を区間 $[a, b]$ 上で積分可能な関数とする．

(1) $\lambda f(x) + \mu g(x)$ も区間 $[a, b]$ 上で積分可能で，次が成り立つ．

$$\int_a^b (\lambda f(x) + \mu g(x))\,dx = \lambda\int_a^b f(x)\,dx + \mu\int_a^b g(x)\,dx$$

(2) $a \leqq c \leqq b$ なる c に対して，次が成り立つ．

$$\int_a^b f(x)\,dx = \int_a^c f(x)\,dx + \int_c^b f(x)\,dx$$

(3) 任意の $x \in [a,b]$ に対して $f(x) \leqq g(x)$ ならば，次が成り立つ．

$$\int_a^b f(x)\,dx \leqq \int_a^b g(x)\,dx$$

特に，$g(x) \geqq 0$ ならば，$\displaystyle\int_a^b g(x)\,dx \geqq 0$ が成立する．

(4) 任意の $x \in [a,b]$ に対して，$f(x) \geqq 0$ なる連続関数 $f(x)$ が $\displaystyle\int_a^b f(x)\,dx = 0$ を満たすならば，区間 $[a,b]$ 上で $f(x) = 0$.

系 3.15 (三角不等式). 関数 $f(x)$ は区間 $[a,b]$ で積分可能とする．このとき，

$$\left|\int_a^b f(x)\,dx\right| \leqq \int_a^b |f(x)|\,dx$$

が成り立つ．

証明. 区間 $[a,b]$ の任意の点 x において $-|f(x)| \leqq f(x) \leqq |f(x)|$ が成り立っているから，定理 3.14 (3) より主張を得る． □

定理 3.16 (積分の平均値の定理). 関数 $f(x)$ が区間 $[a,b]$ 上で連続ならば，

$$\int_a^b f(x)\,dx = f(c)(b-a)$$

となる c $(a < c < b)$ が存在する．

証明. 関数 $f(x)$ が定数関数のときは自明なので，関数 $f(x)$ は定数関数でないとする．仮定より，関数 $f(x)$ は $[a,b]$ 上で連続なので，

$$f(x_1) = \min_{x \in [a,b]} f(x)\,(=: m), \quad f(x_2) = \max_{x \in [a,b]} f(x)\,(=: M)$$

を満たす $x_1, x_2 \in [a,b]\,(x_1 \neq x_2)$ が存在する (定理 1.48)．すべての $x \in [a,b]$ に対して $m \leqq f(x) \leqq M$ が成り立つから，定理 3.14 (3) より，

$$\int_a^b m\,dx \leqq \int_a^b f(x)\,dx \leqq \int_a^b M\,dx$$

が従う．ここで $\displaystyle\int_a^b m\,dx = m(b-a)$, $\displaystyle\int_a^b M\,dx = M(b-a)$ であることに注意

すると，

$$m \leqq \frac{1}{b-a}\int_a^b f(x)\,dx \leqq M$$

を得る．ゆえに $f(x_1) \neq f(x_2)$ かつ $f(x_1) \leqq \dfrac{1}{b-a}\displaystyle\int_a^b f(x)\,dx \leqq f(x_2)$ であり，$[x_1, x_2]$ (もしくは $[x_2, x_1]$) において関数 $f(x)$ は連続であることに注意すると，

(i) $m < \dfrac{1}{b-a}\displaystyle\int_a^b f(x)\,dx < M$ のとき，中間値の定理 (定理 1.47) を適用すると，

$$f(c) = \frac{1}{b-a}\int_a^b f(x)\,dx$$

となる $c \in (x_1, x_2) \subset [a, b]$ が存在する．

(ii) $m = \dfrac{1}{b-a}\displaystyle\int_a^b f(x)\,dx$ のとき，

$$0 = \int_a^b f(x)\,dx - m(b-a) = \int_a^b (f(x) - m)\,dx$$

が従う．ゆえに，区間 $[a, b]$ 上で $0 \leqq f(x) - m$ かつ $f(x) - m$ は連続であるから，定理 3.14 (4) より，すべての $x \in [a, b]$ に対して $f(x) = m$ が成立する．すなわち，$f(x)$ が区間 $[a, b]$ において定数関数である場合に帰着される．

$M = \dfrac{1}{b-a}\displaystyle\int_a^b f(x)\,dx$ の場合も同様.

(i) と (ii) より，結論を得た． □

3.2　微分と積分の関係

前節では，微分の概念と独立して積分の定義をした．しかし，一般に定積分の値を定義より求めるのは困難である場合が多い．本節では，定積分の値を求めるためにきわめて重要な役割を果たす「微分積分学の基本定理」を紹介する．そこで，まずは不定積分の概念を導入する．

定義 3.17. 関数 $f(x)$ を閉区間 I 上で積分可能な関数とする．点 $c \in I$ を固定し，区間 I 上の関数

$$F(x) := \int_c^x f(x)\,dx \quad (x \in I) \tag{3.3}$$

を関数 $f(x)$ の**不定積分**という．

★注意 3.18. 点 $c \in I$ を点 $a \in I$ に取り換えると，

$$\int_c^x f(x)\,dx - \int_a^x f(x)\,dx = \int_c^a f(x)\,dx = \text{定数}$$

であるため，以降，本書においては下端 c を指定しない場合，不定積分を $\displaystyle\int f(x)\,dx$ と書く．

定義 3.19. 関数 $f(x)$ に対して，$F'(x) = f(x)$ となる関数 $F(x)$ を $f(x)$ の**原始関数**という．

定理 3.20. $f(x)$ を区間 $I = [a, b]$ 上で連続な関数とし，$F(x)$ を式 (3.3) で定義した関数とする．このとき，任意の $x \in (a, b)$ に対して，

$$F'(x) = f(x)$$

が成立する．

★注意 3.21. 原始関数がいつでも存在するとは限らない．しかし定理 3.20 は，連続関数に対しては，「必ず」原始関数が存在することを保証している．

証明. $x \in (a, b)$ に対して，h を $x + h \in (a, b)$ となるように十分小さくとる．このとき，定理 3.14 (2) より，

$$\begin{aligned}
F(x+h) - F(x) &= \int_c^{x+h} f(t)\,dt - \int_c^x f(t)\,dt \\
&= \int_c^{x+h} f(t)\,dt + \int_x^c f(t)\,dt \\
&= \int_x^{x+h} f(t)\,dt
\end{aligned}$$

であるから，積分の平均値の定理 (定理 3.16) より，

$$F(x+h) - F(x) = f(x + \theta h)h$$

となる $\theta \in (0, 1)$ が存在する．したがって，$h \neq 0$ なる h に対して，

$$\frac{F(x+h) - F(x)}{h} - f(x) = f(x + \theta h) - f(x)$$

が成り立つことに注意すると，関数 $f(x)$ の連続性より，

$$\left| \frac{F(x+h) - F(x)}{h} - f(x) \right| = |f(x + \theta h) - f(x)| \to 0 \quad (h \to 0)$$

が従う．これは，

$$\lim_{h\to 0}\frac{F(x+h)-F(x)}{h}=f(x)$$

を意味する．ゆえに，主張が示された． □

系 3.22. 連続関数 $f(x)$ の任意の原始関数 $F(x)$ は，

$$F(x)=\int_c^x f(x)\,dx+C \tag{3.4}$$

と表すことができる．ここで，C を**積分定数**という．すなわち，原始関数が存在するときは，加法的定数を除いて一意に定まる．

証明. $F(x)$ を $f(x)$ の任意の原始関数とし，$G(x):=\displaystyle\int_c^x f(t)\,dt$ とする．定理 3.20 より，任意の $x\in(a,b)$ に対して，

$$\frac{d}{dx}(F(x)-G(x))=f(x)-f(x)=0.$$

ゆえに，定理 2.19 より $F(x)-G(x)$ は区間 $I=[a,b]$ において定数関数となり，

$$F(x)=G(x)+C=\int_c^x f(t)\,dt+C$$

を得る． □

本節の主題である「微分積分学の基本定理」を次にまとめる．

定理 3.23 (微分積分学の基本定理). $f(x)$ を区間 $[a,b]$ を含むある開区間で定義された連続関数，$F(x)$ を $f(x)$ の原始関数とすれば，

$$\int_a^b f(x)\,dx=F(b)-F(a)$$

が成立する．上式の右辺を $\big[F(x)\big]_a^b$ と書く．

証明. 系 3.22 より，$f(x)$ の任意の原始関数 $F(x)$ は積分定数 C を用いて，

$$F(x)=\int_a^x f(x)\,dx+C$$

となる．ここで $x=a$ とすると $F(a)=C$ を得る．ゆえに，$x=b$ をとると，

$$F(b)=\int_a^b f(x)\,dx+F(a)$$

が従う． □

以上より，いったん原始関数を求めてしまえば，定積分の値を求められることがわかった．次に，よく用いられる基本的な関数と原始関数の対応をまとめておく．

定理 3.24 (初等関数で表される原始関数)**.** 関数 $f(x)$ と原始関数の対応 $F(x)=\int f(x)\,dx$ を下記に示す．ただし，積分定数は省略する．

(1) $\displaystyle\int x^\alpha\,dx=\frac{x^{\alpha+1}}{\alpha+1}\quad(\alpha\neq-1)$ (2) $\displaystyle\int\frac{1}{x}\,dx=\log|x|$

(3) $\displaystyle\int\frac{1}{x^2+1}\,dx=\mathrm{Tan}^{-1}\,x$ (4) $\displaystyle\int\frac{1}{x^2-1}\,dx=\frac{1}{2}\log\left|\frac{x-1}{x+1}\right|$

(5) $\displaystyle\int\frac{1}{\sqrt{x^2+1}}\,dx=\log\left|x+\sqrt{x^2+1}\right|$ (6) $\displaystyle\int\frac{1}{\sqrt{1-x^2}}\,dx=\mathrm{Sin}^{-1}\,x$

(7) $\displaystyle\int\sin x\,dx=-\cos x$ (8) $\displaystyle\int\cos x\,dx=\sin x$

(9) $\displaystyle\int\tan x\,dx=-\log|\cos x|$

(10) $\displaystyle\int e^x\,dx=e^x$ (11) $\displaystyle\int a^x\,dx=\frac{a^x}{\log a}\quad(a>0,\ a\neq1)$

証明. 右辺の原始関数 $F(x)$ を微分すると，対応する $f(x)$ と一致することが確かめられる． □

★注意 3.25. 以降，不定積分を求める際，積分定数を省略する場合がある．

3.2.1 定積分の単調性の応用

定積分の単調性 (定理 3.14 (3)) を用いて，いくつかの関数の近似式・展開式を求めよう．

○例 3.26. $x>0$ とする．$\cos x\leqq1$ に注意すると，

$$\int_0^x\cos t\,dt\leqq\int_0^x 1\,dt\quad\text{より}\quad\sin x\leqq x,$$

$$\int_0^x\sin t\,dt\leqq\int_0^x t\,dt\quad\text{より}\ -\cos x+1\leqq\frac{x^2}{2},\ \text{すなわち}\ 1-\frac{x^2}{2}\leqq\cos x,$$

$$\int_0^x\left(1-\frac{t^2}{2}\right)dt\leqq\int_0^x\cos t\,dt\ \text{より}\quad x-\frac{x^3}{3!}\leqq\sin x,$$

$\int_0^x \left(t - \frac{t^3}{3!}\right) dt \leqq \int_0^x \sin t\, dt$ より $\frac{x^2}{2} - \frac{x^4}{4!} \leqq -\cos x + 1$, すなわち $\cos x \leqq 1 - \frac{x^2}{2} + \frac{x^4}{4!}$.

ゆえに,

$$|\sin x - x| \leqq \frac{x^3}{3!}, \quad \left|\cos x - \left(1 - \frac{x^2}{2}\right)\right| \leqq \frac{x^4}{4!}$$

が得られる．一般に，$x > 0$ と $n = 0, 1, 2, \cdots$ に対して

$$\left|\cos x - \sum_{m=0}^{n} \frac{(-1)^m x^{2m}}{(2m)!}\right| \leqq \frac{x^{2n+2}}{(2n+2)!},$$

$$\left|\sin x - \sum_{m=0}^{n} \frac{(-1)^m x^{2m+1}}{(2m+1)!}\right| \leqq \frac{x^{2n+3}}{(2n+3)!}$$

が成り立ち，したがって，例題 1.16 より，$x > 0$ のとき

$$\cos x = \sum_{m=0}^{\infty} \frac{(-1)^m x^{2m}}{(2m)!}, \quad \sin x = \sum_{m=0}^{\infty} \frac{(-1)^m x^{2m+1}}{(2m+1)!} \tag{3.5}$$

と展開できることがわかる．$\cos(-x) = \cos x$, $\sin(-x) = -(\sin x)$ と $\cos 0 = 1$, $\sin 0 = 0$ を考慮すると，式 (3.5) は任意の $x \in \mathbf{R}$ に対して成り立つ．

○**例 3.27.** 逆三角関数 $\mathrm{Tan}^{-1}\, x$ について

$$\mathrm{Tan}^{-1}\, x = \sum_{m=0}^{\infty} \frac{(-1)^m}{2m+1} x^{2m+1} \quad (|x| \leqq 1) \tag{3.6}$$

が成り立ち，したがって

$$\frac{\pi}{4} = \sum_{m=0}^{\infty} \frac{(-1)^m}{2m+1} = 1 - \frac{1}{3} + \frac{1}{5} - \frac{1}{7} + \cdots$$

となることを示そう．$\mathrm{Tan}^{-1}(-x) = -\mathrm{Tan}^{-1}\, x$ より，$0 \leqq x \leqq 1$ の場合に式 (3.6) を示せば十分である．任意の $t \in \mathbf{R}$ に対して

$$\sum_{m=0}^{n} (-1)^m t^{2m} = \sum_{m=0}^{n} (-t^2)^m = \frac{1 - (-t^2)^{n+1}}{1 - (-t^2)} = \frac{1}{1+t^2} - \frac{(-1)^{n+1} t^{2n+2}}{1+t^2}$$

が成り立つから，移項して，両辺を $t = 0$ から $t = x$ まで定積分すると

$$\mathrm{Tan}^{-1}\, x = \int_0^x \frac{1}{1+t^2}\, dt = \sum_{m=0}^{n} \frac{(-1)^m}{2m+1} x^{2m+1} + \int_0^x \frac{(-1)^{n+1} t^{2n+2}}{1+t^2}\, dt$$

が得られる．ここで,

$$\left|\int_0^x \frac{(-1)^{n+1} t^{2n+2}}{1+t^2}\, dt\right| \leqq \int_0^x \left|\frac{(-1)^{n+1} t^{2n+2}}{1+t^2}\right| dt = \int_0^x \frac{t^{2n+2}}{1+t^2}\, dt$$

であり，$0 \leqq x \leqq 1$ のとき

$$0 \leqq \int_0^x \frac{t^{2n+2}}{1+t^2}\,dt \leqq \int_0^x t^{2n+2}\,dt = \frac{x^{2n+3}}{2n+3} \leqq \frac{1}{2n+3} \to 0 \quad (n \to \infty)$$

となることから式 (3.6) が示される．

3.3 置換積分法と部分積分法

本節では，積分を求めるための計算方法，そのなかでも基本的ではあるが重要な置換積分法と部分積分法について述べる．

定理 3.28 (置換積分法). 関数 $f(x)$ は区間 I 上で連続とする．関数 $g(t)$ は区間 $[\alpha,\beta]$ 上で C^1 級で，$t \in [\alpha,\beta]$ に対して $g(t) \in I$ とする．$a = g(\alpha)$, $b = g(\beta)$ のとき，

$$\int_a^b f(x)\,dx = \int_\alpha^\beta f(g(t))g'(t)\,dt$$

が成り立つ．

証明. $F(x) = \displaystyle\int_a^x f(s)\,ds$ とする．このとき，定理 3.20 より，$F'(x) = f(x)$ が従う．ゆえに，合成関数の微分法より，

$$\{F(g(t))\}' = F'(g(t))g'(t) = f(g(t))g'(t)$$

であるから，上式を α から β で積分を施せば，定理 3.23 より，

$$\begin{aligned}\int_\alpha^\beta f(g(t))g'(t)\,dt &= \int_\alpha^\beta \{F(g(t))\}'\,dt \\ &= F(g(\beta)) - F(g(\alpha)) = F(b) - F(a) = \int_a^b f(s)\,ds\end{aligned}$$

が従う． □

●**例題 3.29.** a を正の定数とする．このとき，$\displaystyle\int_0^{\frac{a}{2}} \sqrt{a^2-x^2}\,dx$ を置換積分法を用いて求めよ．

証明. $x = a\sin\theta$ とおくと，$dx = a\cos\theta\,d\theta$. よって定理 3.28 から，

$$\begin{aligned}\int_0^{\frac{a}{2}} \sqrt{a^2-x^2}\,dx &= a^2 \int_0^{\frac{\pi}{6}} \sqrt{1-\sin^2\theta}\cdot\cos\theta\ d\theta \\ &= a^2 \int_0^{\frac{\pi}{6}} \cos^2\theta\ d\theta = \frac{a^2}{2}\int_0^{\frac{\pi}{6}} (1+\cos 2\theta)\,d\theta\end{aligned}$$

$$= \frac{a^2}{2}\left[\theta + \frac{\sin 2\theta}{2}\right]_0^{\frac{\pi}{6}} = \frac{a^2}{4}\left(\frac{\pi}{3} + \frac{\sqrt{3}}{2}\right). \qquad \square$$

●**例題 3.30.** a, b を正の定数とする．このとき，不定積分 $I = \displaystyle\int \frac{1}{ax^2+b}\,dx$ を求めよ．

解答例. $I = \displaystyle\int \frac{1}{ax^2+b}\,dx = \frac{1}{b}\int \frac{1}{\left(\sqrt{\frac{a}{b}}x\right)^2+1}\,dx$. ここで，$t = \sqrt{\dfrac{a}{b}}x$ とおくと，$dt = \sqrt{\dfrac{a}{b}}\,dx$. よって，

$$I = \frac{1}{\sqrt{ab}}\int \frac{1}{t^2+1}\,dt = \frac{1}{\sqrt{ab}}\,\mathrm{Tan}^{-1}\,t = \frac{1}{\sqrt{ab}}\,\mathrm{Tan}^{-1}\left(\sqrt{\frac{a}{b}}x\right). \qquad \square$$

◇**問 3.1.** 次の問いに答えよ．

(1) $\displaystyle\int xe^{x^2}\,dx$ を求めよ．

(2) $\displaystyle\int_0^{\frac{1}{\sqrt{2}}} \frac{1}{\sqrt{1-2x^2}}\,dx$ を求めよ．

定理 3.31 (部分積分法). 関数 $f(x), g(x)$ が区間 $[a,b]$ を含むある開区間上で C^1 級ならば，

$$\int_a^b f(x)g'(x)\,dx = \big[f(x)g(x)\big]_a^b - \int_a^b f'(x)g(x)\,dx$$

が成り立つ．

証明. $\dfrac{d}{dx}(f(x)g(x)) = f'(x)g(x) + f(x)g'(x)$ であるから，定理 3.23 より主張を得る． $\square$

●**例題 3.32.** a を正の定数とする．このとき，部分積分法を用いて例題 3.29 の定積分 $\displaystyle\int_0^{\frac{a}{2}} \sqrt{a^2-x^2}\,dx$ を求めよ．

解答例. $I = \displaystyle\int_0^{\frac{a}{2}} \sqrt{a^2-x^2}\,dx$ とおく．部分積分法により，

$$I = \int_0^{\frac{a}{2}} (x)'\sqrt{a^2-x^2}\,dx = \Big[x\sqrt{a^2-x^2}\Big]_0^{\frac{a}{2}} + \int_0^{\frac{a}{2}} \frac{x^2}{\sqrt{a^2-x^2}}\,dx$$

$$= \Big[x\sqrt{a^2-x^2}\Big]_0^{\frac{a}{2}} - \int_0^{\frac{a}{2}} \frac{a^2-x^2}{\sqrt{a^2-x^2}}\,dx + \int_0^{\frac{a}{2}} \frac{a^2}{\sqrt{a^2-x^2}}\,dx$$

を得る．したがって，

$$2I = \frac{\sqrt{3}}{4}a^2 + \int_0^{\frac{a}{2}} \frac{a^2}{\sqrt{a^2 - x^2}}\,dx.$$

ここで，$t = \dfrac{x}{a}$ とおくと $dt = \dfrac{1}{a}\,dx$ となり，定理 3.28 より，

$$I = \frac{\sqrt{3}}{8}a^2 + \frac{a^2}{2}\int_0^{\frac{1}{2}} \frac{1}{\sqrt{1-t^2}}\,dt = \frac{\sqrt{3}}{8}a^2 + \frac{a^2}{2}\left[\mathrm{Sin}^{-1}\,t\right]_0^{\frac{1}{2}} = \frac{a^2}{4}\left(\frac{\sqrt{3}}{2} + \frac{\pi}{3}\right).$$

□

●例題 3.33. 不定積分 $\displaystyle\int e^x \cos x\,dx$ を求めよ．

解答例. $I = \displaystyle\int e^x \cos x\,dx$ とおく．部分積分法により，

$$\begin{aligned} I = \int (e^x)' \cos x\,dx &= e^x \cos x + \int e^x \sin x\,dx \\ &= e^x \cos x + \int (e^x)' \sin x\,dx \\ &= e^x \cos x + \left(e^x \sin x - \int e^x \cos x\,dx\right) \\ &= e^x(\cos x + \sin x) - I \end{aligned}$$

より，$I = \dfrac{1}{2}e^x(\cos x + \sin x)$ を得る． □

◇**問 3.2.** 次の問いに答えよ．

(1) $\displaystyle\int_1^e x \log x\,dx$ を求めよ．

(2) $\displaystyle\int \mathrm{Cos}^{-1} x\,dx$ および $\displaystyle\int \mathrm{Tan}^{-1} x\,dx$ を求めよ．

漸化式

部分積分法により漸化式を導くことで，積分を求められる代表的な例を紹介する．

●例題 3.34. $n \geqq 2$ に対して，次が成り立つことを示せ．

$$\int_0^{\frac{\pi}{2}} \sin^n x\,dx = \begin{cases} \dfrac{n-1}{n}\dfrac{n-3}{n-2}\cdots\dfrac{3}{4}\cdot\dfrac{1}{2}\cdot\dfrac{\pi}{2} = \dfrac{(n-1)!!}{n!!}\cdot\dfrac{\pi}{2} & (n\text{ が偶数}), \\ \dfrac{n-1}{n}\dfrac{n-3}{n-2}\cdots\dfrac{4}{5}\cdot\dfrac{2}{3}\cdot 1 = \dfrac{(n-1)!!}{n!!} & (n\text{ が奇数}). \end{cases}$$

証明. 部分積分法により,

$$I_n = \int_0^{\frac{\pi}{2}} (\sin^{n-1} x)(\sin x)\, dx$$
$$= \left[(\sin^{n-1} x)(-\cos x)\right]_0^{\frac{\pi}{2}} + (n-1)\int_0^{\frac{\pi}{2}} (\sin^{n-2} x)(\cos^2 x)\, dx$$
$$= (n-1)\int_0^{\frac{\pi}{2}} (\sin^{n-2} x)(1-\sin^2 x)\, dx = (n-1)(I_{n-2} - I_n)$$

から, 漸化式 $I_n = \dfrac{n-1}{n} I_{n-2}\,(n \geqq 2)$ を得る. $I_0 = \dfrac{\pi}{2}$, $I_1 = 1$ に注意すると, n が偶数ならば,

$$I_n = \frac{n-1}{n} I_{n-2} = \frac{n-1}{n}\frac{n-3}{n-2} I_{n-4} = \cdots = \frac{n-1}{n}\frac{n-3}{n-2}\cdots\frac{1}{2} I_0$$
$$= \frac{n-1}{n}\frac{n-3}{n-2}\cdots\frac{1}{2}\cdot\frac{\pi}{2},$$

n が奇数ならば,

$$I_n = \frac{n-1}{n}\frac{n-3}{n-2}\cdots\frac{2}{3}\cdot 1$$

となり, 結論を得る. □

○**例 3.35.** $\displaystyle\int_0^{\frac{\pi}{2}} \sin^5 x\, dx = \frac{4}{5}\cdot\frac{2}{3}\cdot 1 = \frac{8}{15}, \int_0^{\frac{\pi}{2}} \sin^6 x\, dx = \frac{5}{6}\cdot\frac{3}{4}\cdot\frac{1}{2}\cdot\frac{\pi}{2} = \frac{5\pi}{32}.$

◇**問 3.3.** $\displaystyle\int_0^{\frac{\pi}{2}} \cos^5 x\, dx$ を求めよ.

次の例題は, 有理関数の積分の際に頻出の積分である.

●**例題 3.36.** α を正の定数とし, $I_n = \displaystyle\int \frac{1}{(x^2+\alpha^2)^n}\, dx$ $(n = 1, 2, \cdots)$ とおく. このとき, 次が成立することを示せ.

$$I_{n+1} = \frac{1}{2n\alpha^2}\left\{(2n-1)I_n + \frac{x}{(x^2+\alpha^2)^n}\right\}$$

解答例. 部分積分法により,

$$I_n = \int \frac{1}{(x^2+\alpha^2)^n}\, dx = \int \frac{(x)'}{(x^2+\alpha^2)^n}\, dx$$
$$= \frac{x}{(x^2+\alpha^2)^n} + \int x \frac{2nx}{(x^2+\alpha^2)^{n+1}}\, dx$$

$$
\begin{aligned}
&= \frac{x}{(x^2+\alpha^2)^n} + 2n\int \frac{x^2+\alpha^2-\alpha^2}{(x^2+\alpha^2)^{n+1}}\,dx \\
&= \frac{x}{(x^2+\alpha^2)^n} + 2n\int \frac{1}{(x^2+\alpha^2)^n}\,dx - 2\alpha^2 n\int \frac{1}{(x^2+\alpha^2)^{n+1}}\,dx \\
&= \frac{x}{(x^2+\alpha^2)^n} + 2n\left(I_n - \alpha^2 I_{n+1}\right)
\end{aligned}
$$

であるから主張を得る. □

○例 **3.37.** 例題 3.36 で $\alpha = 1$ のとき, $I_1 = \mathrm{Tan}^{-1}\,x$ に注意すると,

$$
I_2 = \frac{1}{2}\left(I_1 + \frac{x}{x^2+1}\right) = \frac{1}{2}\left(\mathrm{Tan}^{-1}\,x + \frac{x}{x^2+1}\right)
$$

を得る.

Coffee Break

円周率を無限級数として表す式はいろいろとあるが, 例題 3.34 と章末問題 4 (2) の結果からは, 円周率を「無限積」として表す式が得られる.

$$
\frac{2^2}{1\cdot 3}\cdot\frac{4^2}{3\cdot 5}\cdot\frac{6^2}{5\cdot 7}\cdot\cdots\cdot\frac{(2n)^2}{(2n-1)\cdot(2n+1)}\cdot\cdots = \frac{\pi}{2}
$$

これは**ウォリスの公式**とよばれている.

3.4 有理関数の積分

有理関数 $\dfrac{Q(x)}{P(x)}$ ($P(x)$ と $Q(x)$ は共通因子をもたない多項式) は, $Q(x)$ の次数が $P(x)$ の次数以上のとき,

$$
\frac{Q(x)}{P(x)} = R(x) + \frac{Q_0(x)}{P(x)} \quad (R(x) \text{ は多項式})
$$

と変形ができる. ここで, $Q_0(x)$ は $P(x)$ よりも低次の多項式である. このため, 有理関数の積分を考えるには, 分母より低い次数の多項式を分子としてもつ $\dfrac{Q_0(x)}{P(x)}$ の積分について考察をすればよいことがわかる. したがって以下では, $Q(x)$ を $P(x)$ よりも低い次数の多項式として, $\displaystyle\int \frac{Q(x)}{P(x)}\,dx$ の積分について考察する.

有理関数 $\dfrac{Q(x)}{P(x)}$ の原始関数を求める際に，**部分分数分解**を行う方法が有効である．部分分数分解の例をいくつかみていく．

●**例題 3.38.** 次の有理関数を部分分数分解せよ．

(1) $\dfrac{1}{(x-1)(x^2+x+1)}$ (2) $\dfrac{1}{(x-1)^2(x^2+x+1)}$

解答例. (1) $\dfrac{1}{(x-1)(x^2+x+1)} = \dfrac{a}{x-1} + \dfrac{bx+c}{x^2+x+1}$ と部分分数分解する．両辺に $(x-1)(x^2+x+1)$ をかけると，

$$1 = a(x^2+x+1) + (bx+c)(x-1)$$

だから，右辺を展開して係数比較すると $a = \dfrac{1}{3}$, $b = -\dfrac{1}{3}$, $c = -\dfrac{2}{3}$.（$x = 1$ や $x = 0$ を代入して求めてもよい．）

(2) $\dfrac{1}{(x-1)^2(x^2+x+1)} = \dfrac{a}{x-1} + \dfrac{b}{(x-1)^2} + \dfrac{cx+d}{x^2+x+1}$ と部分分数分解する．両辺に $(x-1)^2(x^2+x+1)$ をかけると，

$$1 = a(x-1)(x^2+x+1) + b(x^2+x+1) + (cx+d)(x-1)^2$$

だから，右辺を展開して係数比較すると $a = -\dfrac{1}{3}$，$b = \dfrac{1}{3}$，$c = \dfrac{1}{3}$，$d = \dfrac{1}{3}$. □

定理 3.39. 実数係数の n 次多項式は，実数係数の範囲で高々 2 次式に因数分解される．

★**注意 3.40.** この定理は代数学の基本定理 (定理 7.10) より従う．

★**注意 3.41.** 定理 3.39 より，有理関数の分母は 1 次式や 2 次式の積で表すことができる．もし，分母が $(x+a)$ の m 乗で割り切れ，$(x+a)$ の $(m+1)$ 乗で割り切れなければ，部分分数に $\displaystyle\sum_{j=1}^{m} \frac{\alpha_j}{(x+a)^j}$ が現れ，$\{\alpha_j\}_{j=1}^{m}$ は一意的に定まる．また，分母が (x^2+bx+c) の n 乗で割り切れ，(x^2+bx+c) の $(n+1)$ 乗で割り切れなければ，部分分数に $\displaystyle\sum_{k=1}^{n} \frac{\beta_k x + \gamma_k}{(x^2+bx+c)^k}$ が現れ，$\{\beta_k, \gamma_k\}_{k=1}^{n}$ は一意的に定まる．例えば，高々 $(m+2n-1)$ 次の多項式 $Q(x)$ に対し，

$$\frac{Q(x)}{(x+a)^m(x^2+bx+c)^n} = \sum_{j=1}^{m} \frac{\alpha_j}{(x+a)^j} + \sum_{k=1}^{n} \frac{\beta_k x + \gamma_k}{(x^2+bx+c)^k}$$

と部分分数に展開できて，$\{\alpha_j\}_{j=1}^{m}$，$\{\beta_k, \gamma_k\}_{k=1}^{n}$ は一意的に定まる．

有理関数を部分分数分解することで，任意の有理関数の積分は，次の補題 3.42 と注意 3.43 に登場する積分を含む形に帰着される．

補題 3.42. α を実数，n を自然数とする．このとき，次が成立する．

(1) $$\int \frac{1}{(x+\alpha)^n}\,dx = \begin{cases} \dfrac{1}{(1-n)(x+\alpha)^{n-1}} & (n \neq 1), \\ \log|x+\alpha| & (n = 1). \end{cases}$$

(2) $$\int \frac{x}{(x^2+\alpha^2)^n}\,dx = \begin{cases} \dfrac{1}{2(1-n)(x^2+\alpha^2)^{n-1}} & (n \neq 1), \\ \frac{1}{2}\log(x^2+\alpha^2) & (n = 1). \end{cases}$$

証明の概略. (1) については $y = x + \alpha$ とおき，(2) については $y = x^2 + \alpha^2$ とおいて置換積分すればよい．□

★注意 3.43. $\displaystyle\int \frac{1}{(x^2+\alpha^2)^n}\,dx$ については，例題 3.36 を参照すること．

有理関数 $\dfrac{Q(x)}{P(x)}$ の積分の手順を下記にまとめる．

有理関数の積分の手順

Step 1　$P(x)$ を因数分解する．

Step 2　$\dfrac{Q(x)}{P(x)}$ を部分分数分解する．

Step 3　**Step 2** で求めた各項を補題 3.42 と注意 3.43 により積分する．

実際に例題を解いてみる．

●例題 3.44. 不定積分 $\displaystyle\int \frac{1}{x^3-1}\,dx$ を求めよ．

解答例. Step 1　分母の多項式を因数分解すると，$x^3 - 1 = (x-1)(x^2+x+1)$.

Step 2　部分分数分解する．例題 3.38 (1) より，

$$I = \frac{1}{(x-1)(x^2+x+1)} = \frac{1}{3}\cdot\frac{1}{x-1} - \frac{1}{3}\cdot\frac{x+2}{x^2+x+1}.$$

Step 3 各項に対して不定積分を求める.

$$I = \frac{1}{3}\int \frac{1}{x-1}\,dx - \frac{1}{3}\int \frac{x+2}{x^2+x+1}\,dx$$

$$= \frac{1}{3}\log|x-1| - \frac{1}{3}\int \frac{x+1/2}{(x+1/2)^2+3/4}\,dx - \frac{1}{2}\int \frac{1}{(x+1/2)^2+3/4}\,dx$$

$$= \frac{1}{3}\log|x-1| - \frac{1}{6}\log\left|\left(x+\frac{1}{2}\right)^2+\frac{3}{4}\right| - \frac{\sqrt{3}}{3}\mathrm{Tan}^{-1}\left(\frac{2}{\sqrt{3}}\left(x+\frac{1}{2}\right)\right)$$

$$= \frac{1}{6}\log\frac{(x-1)^2}{x^2+x+1} - \frac{\sqrt{3}}{3}\mathrm{Tan}^{-1}\left(\frac{2x+1}{\sqrt{3}}\right)$$

□

●**例題 3.45.** $\displaystyle\int_{\frac{1}{2}}^{1} \frac{2x+1}{x^4-2x^3+x-2}\,dx$ の値を求めよ.

解答例. $\displaystyle I = \int_{\frac{1}{2}}^{1} \frac{2x+1}{x^4-2x^3+x-2}\,dx$ とする.

Step 1 分母の多項式を因数分解すると,

$$x^4-2x^3+x-2 = (x+1)(x-2)(x^2-x+1).$$

Step 2 部分分数分解する.

$$\frac{2x+1}{(x+1)(x-2)(x^2-x+1)} = \frac{a}{x+1} + \frac{b}{x-2} + \frac{cx+d}{x^2-x+1}$$

を解くと, $a = \frac{1}{9}$, $b = \frac{5}{9}$, $c = -\frac{2}{3}$, $d = -\frac{1}{3}$.

Step 3 各項に対して定積分を求める.

$$\int_{\frac{1}{2}}^{1} \frac{2x+1}{x^4-2x^3+x-2}\,dx = \int_{\frac{1}{2}}^{1} \left(\frac{1}{9(x+1)} + \frac{5}{9(x-2)} - \frac{2x+1}{3(x^2-x+1)}\right)dx$$

$$= \left[\frac{1}{9}\log|x+1| + \frac{5}{9}\log|x-2|\right]_{\frac{1}{2}}^{1}$$

$$- \frac{1}{3}\int_{\frac{1}{2}}^{1} \frac{(x^2-x+1)'}{x^2-x+1}\,dx + \frac{2}{3}\int_{\frac{1}{2}}^{1} \frac{1}{x^2-x+1}\,dx$$

$$= \frac{2}{3}\log 2 - \frac{4}{9}\log 3 - \frac{1}{3}\left[\log|x^2-x+1|\right]_{\frac{1}{2}}^{1} + \frac{4\sqrt{3}}{9}\left[\mathrm{Tan}^{-1}x\right]_{0}^{\frac{1}{\sqrt{3}}}$$

$$= \frac{1}{9}\log 2 - \frac{1}{3}\log 3 + \frac{2\sqrt{3}}{27}\pi$$

□

◇問 **3.4.** 次の不定積分を求めよ．

(1) $\displaystyle\int \frac{x}{(x+1)(x+2)}\,dx$　(2) $\displaystyle\int \frac{x}{(x+1)(x+2)^2}\,dx$

3.5　有理関数の積分の応用

三角関数や無理関数の積分は，置換積分法を施すことにより有理関数の積分に帰着できる場合が多い．実際に置換積分法を実行する場合は，その都度どの方法を採用するかを考えることが重要である．以下では，$F(X,Y)$ は X,Y を変数とする有理関数とする．

3.5.1　三角関数の積分

(I) $\displaystyle\int F(\cos x, \sin x)\,dx$ の積分．

$$t = \tan\left(\frac{x}{2}\right)$$

とおくと，

$$\sin x = 2\sin\left(\frac{x}{2}\right)\cos\left(\frac{x}{2}\right) = 2\tan\left(\frac{x}{2}\right)\cos^2\left(\frac{x}{2}\right)$$
$$= 2\tan\left(\frac{x}{2}\right)\cdot\frac{1}{1+\tan^2\left(\frac{x}{2}\right)} = \frac{2t}{1+t^2},$$
$$\cos x = 2\cos^2\left(\frac{x}{2}\right) - 1 = \frac{2}{1+\tan^2\left(\frac{x}{2}\right)} - 1$$
$$= \frac{1-\tan^2\left(\frac{x}{2}\right)}{1+\tan^2\left(\frac{x}{2}\right)} = \frac{1-t^2}{1+t^2}$$

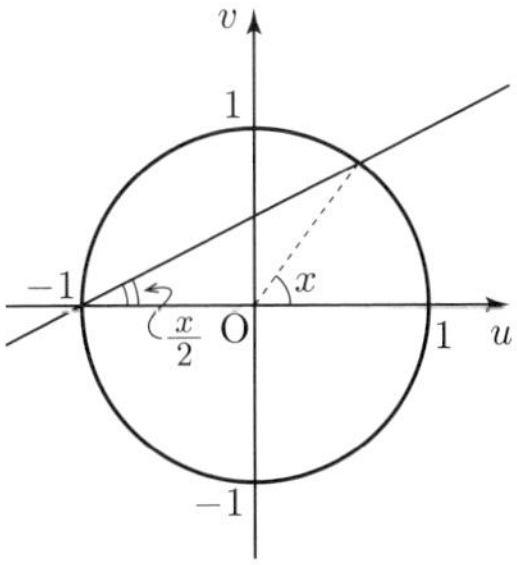

図 3.3　円 $u^2+v^2=1$ と直線 $v=t(u+1)$ の交点は，$(u,v)=\left(\frac{1-t^2}{1+t^2}, \frac{2t}{1+t^2}\right)$

である．さらに，$x = 2\,\mathrm{Tan}^{-1}\,t$ だから $\dfrac{dx}{dt} = \dfrac{2}{1+t^2}$ に注意すると，求める積分は置換積分法により，

$$\int F(\cos x, \sin x)\,dx = \int F\left(\frac{1-t^2}{1+t^2}, \frac{2t}{1+t^2}\right)\frac{2}{1+t^2}\,dt$$

に帰着される．

●例題 **3.46.** 次の不定積分を求めよ．

(1) $\displaystyle\int \frac{1}{1+\sin x}\,dx$　(2) $\displaystyle\int \frac{1}{1+\cos x}\,dx$

解答例. $t=\tan\left(\dfrac{x}{2}\right)$ とおくと，$\sin x=\dfrac{2t}{1+t^2}$, $\cos x=\dfrac{1-t^2}{1+t^2}$ である．

(1) 置換積分法により，

$$\int \frac{1}{1+\sin x}\,dx=\int \frac{1}{1+\frac{2t}{1+t^2}}\frac{2}{1+t^2}\,dt=\int\frac{2}{(1+t)^2}\,dt$$
$$=-\frac{2}{1+t}=\frac{-2}{1+\tan\left(\frac{x}{2}\right)}.$$

この置換積分を用いなくても，次のような解法もある．

$$\int\frac{1}{1+\sin x}\,dx=\int\frac{1-\sin x}{1-\sin^2 x}\,dx=\int\frac{1-\sin x}{\cos^2 x}\,dx=\tan x-\frac{1}{\cos x}$$

この答えは，見た目は異なるが最初の解法の答えに 1 を足したものに一致する (不定積分なので定数の差があってもよい)．

(2) $\displaystyle\int\frac{1}{1+\cos x}\,dx=\int\frac{1}{1+\frac{1-t^2}{1+t^2}}\frac{2}{1+t^2}\,dt=t=\tan\left(\frac{x}{2}\right)$ □

(II) $\displaystyle\int F(\cos^2 x,\sin^2 x)\,dx$ や $\displaystyle\int G(\tan x)\,dx$ (ただし，$G(X)$ は有理関数) の積分．

$$t=\tan x$$

とおくことで，

$$\sin^2 x=\frac{t^2}{1+t^2},\qquad \cos^2 x=\frac{1}{1+t^2}$$

となる．$x=\mathrm{Tan}^{-1}\,t$ であるから $\dfrac{dx}{dt}=\dfrac{1}{1+t^2}$ であることに注意すると，

$$\int F(\cos^2 x,\sin^2 x)\,dx=\int F\left(\frac{1}{1+t^2},\frac{t^2}{1+t^2}\right)\frac{1}{1+t^2}\,dt,$$
$$\int G(\tan x)\,dx=\int G(t)\frac{1}{1+t^2}\,dt$$

と変形される．

●**例題 3.47.** 不定積分 $I=\displaystyle\int\frac{1}{2\cos^2 x+3\sin^2 x}\,dx$ を求めよ．

解答例. $t=\tan x$ とおくと，$\cos^2 x=\dfrac{1}{1+t^2}$，$\sin^2 x=\dfrac{t^2}{1+t^2}$ であり，$\dfrac{dx}{dt}=\dfrac{1}{1+t^2}$ だから，

$$\int \frac{1}{2\cos^2 x + 3\sin^2 x}\,dx = \int \frac{1}{\frac{2}{1+t^2} + \frac{3t^2}{1+t^2}} \frac{1}{1+t^2}\,dt = \int \frac{1}{2+3t^2}\,dt$$

となり，例題 3.30 の形に帰着される．よって，$I = \dfrac{1}{\sqrt{6}} \mathrm{Tan}^{-1}\left(\dfrac{\sqrt{6}}{2}\tan x\right)$． □

◇**問 3.5.** 次の不定積分を求めよ．

(1) $\displaystyle\int \frac{1}{\sin x}\,dx$　(2) $\displaystyle\int \frac{1+\sin x}{1+\cos x}\,dx$　(3) $\displaystyle\int \frac{1}{\tan x}\,dx$　(4) $\displaystyle\int \frac{1}{\sin^2 x \cos^2 x}\,dx$

3.5.2 無理関数の積分

(I) $\displaystyle\int F(x, \sqrt{ax^2+bx+c})\,dx$ $(a<0)$ の積分．

$ax^2+bx+c=0$ の 2 つの実数解を α と β $(\alpha<\beta)$ として，

$$t = \sqrt{\frac{\beta - x}{x - \alpha}} \quad \left(もしくは\quad t = \sqrt{\frac{x-\alpha}{\beta - x}}\right)$$

とおくと，$x = \dfrac{\beta + \alpha t^2}{1+t^2}$ であるから，置換積分法により，

$$\int F(x, \sqrt{ax^2+bx+c})\,dx = \int F\left(\frac{\beta+\alpha t^2}{1+t^2}, \frac{\sqrt{-a}(\beta-\alpha)t}{1+t^2}\right)\frac{2(\alpha-\beta)t}{(1+t^2)^2}\,dt$$

と変形できる．

●**例題 3.48.** 不定積分 $\displaystyle\int \frac{1}{\sqrt{(x-1)(2-x)}}\,dx$ を求めよ．

解答例. $t = \sqrt{\dfrac{x-1}{2-x}}$ とおくと，$x = \dfrac{2t^2+1}{t^2+1}$ である．したがって，$dx = \dfrac{2t}{(t^2+1)^2}\,dt$，$\sqrt{(x-1)(2-x)} = (2-x)\sqrt{\dfrac{x-1}{2-x}}$ だから，

$$\begin{aligned}\int \frac{1}{\sqrt{(1-x)(2-x)}}\,dx &= \int \frac{1}{(2-\frac{2t^2+1}{t^2+1})t}\frac{2t}{(t^2+1)^2}\,dt \\ &= \int \frac{2}{t^2+1}\,dt = 2\,\mathrm{Tan}^{-1}\,t \\ &= 2\,\mathrm{Tan}^{-1}\left(\sqrt{\frac{x-1}{2-x}}\right).\end{aligned}$$

□

(II) $\displaystyle\int F(x, \sqrt{ax^2+bx+c})\,dx$ $(a>0)$ の積分.

$$t - \sqrt{a}x = \sqrt{ax^2+bx+c}$$

で t を定め，両辺を 2 乗して x について解いて $x = \dfrac{t^2-c}{2\sqrt{a}t+b}$ を得る．また，上式の左辺の x に $\dfrac{t^2-c}{2\sqrt{a}t+b}$ を代入して，$\sqrt{ax^2+bx+c} = \dfrac{\sqrt{a}t^2+bt+\sqrt{a}c}{2\sqrt{a}t+b}$ がわかる．したがって，置換積分法により，

$$\int F(x, \sqrt{ax^2+bx+c})\,dx$$
$$= \int F\left(\frac{t^2-c}{2\sqrt{a}t+b}, \frac{\sqrt{a}t^2+bt+\sqrt{a}c}{2\sqrt{a}t+b}\right)\frac{2(\sqrt{a}(t^2+c)+bt)}{(2\sqrt{a}t+b)^2}\,dt$$

と変形できる．

●**例題 3.49.** 不定積分 $\displaystyle\int \frac{1}{\sqrt{(x-1)(x-2)}}\,dx$ を求めよ．

解答例. $t - x = \sqrt{(x-1)(x-2)}$ とおくと，$x = \dfrac{t^2-2}{2t-3}$ である．したがって，$dx = \dfrac{2(t-1)(t-2)}{(2t-3)^2}\,dt$ だから，

$$\int \frac{1}{\sqrt{(x-1)(x-2)}}\,dx = \int \frac{1}{t-\frac{t^2-2}{2t-3}}\frac{2(t-1)(t-2)}{(2t-3)^2}\,dt$$
$$= 2\int \frac{1}{2t-3}\,dt = \log|2t-3|$$
$$= \log\left|(2x-3)+2\sqrt{(x-1)(x-2)}\right|. \qquad \square$$

◇**問 3.6.** 次の不定積分を求めよ．

(1) $\displaystyle\int \frac{1}{x}\sqrt{\frac{x}{x-1}}\,dx$ (2) $\displaystyle\int \frac{1}{x\sqrt{(x-1)(2-x)}}\,dx$

3.5.3 指数関数の積分

$\displaystyle\int G(e^x)\,dx$ (ただし，$G(X)$ は有理関数) の積分.

$$t = e^x$$

とおくと，置換積分法により，

$$\int G(e^x)\,dx = \int G(t)\frac{1}{t}\,dt$$

と変形できる.

●例題 3.50. 不定積分 $\displaystyle\int \frac{1}{e^x + e^{-x}}\,dx$ を求めよ.

解答例. $t = e^x$ とおくと, $x = \log t$ である. したがって, $dx = \dfrac{1}{t}\,dt$ だから,

$$\int \frac{1}{e^x + e^{-x}}\,dx = \int \frac{1}{t + \frac{1}{t}}\frac{1}{t}\,dt$$
$$= \int \frac{1}{t^2 + 1}\,dt = \mathrm{Tan}^{-1}\,t = \mathrm{Tan}^{-1}\,(e^x). \qquad \square$$

◇**問 3.7.** 次の不定積分を求めよ.

(1) $\displaystyle\int \frac{1}{1 - e^{-x}}\,dx$　　(2) $\displaystyle\int \frac{e^x}{1 + e^{-x}}\,dx$

3.6 広義積分

これまでは, 有界閉区間上の有界な関数に対する積分を考察してきた. 本節では, 与えられた積分区間において必ずしも有界とは限らない関数の積分を定義する.

定義 3.51. 関数 $f(x)$ が区間 $[a, b)$ 上で連続とする. 極限値

$$\lim_{\varepsilon \to +0} \int_a^{b-\varepsilon} f(x)\,dx$$

を $\displaystyle\int_a^b f(x)\,dx$ と書き, 関数 $f(x)$ の $[a, b)$ における**広義積分**という, 極限値が存在するとき, 広義積分 $\displaystyle\int_a^b f(x)\,dx$ は存在する (収束する) という. 一方, 極限値が存在しないとき, この広義積分は存在しない (発散する) という.

また, 関数 $f(x)$ が区間 $[a, \infty)$ 上で連続とする. このとき, $f(x)$ の $[a, \infty)$ における広義積分を

$$\int_a^\infty f(x)\,dx := \lim_{M \to \infty} \int_a^M f(x)\,dx$$

と定義する.

★注意 **3.52.** 以下の場合も，広義積分が同様に定義される．

(i) $f(x)$ が $(a,b]$ で連続： $\displaystyle\int_a^b f(x)\,dx := \lim_{\varepsilon\to+0}\int_{a+\varepsilon}^b f(x)\,dx$

(ii) $f(x)$ が (a,b) で連続： 点 $c\in(a,b)$ をとり，$\displaystyle\int_a^c f(x)\,dx$ と $\displaystyle\int_c^b f(x)\,dx$ がともに存在するとき，その和を広義積分 $\displaystyle\int_a^b f(x)\,dx$ と定める．

(iii) $f(x)$ が $(-\infty,b]$ で連続： $\displaystyle\int_{-\infty}^b f(x)\,dx := \lim_{M\to\infty}\int_{-M}^b f(x)\,dx$

(iv) $f(x)$ が $(-\infty,\infty)$ で連続： 点 $c\in(-\infty,\infty)$ をとり，$\displaystyle\int_{-\infty}^c f(x)\,dx$ と $\displaystyle\int_c^\infty f(x)\,dx$ がともに存在するとき，その和を広義積分 $\displaystyle\int_{-\infty}^\infty f(x)\,dx$ と定める．

●例題 **3.53.** $\alpha\in\mathbf{R}$ に対して，次が成立することを示せ．

$$\int_0^1 \frac{1}{x^\alpha}\,dx = \begin{cases} \dfrac{1}{1-\alpha} & (\alpha<1), \\ \text{発散する} & (\alpha\geqq 1). \end{cases}$$

解答例. $\alpha\neq 1$ のとき，十分小さい $\varepsilon>0$ を固定して，

$$\int_\varepsilon^1 \frac{1}{x^\alpha}\,dx = \frac{1}{1-\alpha}\left[x^{1-\alpha}\right]_\varepsilon^1 = \frac{1}{1-\alpha}(1-\varepsilon^{1-\alpha}).$$

したがって，

$$\int_0^1 \frac{1}{x^\alpha}\,dx = \lim_{\varepsilon\to+0}\int_\varepsilon^1 \frac{1}{x^\alpha}\,dx = \begin{cases} \dfrac{1}{1-\alpha} & (\alpha<1), \\ \text{発散する} & (\alpha>1). \end{cases}$$

さらに，$\alpha=1$ のとき，

$$\int_0^1 \frac{1}{x}\,dx = \lim_{\varepsilon\to+0}\int_\varepsilon^1 \frac{1}{x}\,dx = -\lim_{\varepsilon\to+0}(\log\varepsilon) = +\infty.$$

以上より主張を得る． □

●例題 **3.54.** $a<b$ とする．次を示せ．

$$\int_a^b \frac{1}{(b-x)^\alpha}\,dx = \begin{cases} \dfrac{(b-a)^{\alpha-1}}{1-\alpha} & (\alpha<1), \\ \text{発散する} & (\alpha\geqq 1). \end{cases}$$

解答例. $\alpha \neq 1$ のとき，十分小さい $\varepsilon > 0$ を固定して，

$$\int_a^{b-\varepsilon} \frac{1}{(b-x)^\alpha}\,dx = \frac{1}{\alpha-1}\left[(b-x)^{1-\alpha}\right]_a^{b-\varepsilon} = \frac{1}{\alpha-1}\{\varepsilon^{1-\alpha} - (b-a)^{1-\alpha}\}.$$

したがって，

$$\int_a^b \frac{1}{(b-x)^\alpha}\,dx = \lim_{\varepsilon\to+0}\int_a^{b-\varepsilon} \frac{1}{(b-x)^\alpha}\,dx = \begin{cases} \dfrac{(b-a)^{1-\alpha}}{1-\alpha} & (\alpha < 1), \\ \text{発散する} & (\alpha > 1). \end{cases}$$

さらに，$\alpha = 1$ のとき，

$$\int_a^b \frac{1}{b-x}\,dx = \lim_{\varepsilon\to+0}\int_a^{b-\varepsilon} \frac{1}{b-x}\,dx = \lim_{\varepsilon\to+0}\{-\log\varepsilon + \log(b-a)\} = +\infty.$$

以上より主張を得る． □

●**例題 3.55.** $\alpha \in \mathbf{R}$ に対して，次を示せ．

$$\int_1^\infty \frac{1}{x^\alpha}\,dx = \begin{cases} \text{発散する} & (\alpha \leqq 1), \\ \dfrac{-1}{1-\alpha} & (\alpha > 1). \end{cases}$$

解答例. $\alpha \neq 1$ のとき，十分大きな $M > 0$ を固定して，

$$\int_1^M \frac{1}{x^\alpha}\,dx = \frac{1}{1-\alpha}\left[x^{1-\alpha}\right]_1^M = \frac{1}{1-\alpha}(M^{1-\alpha} - 1).$$

したがって，

$$\int_0^1 \frac{1}{x^\alpha}\,dx = \lim_{M\to\infty}\int_1^M \frac{1}{x^\alpha}\,dx = \begin{cases} \text{発散する} & (\alpha < 1), \\ \dfrac{-1}{1-\alpha} & (\alpha > 1). \end{cases}$$

さらに，$\alpha = 1$ のとき，

$$\int_1^M \frac{1}{x}\,dx = \lim_{M\to\infty}\int_1^M \frac{1}{x}\,dx = \lim_{M\to\infty}(\log M) = +\infty.$$

以上より主張を得る． □

◇**問 3.8.** 次の広義積分の収束・発散を調べ，収束する場合はその値を求めよ．ただし，α は実数とする．

(1) $\displaystyle\int_{-\infty}^\infty \frac{1}{1+x^2}\,dx$ (2) $\displaystyle\int_{-\infty}^\infty \frac{x}{1+x^2}\,dx$ (3) $\displaystyle\int_e^\infty \frac{(\log x)^\alpha}{x}\,dx$

3.7 広義積分の存在

広義積分は積分の値の極限値であるから，値を求めるよりまえに，収束・発散について調べることが重要になる場合がある．本節では，広義積分の収束・発散に関する定理を紹介する．

定理 3.56. $f(x)$ を区間 $[a,b)$ 上で定義された連続関数とする．

(i) すべての $x \in [a,b)$ に対して，$|f(x)| \leqq g(x)$,

(ii) $\displaystyle\int_a^b g(x)\,dx$ が存在する，

の 2 つの性質を満たす関数 $g(x)$ が存在するとき，広義積分 $\displaystyle\int_a^b f(x)\,dx$ も存在する．また，

(i)′ すべての $x \in [a,b)$ に対して，$h(x) \leqq f(x)$,

(ii)′ $\displaystyle\int_a^b h(x)\,dx$ が正の無限大に発散する，

の 2 つの性質を満たす関数 $h(x)$ が存在するとき，広義積分 $\displaystyle\int_a^b f(x)\,dx$ は正の無限大に発散する．

★注意 3.57. 定理 3.56 において，区間 $[a,b)$ を $[a,\infty)$, $(a,b]$ としても成立する．

証明. 前半の証明は省略．後半については (i)′ と定理 3.14 (3) と極限の基本性質より従う． □

○例 3.58. 広義積分 $\displaystyle\int_0^1 \frac{\sin x}{\sqrt{x}}\,dx$ は収束する．実際に，任意の $x \in (0,1]$ に対して，$\left|\dfrac{\sin x}{\sqrt{x}}\right| \leqq \dfrac{1}{\sqrt{x}}$ が成立する．さらに，例題 3.53 より $\displaystyle\int_0^1 \frac{1}{\sqrt{x}}\,dx$ は存在するから，$\displaystyle\int_0^1 \frac{\sin x}{\sqrt{x}}\,dx$ は収束する．

広義積分の収束・発散について，次の定理が成立する．

定理 3.59. 関数 $f(x)$ が区間 $[a,b)$ 上で連続とする．このとき次が成立する．

(1) b に十分近いところで $|f(x)| \leqq \dfrac{M}{(b-x)^\lambda}$ となるような，x によらない定

数 $M>0$ と $\lambda<1$ が存在するならば，$\displaystyle\int_a^b f(x)\,dx$ は収束する．

(2) b に十分近いところで $|f(x)| \geqq \dfrac{M}{(b-x)^\lambda}$ となるような，x によらない定数 $M>0$ と $\lambda \geqq 1$ が存在するならば，$\displaystyle\int_a^b f(x)\,dx$ は発散する．

★**注意 3.60.** (1) と (2) について，$f(x)$ が $(a,b]$ で連続のとき，$(b-x)$ を $(x-a)$ で置き換えれば同様に成立する．

証明. 例題 3.54 および定理 3.56 より従う．□

●**例題 3.61.** 次の広義積分の収束・発散を調べよ．

(1) $\displaystyle\int_0^1 \frac{2+\sin x}{\sqrt{1-x}}\,dx$　　(2) $\displaystyle\int_0^1 \frac{2+\sin x}{(1-x)\sqrt{1-x}}\,dx$

解答例. (1) 任意の $x\in[0,1)$ に対して $\left|\dfrac{2+\sin x}{\sqrt{1-x}}\right| \leqq \dfrac{3}{\sqrt{1-x}}$ で，例題 3.54 より $\displaystyle\int_0^1 \frac{3}{\sqrt{1-x}}\,dx$ は収束するから，(1) の広義積分は収束する．

(2) 任意の $x\in[0,1)$ に対して $\left|\dfrac{2+\sin x}{(1-x)\sqrt{1-x}}\right| \geqq \dfrac{1}{(1-x)\sqrt{1-x}}$ が成立する．ここで，例題 3.54 より $\displaystyle\int_0^1 \frac{1}{(1-x)\sqrt{1-x}}\,dx$ は正の無限大に発散することに注意すると，定理 3.59 より発散することがわかる．□

定理 3.62. 関数 $f(x)$ が区間 $[a,\infty)$ 上で連続とする．このとき次が成立する．

(1) x が十分大きいとき $|f(x)| \leqq \dfrac{M}{x^\lambda}$ となるような，x によらない定数 $M>0$ と $1<\lambda$ が存在するならば，$\displaystyle\int_a^\infty f(x)\,dx$ は収束する．

(2) x が十分大きいとき $|f(x)| \geqq \dfrac{M}{x^\lambda}$ となるような，x によらない定数 $M>0$ と $\lambda\leqq 1$ が存在するならば，$\displaystyle\int_a^\infty f(x)\,dx$ は発散する．

証明. 例題 3.55 と定理 3.56 より従う．□

●**例題 3.63.** 次の広義積分の収束・発散を調べよ．

(1) $\displaystyle\int_1^{\infty} \frac{2+\sin x}{\sqrt{x}}\,dx$ (2) $\displaystyle\int_1^{\infty} \frac{2+\sin x}{x\sqrt{x}}\,dx$

解答例. (1) 任意の $x \in [1, \infty)$ に対して $\left|\dfrac{2+\sin x}{\sqrt{x}}\right| \geqq \dfrac{1}{\sqrt{x}}$ であるから，定理 3.62 より発散する．

(2) 任意の $x \in [1, \infty)$ に対して $\left|\dfrac{2+\sin x}{x\sqrt{x}}\right| \leqq \dfrac{3}{x\sqrt{x}}$ が成立する．ここで，定理 3.62 より収束することがわかる． □

◇**問 3.9.** 次の広義積分の収束・発散を調べよ．

(1) $\displaystyle\int_e^{\infty} (\log x)^2\,dx$ (2) $\displaystyle\int_1^{\infty} \frac{x}{e^x+1}\,dx$

補題 3.64. (1) $\alpha > 0$ のとき，

$$\Gamma(\alpha) = \int_0^{\infty} x^{\alpha-1}e^{-x}\,dx$$

は存在する．

(2) $p > 0,\ q > 0$ のとき，

$$B(p,q) = \int_0^1 x^{p-1}(1-x)^{q-1}\,dx$$

は存在する．

★**注意 3.65.** $\Gamma(\alpha)$ を**ガンマ関数**，$B(p,q)$ を**ベータ関数**という．

証明. (1)

$$\int_0^{\infty} x^{\alpha-1}e^{-x}\,dx = \int_0^1 x^{\alpha-1}e^{-x}\,dx + \int_1^{\infty} x^{\alpha-1}e^{-x}\,dx$$

と積分を分割し，右辺の前半の積分を I，後半を II とおく．

I について，$0 < x \leqq 1$ のとき，$0 < x^{\alpha-1}e^{-x} \leqq x^{\alpha-1}$ が成立する．ここで，例題 3.53 より，任意の $\alpha > 0$ に対して $\displaystyle\int_0^1 x^{\alpha-1}\,dx$ が存在する．したがって，定理 3.56 より I の存在が保証される．

次に II について，$\displaystyle\lim_{x\to\infty} x^{\alpha+1}e^{-x} = 0$ より，十分大きな x に対して，

$$x^{\alpha-1}e^{-x} = \frac{x^{\alpha+1}e^{-x}}{x^2} \leqq \frac{1}{x^2}$$

が成立する．したがって，定理 3.62 より II の存在が保証される．

(2) $f(x) = x^{p-1}(1-x)^{q-1}$ とおく．

(i) $p, q \geqq 1$ のとき，$\displaystyle\int_0^1 f(x)\,dx \leqq \int_0^1 (1-x)^{q-1}\,dx \leqq 1$ であるから，定理 3.56 より $B(p,q)$ は存在する．

(ii) $0 < p < 1$ または $0 < q < 1$ のとき，

$$\int_0^1 f(x)\,dx = \int_0^{\frac{1}{2}} f(x)\,dx + \int_{\frac{1}{2}}^1 f(x)\,dx$$

と積分を分割し，右辺の前半の積分を I，後半を II とおく．

I について，$0 < p < 1,\ q > 0$ のとき，$\displaystyle\lim_{x \to 0} x^{1-p} f(x) = 1$ より，ある $M > 0$ があって，$x = 0$ の十分近くで $f(x) \leqq x^{p-1}M$ が成立する．したがって，定理 3.59 より $\displaystyle\int_0^{\frac{1}{2}} f(x)\,dx$ は存在する．

II について，$0 < q < 1,\ p > 0$ のとき，$\displaystyle\lim_{x \to 0}(1-x)^{1-q} f(x) = 1$ となるから，I と同様に，$\displaystyle\int_0^{\frac{1}{2}} f(x)\,dx$ は存在する．

(i), (ii) より，$B(p,q)$ の存在が保証された． □

補題 3.66. ガンマ関数 $\Gamma(\alpha)$ は次を満たす．

(1) $\Gamma(1) = 1$

(2) $\alpha > 0$ に対して $\Gamma(\alpha+1) = \alpha\,\Gamma(\alpha)$.

(3) 各 $n \in \mathbf{N}$ に対して，$\Gamma(n+1) = n!$.

★注意 3.67. (1), (3) より，$\Gamma(\alpha+1)$ は正の実数 α に対する "$\alpha!$"のようなものと考えられる．

証明. (1) $\displaystyle\Gamma(1) = \int_0^\infty e^{-x}\,dx = \lim_{M \to \infty}\left[-e^{-x}\right]_0^M = 1.$

(2) 部分積分法により，

$$\begin{aligned}\Gamma(\alpha+1) &= \int_0^\infty x^\alpha e^{-x}\,dx \\ &= \left[x^\alpha \cdot (-e^{-x})\right]_0^\infty - \int_0^\infty \alpha x^{\alpha-1} \cdot (-e^{-x})\,dx = \alpha\,\Gamma(\alpha).\end{aligned}$$

(3) $\alpha = n \in \mathbf{N}$ とすると，$\Gamma(1) = 1$ より，$\Gamma(n+1) = n!$ を得る． □

なお，補足として $\Gamma(\alpha)$ の定義で $x=t^2$ と置き換えると，$dx=2t\,dt$ より

$$\Gamma(\alpha)=2\int_0^\infty t^{2\alpha-1}e^{-t^2}dt \tag{3.7}$$

となる．特に，

$$\Gamma\left(\frac{1}{2}\right)=2\int_0^\infty e^{-t^2}dt=\sqrt{\pi}$$

であるから $\left(2\int_0^\infty e^{-t^2}dt=\sqrt{\pi}\text{ については第 5 章で示される}\right)$，$n$ が非負の整数であるとき，

$$\Gamma\left(n+\frac{1}{2}\right)=\frac{2n-1}{2}\cdot\frac{2n-3}{2}\cdot\cdots\cdot\frac{3}{2}\cdot\frac{1}{2}\cdot\Gamma\left(\frac{1}{2}\right)=\frac{(2n-1)!!}{2^n}\sqrt{\pi}$$

と求められる．

3.8 定積分の応用

本節では，平面上の曲線 C の長さを定義し，その値を求める方法について考察する．

閉区間 $I=[a,b]$ 上で定義された連続な関数 $\varphi(t),\psi(t)$ に対して，平面上の曲線

$$C:=\{(x,y)\mid x=\varphi(t),\ y=\psi(t),\ t\in[a,b]\}$$

を考える．このとき，区間 $[a,b]$ の分割 $\Delta: a=t_0<t_1<t_2<\cdots<t_m=b$ に対して，曲線の分点を $p_0=(\varphi(t_0),\psi(t_0)), p_1=(\varphi(t_1),\psi(t_1)),\cdots, p_{m-1}=(\varphi(t_{m-1}),\psi(t_{m-1})),\ p_m=(\varphi(t_m),\psi(t_m))$ とする (図 3.4)．そして，それぞれの分点を結ぶ線分の長さの和を，

$$\ell(\Delta):=\sum_{i=1}^m \overline{p_{i-1}p_i}$$

とする．ここで，

$$\ell=\sup\{\ell(\Delta)\,|\,\Delta\text{ は }[a,b]\text{ の分割 }\} \tag{3.8}$$

を**曲線 C の長さ**と定義する．

定理 3.68. 曲線 $C=\{(x,y)\mid x=\varphi(t),\ y=\psi(t),\ t\in[a,b]\}$ において，関数 $\varphi(t),\psi(t)$ が区間 $[a,b]$ を含むある開区間上で C^1 級ならば，

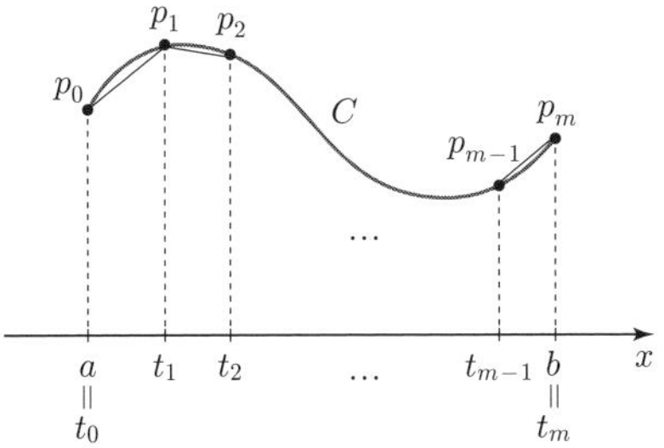

図 3.4

$$\ell = \int_a^b \sqrt{(\varphi'(t))^2 + (\psi'(t))^2}\, dt$$

が成立する．

証明の概略. (3.8) による ℓ の定義より，Δ_n の分点が Δ_{n+1} の分点に含まれるようなある分割の列 Δ_n が存在して，$\displaystyle\lim_{|\Delta_n| \to 0} \ell(\Delta_n) = \ell$ が成立する．ここで，$|\Delta_n|$ は定理 3.6 で定義された分割の幅である．さらに，分割 Δ_n に対応する曲線 C 上の分点を $p_i = (\varphi(t_i), \psi(t_i))\ (i = 0, \cdots, m_n)$ とする．また，関数 $\varphi(t), \psi(t)$ が C^1 級であることに注意すると，平均値の定理 (定理 2.17) より，Δ_n による小区間 $[t_{i-1}, t_i]\ (i = 1, \cdots, m_n)$ において，ある $t_{i-1} < \xi_i, \eta_i < t_i$ が存在して

$$\varphi(t_i) - \varphi(t_{i-1}) = \varphi'(\xi_i)(t_i - t_{i-1}),$$

$$\psi(t_i) - \psi(t_{i-1}) = \psi'(\eta_i)(t_i - t_{i-1})$$

が成立する．このとき，

$$\begin{aligned} \ell(\Delta_n) &= \sum_{i=1}^{m_n} \overline{p_{i-1}p_i} \\ &= \sum_{i=1}^{m_n} \sqrt{(\varphi(t_i) - \varphi(t_{i-1}))^2 + (\psi(t_i) - \psi(t_{i-1}))^2} \\ &= \sum_{i=1}^{m_n} \sqrt{(\varphi'(\xi_i))^2 + (\psi'(\eta_i))^2}\,(t_i - t_{i-1}). \end{aligned}$$

これは $S_{\Delta_{n,\xi}} = \displaystyle\sum_{i=1}^{m_n} \sqrt{(\varphi'(\xi_i))^2 + (\psi'(\xi_i))^2}\,(t_i - t_{i-1})$ でよく近似され，補題 3.7 と Δ_n のとり方から，$|\Delta_n| \to 0$ とすると，

$$\ell = \int_a^b \sqrt{(\varphi'(t))^2 + (\psi'(t))^2}\, dt$$

を得る. □

系 3.69. (1) $f(x)$ が区間 $[a,b]$ を含むある開区間上で C^1 級の関数のとき，曲線 $C: y=f(x)\,(a \leqq x \leqq b)$ の長さは，

$$\ell = \int_a^b \sqrt{1+(f'(x))^2}\,dx.$$

(2) $f(\theta)$ が区間 $[a,b]$ を含むある開区間上で C^1 級の関数のとき，極座標 (r,θ) で $r=f(\theta)\,(a \leqq \theta \leqq b)$ で表される曲線の長さは，

$$\ell = \int_a^b \sqrt{(f(\theta))^2+(f'(\theta))^2}\,d\theta.$$

証明. (1) は $x=t$, $y=f(t)\,(a \leqq t \leqq b)$, (2) は $x=f(\theta)\cos\theta$, $y=f(\theta)\sin\theta$ とおくと定理 3.68 より従う． □

●**例題 3.70.** サイクロイド

$$\{(x,y) \mid x=a(\theta-\sin\theta),\ y=a(1-\cos\theta),\ 0 \leqq \theta \leqq 2\pi\}$$

の長さを求めよ (図 3.5)．ただし，a は正の定数とする．

解答例. $x'=a(1-\cos\theta)$, $y'=a\sin\theta$ だから，

$$\begin{aligned}\ell &= a\int_0^{2\pi} \sqrt{(1-\cos\theta)^2+(\sin\theta)^2}\,dt = 2a\int_0^{2\pi}\sqrt{\frac{1-\cos\theta}{2}}\,dt \\ &= 2a\int_0^{2\pi}\sin\left(\frac{\theta}{2}\right)dt = -4a\left[\cos\left(\frac{\theta}{2}\right)\right]_0^{2\pi} = 8a.\end{aligned}$$

□

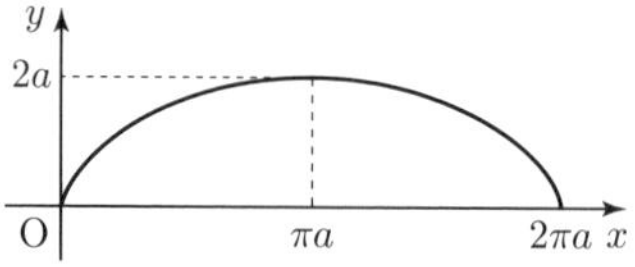

図 3.5

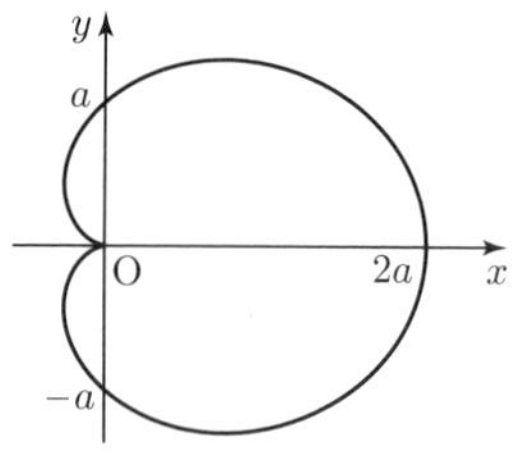

図 3.6

◇**問 3.10.** カージオイド

$$r=a(1+\cos\theta) \quad (0 \leqq \theta \leqq 2\pi)$$

の長さを求めよ (図 3.6)．ただし，a は正の定数とする．

3.9 微分方程式の解法

独立変数 x と未知関数 $y = y(x)$，およびその 1 階の導関数 $y'(x)$ の満たす方程式

$$F(x, y, y') = 0 \tag{3.9}$$

を **1 階微分方程式**という．式 (3.9) を満たす関数 $y = \varphi(x)$ を求めることを，微分方程式を**解く**といい，$y = \varphi(x)$ をこの微分方程式の**解**という．本節では，いくつかの 1 階微分方程式の解法について述べる．まずは，基本的な例からみていく．

3.9.1 微分方程式の解

例えば，次の 1 階微分方程式

$$y' - 2y = 0 \tag{3.10}$$

について考えてみると，$y = e^{2x}$ が式 (3.10) を満足することは直接的な計算により直ちに確かめられる．さらに，任意定数 C をかけた

$$y = Ce^{2x} \tag{3.11}$$

も同様にして (3.10) の解であることがわかる．このような，任意定数を含む解のことを**一般解**という．さらに，(3.10) に**初期条件**を課した場合，

$$\begin{cases} y' - 2y = 0, \\ y(x_0) = a \end{cases} \tag{3.12}$$

の解は，式 (3.10) の一般解と，与えられた初期条件より $y(x_0) = Ce^{2x_0}$ であるから，任意定数 C が $C = ae^{-2x_0}$ と定まり，$y(x) = ae^{2(x-x_0)}$ が**初期値問題** (3.12) を満足することが直接的な計算により確かめられる．このように，任意定数に特別な値を代入した解のことを**特殊解**という．また，微分方程式は満足するが，一般解の任意定数にどんな値を代入しても表現できないような解をもつ場合もある，そのような解のことを**特異解**という．

現実社会における現象を理解するうえで，微分方程式を用いた数理モデル化は非常に有効な方法として用いられている．まずは，微分方程式が登場する例を紹介する．

○例 **3.71.** 薬の服用と血液中への薬の濃度の時間的変化について考える．$y=y(t)$ を時刻 t における血液中の薬の量とする．ある薬 A の血液中の濃度の変化の速度が，血液中の薬の濃度に比例している場合を考える．これは微分方程式を用いて，

$$\frac{dy}{dt}=-ky \tag{3.13}$$

と表現できる．ここで，k は正の定数で薬 A の投薬実験によって定められている．

微分方程式 (3.13) を解くことで，血液中への薬 A の濃度の時間的変化について考察していく．(3.13) の一般解は，$y(t)=Ce^{-kt}$ である．時刻 $t=0$ で投与する薬 A の量を α とすると一般解の任意定数 $C=\alpha$ と求められるので，薬 A の濃度の時間変化は $y(t)=\alpha e^{-kt}$ と記述できることがわかる．

図 3.7 のグラフをみると，時刻 t には血液中の薬 A の濃度は αe^{-kt} になり，時間が十分に経つと薬 A の濃度が 0 に漸近することがわかる．

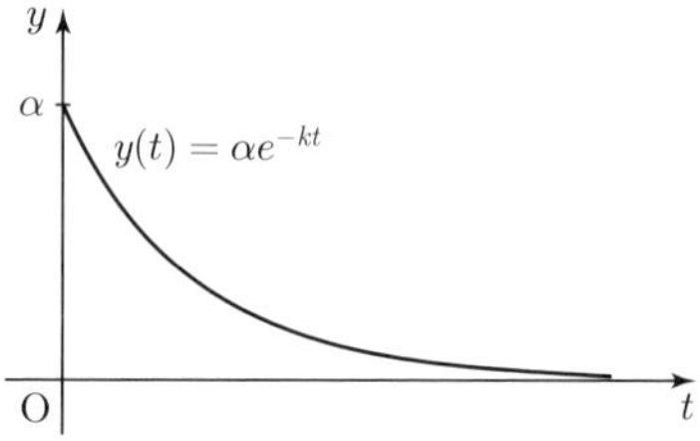

図 3.7

3.9.2 変数分離形

1 階微分方程式

$$y'=f(x,y)$$

において，$f(x,y)$ が x のみの関数 $X(x)$ と y のみの関数 $Y(y)$ の積の形で

$$f(x,y)=X(x)Y(y)$$

と表されているとき，微分方程式

$$y'=X(x)Y(y) \tag{3.14}$$

を**変数分離形**という．$Y(y)\neq 0$ と仮定すると，式 (3.14) は，

$$\frac{1}{Y(y)}y'=X(x)$$

と変形できる．両辺を x で積分して置換積分法の公式を用いることにより，(3.14) の一般解

$$\int \frac{1}{Y(y)}\,dy = \int X(x)\,dx + C$$

を得る．ここで C は積分定数である．

関数 $Y(y)$ が，ある値 $y = a$ で $Y(a) = 0$ となる場合，恒等的に a をとる関数 $y \equiv a$ も微分方程式 (3.14) の解となることに注意する．

●例題 3.72. 次の問いに答えよ．

(1) 微分方程式

$$\frac{dy}{dx} = \alpha y \tag{3.15}$$

の一般解を求めよ．ここで，α は正の定数とする．

(2) (3.15) を初期条件 $y(0) = 2$ のもとで解き，グラフの概形を描け．

解答例. (1) $y \neq 0$ と仮定する．このとき，式 (3.15) は，

$$\frac{1}{y}\frac{dy}{dx} = \alpha$$

と変形でき，両辺を x について積分すると，置換積分法の公式より，

$$\int \frac{1}{y}\,dy = \int \alpha\,dx.$$

したがって，

$$\log|y| = \alpha x + C \tag{3.16}$$

を得る．ここで，C は積分定数である．さらに，(3.16) を変形すると，$y = \pm e^{\alpha x + C} = \pm e^C e^{\alpha x}$．このとき，$\pm e^C$ を C と置き換えることで，一般解 $y = Ce^{\alpha x}$ を得る．ここで，$y = 0$ も解となるが，これは一般解において $C = 0$ とおけば表現できることに注意する．

(2) $x = 0$ を代入すると初期条件より $y(0) = C = 2$ を得る．したがって，求める解は $y(x) = 2e^{\alpha x}$．このときグラフの概形は，図 3.8 のようになる． □

●例題 3.73. 微分方程式 (3.15) を初期条件 $y(0) = -2$ のもとで解き，グラフの概形を描け．

解答例. 初期条件 $y(0) = -2$ と (3.15) の一般解 $y(x) = Ce^{\alpha x}$ より，$C = -2$ を得る．したがって，求める解は $y(x) = -2e^{\alpha x}$. このとき，グラフの概形は，図

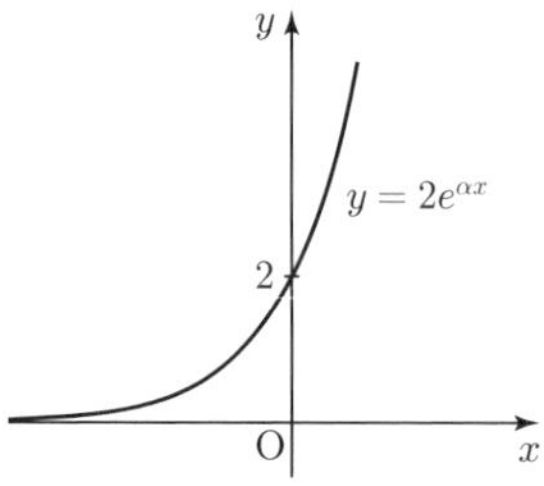

図 3.8

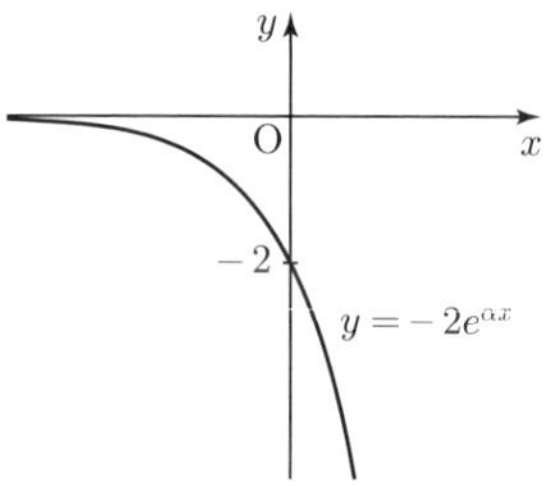

図 3.9

3.9 のようになる. □

●例題 3.74. B 町の人口 $y = y(t)$ の変化は，調査により，次の微分方程式

$$\frac{dy}{dt} = \alpha y \left(1 - \frac{y}{K}\right) \tag{3.17}$$

によって記述されることがわかった．ここで，α, K は正の定数．調査を始めた年の B 町の人口が β (すなわち $y(0) = \beta$) のとき，これからの B 町の人口変化の推移を (3.17) を解くことにより考察せよ．

解答例. 微分方程式 (3.17) の一般解を求める．$y \neq 0, K$ と仮定すると，

$$\frac{1}{y\left(1 - \frac{y}{K}\right)} \frac{dy}{dt} = \alpha$$

であるから，両辺を t で積分すると，

$$\int \frac{1}{y\left(1 - \frac{y}{K}\right)}\, dy = \int \alpha\, dt. \tag{3.18}$$

このとき，上式の左辺について，

$$\frac{1}{y\left(1 - \frac{y}{K}\right)} = \frac{1}{y} + \frac{1}{K - y}$$

であることから，式 (3.18) の左辺は，

$$\int \frac{1}{y\left(1 - \frac{y}{K}\right)}\, dy = \int \left(\frac{1}{y} + \frac{1}{K - y}\right) dy$$

$$= \log|y| - \log|K - y| = \log\left|\frac{y}{K - y}\right|.$$

したがって，積分定数 C を用いて，

$$\log\left|\frac{y}{K - y}\right| = \alpha t + C$$

を得る．上式を整理すると，

$$\frac{y}{K-y} = \pm e^{\alpha t + C}$$

であるから，$\pm e^C$ を C と置き換えることにより，微分方程式 (3.17) の一般解は，

$$y(t) = \frac{CKe^{\alpha t}}{1+Ce^{\alpha t}} \tag{3.19}$$

である．初期条件 $y(0) = \beta$ より，

$$\beta = \frac{CK}{1+C}$$

を解くと，$C = \dfrac{\beta}{K-\beta}$ であるから，

$$y(t) = \frac{K}{1+\left(\dfrac{K}{\beta}-1\right)e^{-\alpha t}}. \tag{3.20}$$

ここで，$y \equiv 0, K$ もそれぞれ (3.17) の解であることに注意する．

式 (3.20) のグラフの概形を描いて，B 町の人口変化の推移を考察する．(3.20) の $e^{-\alpha t}$ の係数について，$\beta < K$ のときは $K/\beta - 1 > 0$，一方，$\beta > K$ のときは $K/\beta - 1 < 0$ であることに注意すると，(3.20) のグラフの概形は次のようになる．

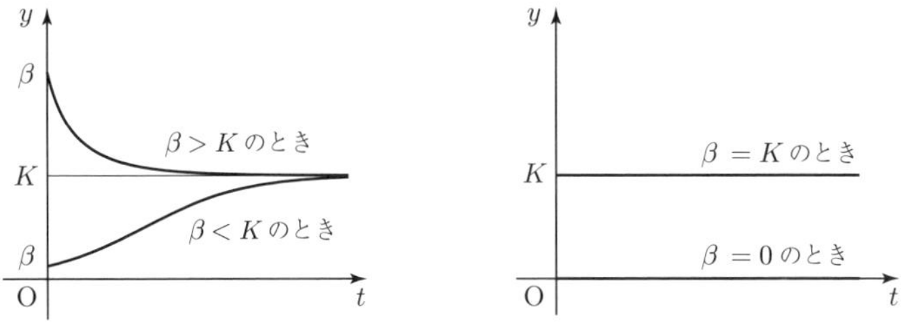

図 3.10

以上により，B 町の調査を始めた最初の年の人口 β が K よりも大きい場合，B 町の人口は減少して K に漸近する．一方，K よりも小さい場合は，人口は増加して K に漸近することがわかる (左図)．さらに，最初の年の人口 β が K の場合は，時間が経っても一定値 K をとる (右図)．ちなみに，$\beta = 0$ の場合は，時間が経っても B 町の人口は 0 のままである． □

3.10 積分の応用：連続型確率分布

確率変数 X が $P(X = k) = \dfrac{1}{n}$ $(k = 1, 2, \cdots, n)$ を満たすとき，X は $\{1, 2, \cdots, n\}$ 上の**一様分布**に従う，という．これは，1 以上 n 以下の整数の全体から 1 つを均等な確率で選び出す試行を表し，$n = 6$ のときはさいころ投げに相当する．X の期待値は

$$E[X] = \sum_{k=1}^{n} k \cdot \frac{1}{n} = \frac{1}{n} \sum_{k=1}^{n} k = \frac{1}{n} \cdot \frac{n(n+1)}{2} = \frac{n+1}{2}$$

である．

次に，区間 $[0, 1]$ から「1 つの実数 U を均等な確率で選び出す」試行を表す確率変数について考えてみる．確率変数 X は $\{1, 2, \cdots, n\}$ 上の一様分布に従うとすると，$\dfrac{X}{n}$ は $\left\{\dfrac{1}{n}, \dfrac{2}{n}, \cdots, \dfrac{n}{n} = 1\right\}$ 上の一様分布に従い，

$$P\left(a \leqq \frac{X}{n} \leqq b\right) = \sum_{k\,:\,a \leqq \frac{k}{n} \leqq b} \frac{1}{n} \quad (0 \leqq a < b \leqq 1), \quad E\left[\frac{X}{n}\right] = \sum_{k=1}^{n} \frac{k}{n} \cdot \frac{1}{n}$$

が成り立つ．$n \to \infty$ とすると，$\dfrac{X}{n}$ は U の「よい近似」になると想像され，区分求積法 (補題 3.7 や第 6 章の式 (6.4) を参照) を念頭におくと，

$$P(a \leqq U \leqq b) = \int_a^b dx = b - a \quad (0 \leqq a < b \leqq 1), \quad E[U] = \int_0^1 x\,dx = \frac{1}{2}$$

となると考えられる．ここで

$$f(x) = \begin{cases} 1 & (0 \leqq x \leqq 1), \\ 0 & (\text{その他の } x) \end{cases} \tag{3.21}$$

という関数を考えると，

$$P(a \leqq U \leqq b) = \int_a^b f(x)\,dx, \quad E[U] = \int_{-\infty}^{\infty} x f(x)\,dx$$

と簡潔に表すことができる．

一般に，すべての実数 x に対して $f(x) \geqq 0$, かつ $\displaystyle\int_{-\infty}^{\infty} f(x)\,dx = 1$ を満たす関数 $f(x)$ によって，確率変数 X の確率分布が $P(a \leqq X \leqq b) = \displaystyle\int_a^b f(x)\,dx$ で与えられるとき，X を**連続型確率変数**といい，$f(x)$ を X の**確率密度関数**という．また，

広義積分 $\displaystyle\int_{-\infty}^{\infty} xf(x)\,dx$ が収束するとき，これを $E[X]$ で表し，X の**期待値**とよぶ．

X が連続型確率変数であるとき，$P(X=a)=\displaystyle\int_a^a f(x)\,dx=0$ となるから，「X がある特定の値をとる確率」は考えず，「X がある範囲の値をとる確率」に注目する．一方，直感的には $f(x)\,dx$ を「X が x 付近 (x 以上 $x+dx$ 以下) の値をとる確率」ととらえるとよく，期待値の定義式も理解しやすくなる．

例えば，ある部品の寿命 T を観測する．この近似として，長さ $\dfrac{1}{N}$ の時間区間

$$\left[0,\frac{1}{N}\right),\ \left[\frac{1}{N},\frac{2}{N}\right),\ \left[\frac{2}{N},\frac{3}{N}\right),\cdots$$

のそれぞれの間に寿命が尽きたか否かを記録する (「点検する」) ことを考える．各区間で寿命が尽きる事象は互いに独立で，その確率は $p=\dfrac{\lambda}{N}$ $(\lambda>0)$ であるとし，$q=1-p$ とおく．時刻 t までの点検回数は Nt 以下の最大の整数 $\lfloor Nt\rfloor$ であり，最後の点検で寿命が尽きたことが判明する確率は，幾何分布の式から

$$pq^{\lfloor Nt\rfloor}=\frac{\lambda}{N}\cdot\left(1-\frac{\lambda}{N}\right)^{\lfloor Nt\rfloor}$$

で与えられる．「連続的に点検する」状況を念頭に $N\to\infty$ とすると，$\dfrac{\lfloor Nt\rfloor}{N}\to t$ であるから，例 1.44 より

$$\frac{\lambda}{N}\cdot\left(1-\frac{\lambda}{N}\right)^{\lfloor Nt\rfloor}\sim\lambda e^{-\lambda t}\cdot\frac{1}{N}\quad(N\to\infty)$$

が得られる．ただし，$a_N\sim b_N$ $(N\to\infty)$ は $\displaystyle\lim_{N\to\infty}\frac{a_N}{b_N}=1$ を表す．$\dfrac{1}{N}$ が "dt" に相当するから，寿命 T の確率密度関数は

$$f(t)=\begin{cases}\lambda e^{-\lambda t} & (t>0),\\ 0 & (t\leqq 0)\end{cases}$$

であると考えられ，パラメータ λ の**指数分布**に従う，という．

次に，部品が故障したらすぐに同じ品質の新しい部品に取り替えることにして，$r=1,2,\cdots$ に対し，r 番目の部品の寿命が尽きる時刻を T_r とする．これはパスカル分布の式と関係しており，

$$\begin{aligned}
&\binom{\lfloor Nt \rfloor + r - 1}{\lfloor Nt \rfloor} q^{\lfloor Nt \rfloor} p^r \\
&= \frac{(\lfloor Nt \rfloor + r - 1)(\lfloor Nt \rfloor + r - 2) \cdots (\lfloor Nt \rfloor + 1)}{(r-1)!} \cdot \left(1 - \frac{\lambda}{N}\right)^{\lfloor Nt \rfloor} \cdot \left(\frac{\lambda}{N}\right)^r \\
&= \lambda \cdot \frac{\lambda^{r-1}}{(r-1)!} \cdot \frac{(\lfloor Nt \rfloor + r - 1)(\lfloor Nt \rfloor + r - 2) \cdots (\lfloor Nt \rfloor + 1)}{N^{r-1}} \\
&\qquad\qquad \cdot \left(1 - \frac{\lambda}{N}\right)^{\lfloor Nt \rfloor} \cdot \frac{1}{N} \\
&\sim \lambda \cdot \frac{\lambda^{r-1}}{(r-1)!} \cdot t^{r-1} \cdot e^{-\lambda t} \cdot \frac{1}{N} \quad (N \to \infty)
\end{aligned}$$

となることから，T_r の確率密度関数は

$$f_r(t) := \begin{cases} \lambda \cdot \dfrac{(\lambda t)^{r-1}}{(r-1)!} \cdot e^{-\lambda t} & (t > 0), \\ 0 & (t \leqq 0) \end{cases}$$

であると考えられる．時刻 t 以前に r 番目の部品の寿命が尽きる確率は

$$\begin{aligned}
\int_0^t f_r(\tau)\, d\tau &= \int_0^t \lambda \cdot \frac{(\lambda\tau)^{r-1}}{(r-1)!} \cdot e^{-\lambda\tau}\, d\tau \\
&= \left[\frac{(\lambda\tau)^r}{r!} \cdot e^{-\lambda\tau}\right]_0^t - \int_0^t \frac{(\lambda\tau)^r}{r!} \cdot (-\lambda e^{-\lambda\tau})\, d\tau \\
&= \frac{(\lambda t)^r}{r!} \cdot e^{-\lambda t} + \int_0^t f_{r+1}(\tau)\, d\tau
\end{aligned}$$

と書き直せるから，

$$\int_0^t \{f_r(\tau) - f_{r+1}(\tau)\}\, d\tau = \frac{(\lambda t)^r}{r!} \cdot e^{-\lambda t}$$

となる．これは，時刻 t までにちょうど r 回の故障が起こる回数の確率分布がパラメータ λ のポアソン分布となることを示している (寿命が尽きることは，まれな事象と考えられる)．

$\lambda = 1$ の場合の T_r の確率分布について，確率の合計が 1 であるという式は

$$\int_0^\infty f_r(x)\, dx = \int_0^\infty \frac{x^{r-1}}{(r-1)!} e^{-x}\, dx = 1$$

であり，これは

$$(r-1)! = \int_0^\infty x^{r-1} e^{-x}\, dx \quad (r = 1, 2, \cdots)$$

といい換えられる．一般に，$\alpha, \lambda > 0$ に対して，確率密度関数

$$f_{\alpha,\lambda}(t) = \begin{cases} \lambda \cdot \dfrac{(\lambda t)^{\alpha-1}}{\Gamma(\alpha)} \cdot e^{-\lambda t} & (t > 0), \\ 0 & (t \leqq 0) \end{cases}$$

によって与えられる確率分布を**ガンマ分布**といい，$\mathrm{Gamma}(\lambda, \alpha)$ で表す．ここで，$\Gamma(\alpha)$ は補題 3.64 で定義されたガンマ関数である．上記の T_r の確率分布は $\mathrm{Gamma}(\lambda, r)$ であり，電話回線の混雑について研究した人物の名前をとって**アーラン分布**とよばれることも多い．

章末問題

1. 次の定積分を求めよ．

(1) $\displaystyle\int_0^{\frac{1}{2}} \frac{1}{1+x-2x^2}\,dx$　(2) $\displaystyle\int_0^{\frac{1}{2}} \frac{3}{x^3+1}\,dx$

(3) $\displaystyle\int_0^2 \frac{1}{x^3+6x^2+11x+6}\,dx$　(4) $\displaystyle\int_1^2 \frac{4x+1}{x^3+x^2-x+2}\,dx$

2. 次の関数を積分せよ．

(1) $\dfrac{1}{\cos x}$　(2) $\dfrac{1}{3+\cos x}$　(3) $\dfrac{1}{1+a\cos x}$　$(|a|<1)$　(4) $\dfrac{1}{x+\sqrt{x-1}}$

(5) $\dfrac{1}{\sqrt{x^2+a^2}}$　$(a \neq 0)$　(6) $x\sqrt[3]{x-1}$　(7) $\dfrac{1}{x\sqrt{x^2-x+1}}$

3. 次の問いに答えよ．

(1) $I = \displaystyle\int e^{ax}\sin(bx)\,dx,\ J = \int e^{ax}\cos(bx)\,dx$ を求めよ．ただし，$a^2+b^2 \neq 0$ とする．

(2) $I = \displaystyle\int \frac{\sin x}{\sin x+\cos x}\,dx,\ J = \int \frac{\cos x}{\sin x+\cos x}\,dx$ を求めよ．

4. $I_n = \displaystyle\int_0^{\frac{\pi}{2}} \sin^n x\,dx\ (n=1,2,\cdots)$ とする．このとき，次の問いに答えよ．

(1) $I_{2n+1} \leqq I_{2n} \leqq I_{2n-1}$ が成り立つことを示せ．

(2) (1) の不等式と例題 3.34 の結果を利用して，$\displaystyle\lim_{n\to\infty} \frac{I_{2n}}{I_{2n+1}}$ の値を求めよ．

(3) $\displaystyle\lim_{n\to\infty} \sqrt{n}I_{2n}$ の値を求めよ．

5. 次の定積分を求めよ．ただし，m, n は正の整数とする．

(1) $\displaystyle\int_1^e (\log x)^2\,dx$　(2) $\displaystyle\int_0^1 x\sqrt{x+1}\,dx$　(3) $\displaystyle\int_0^2 (4-x^2)^{\frac{3}{2}}\,dx$

(4) $\displaystyle\int_0^1 (\mathrm{Sin}^{-1}x)^2\,dx$　(5) $\displaystyle\int_0^{\pi} \sin^2 x\cos^4 x\,dx$　(6) $\displaystyle\int_0^{2\pi} e^{-x}|\sin x|\,dx$

(7) $\displaystyle\int_{-a}^{a} \sqrt{a^2 - x^2}\, dx \quad (a > 0)$ (8) $\displaystyle\int_{0}^{2\pi} \sin(mx)\cos(nx)\, dx$

(9) $\displaystyle\int_{0}^{2\pi} \cos(mx)\cos(nx)\, dx$ (10) $\displaystyle\int_{0}^{2\pi} \sin(mx)\sin(nx)\, dx$

6. 極座標 (r, θ) で $0 \leqq r \leqq f(\theta)$ $(\alpha \leqq \theta \leqq \beta)$ で表される図形の面積は

$$\frac{1}{2}\int_{\alpha}^{\beta} \{f(\theta)\}^2\, d\theta$$

で与えられる．このとき，次の図形の面積を求めよ．ただし，a は正の定数とする．

(1) $x = a(\theta - \sin\theta)$, $y = a(1 - \cos\theta)$ $(0 \leqq \theta \leqq 2\pi)$ の囲む図形

(2) $x^{\frac{2}{3}} + y^{\frac{2}{3}} = a^{\frac{2}{3}}$ の囲む図形

7. 次の曲線の長さを求めよ．ただし，a は正の定数とする．

(1) $r = a\theta \quad (0 \leqq \theta \leqq 2\pi)$

(2) $y = \dfrac{a}{2}\left(e^{\frac{x}{a}} + e^{-\frac{x}{a}}\right) \quad (-a \leqq x \leqq a)$

(3) $x^{\frac{2}{3}} + y^{\frac{2}{3}} = a^{\frac{2}{3}}$

8. 次の広義積分を求めよ．

(1) $\displaystyle\int_{-1}^{1} \frac{1}{\sqrt{1 - x^2}}\, dx$ (2) $\displaystyle\int_{-\infty}^{\infty} \frac{1}{4 + x^2}\, dx$ (3) $\displaystyle\int_{0}^{1} x \log x\, dx$

(4) $\displaystyle\int_{0}^{2} \frac{1}{\sqrt{x}}\, dx$ (5) $\displaystyle\int_{-1}^{1} \frac{1}{\sqrt[3]{x^2}}\, dx$ (6) $\displaystyle\int_{0}^{\infty} e^{-x}\, dx$ (7) $\displaystyle\int_{1}^{\infty} \frac{1}{x\sqrt{x}}\, dx$

9. 関数 $f(x)$ は C^n 級とする．このとき，

$$f(y) = \sum_{k=0}^{n-1} \frac{f^{(k)}(x)}{k!}(y - x)^k + \int_{0}^{1} \frac{(1 - \theta)^{n-1}}{(n - 1)!} f^{(n)}(x + \theta(y - x))(y - x)^n\, d\theta$$

を示せ．

10. カッコ内の初期条件で微分方程式を解き，$y(x)$ のグラフの概形を描け．

(1) $y' = -2xy^2 \quad (y(0) = 1)$ (2) $y' = \dfrac{2xy}{x^2 + 1} \quad (y(0) = -1)$

4 多変数関数の微分

前章までは，変数が 1 つだけの関数 $y = f(x)$ の微分・積分を考えてきた．本章では，変数が複数ある関数の微分を考える．変数が 1 つだけの関数は 1 変数関数とよばれるのに対し，変数が複数ある関数を多変数関数という．特に，2 変数関数の "微分" を中心に扱う．

4.1　2 変数関数の極限と連続性

2 変数関数とは

2 つの変数 x, y があり，x, y を定めるとそれに対応して z の値がただ 1 つ定まるとき，z は x, y の **2 変数関数**といい，

$$z = f(x, y)$$

で表す．また，2 変数関数 $f(x, y)$ の変数の組 (x, y) が動く範囲を関数 $f(x, y)$ の**定義域**という．定義域は xy 平面上の集合であり，D で表されることが多い．変数の組 (x, y) を定義域 D 内ですべて動かしたとき，$f(x, y)$ のとりうる範囲を関数 $f(x, y)$ の**値域**という．D 上の点 (x, y) を 1 つ決めれば，$z = f(x, y)$ を満たす xyz 空間上の点 $(x, y, f(x, y))$ が 1 つ定まる．(x, y) を D 内ですべて動かせば空間上の点 $(x, y, f(x, y))$ の集合は空間上の図形となる (図 4.1)．この図形のことを関数 $z = f(x, y)$ の**グラフ**という．

○例 **4.1.** (1) 関数 $z = x - 2y + 3$ の定義域は平面全体で，値域は実数全体である．

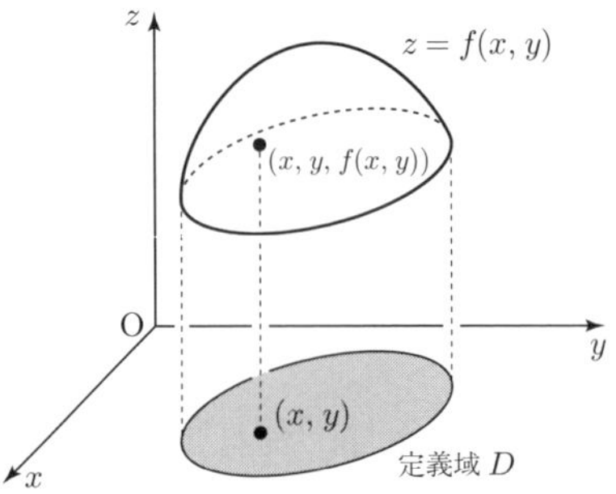

図 4.1

(2) 関数 $z=\sqrt{4-x^2-y^2}$ の定義域は $4-x^2-y^2 \geqq 0$ であるので，

$$D=\{(x,y)\,|\,x^2+y^2 \leqq 4\}$$

となる．すなわち，定義域は原点を中心とした半径 2 の円の内部と周である．また，値域は $0 \leqq z \leqq 2$ である．

2 変数関数の極限

点 (x,y) が点 (a,b) と異なる点をとりながら点 (a,b) に限りなく近づくとき，どのような近づき方をしても $f(x,y)$ の値がある一定の値 A に近づくならば，$f(x,y)$ は A に**収束する**という．この値 A を点 (x,y) が点 (a,b) へ近づくときの $f(x,y)$ の**極限値**という．これらのことは，

$$\lim_{(x,y)\to(a,b)} f(x,y)=A,$$

または

$$(x,y)\to(a,b) \text{ のとき } f(x,y)\to A$$

で表す．

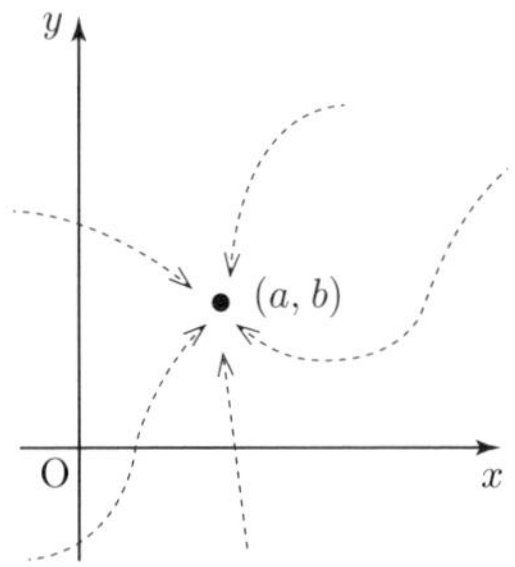

図 4.2

ここで，点 (x,y) が点 (a,b) へ近づくことについて補足する．点 (x,y) は平面上の点であり，限りなく近づくということは 2 点間の距離が 0 になることにほかならない．すなわち $(x,y)\to(a,b)$ は

$$\sqrt{(x-a)^2+(y-b)^2}\to 0$$

と同じことであるから，さらに $x\to a$ かつ $y\to b$ と同値であることもわかる．

○例 **4.2.** (1) $\displaystyle\lim_{(x,y)\to(1,2)}(x^2+xy+y^2)=1^2+1\cdot 2+2^2=7$

(2) $$\lim_{(x,y)\to(2,-1)}\frac{x-y}{x^2-xy+y^3}=\frac{2-(-1)}{2^2-2\cdot(-1)+(-1)^3}=\frac{3}{5}$$

2 変数関数の連続性

定義域 D 上の関数 $f(x,y)$ に対して，点 $(a,b)\in D$ において極限値 $\displaystyle\lim_{(x,y)\to(a,b)}f(x,y)$ が存在し，かつ

$$\lim_{(x,y)\to(a,b)}f(x,y)=f(a,b)$$

を満たすとき，関数 $f(x,y)$ は点 (a,b) で**連続**であるという．また，D 上の各点で連続のとき，関数 $f(x,y)$ は D 上で**連続**であるという．

●例題 **4.3.** 次の関数が原点 $(0,0)$ で連続かどうか調べよ．

(1) $$f(x,y)=\begin{cases}\dfrac{x^2y^2}{x^2+y^2} & ((x,y)\neq(0,0)),\\ 0 & ((x,y)=(0,0))\end{cases}$$

(2) $$f(x,y)=\begin{cases}\dfrac{xy}{x^2+y^2} & ((x,y)\neq(0,0)),\\ 0 & ((x,y)=(0,0))\end{cases}$$

解答例. (1) x,y を極座標で $x=r\cos\theta,\ y=r\sin\theta\ (r>0,\ 0\leqq\theta<2\pi)$ と表すと

$$\frac{x^2y^2}{x^2+y^2}=\frac{r^4\cos^2\theta\sin^2\theta}{r^2}=r^2\cos^2\theta\sin^2\theta$$

を得る．$-1\leqq\cos\theta\leqq 1,\ -1\leqq\sin\theta\leqq 1$ より

$$0\leqq\frac{x^2y^2}{x^2+y^2}\leqq r^2$$

となる．ここで $x^2+y^2=r^2$ より $(x,y)\to(0,0)$ と $r\to+0$ は同値である．したがって，はさみうちの定理 (定理 1.11) より

$$\lim_{(x,y)\to(0,0)}\frac{x^2y^2}{x^2+y^2}=0$$

となるので，関数 $f(x,y)$ は原点 $(0,0)$ で連続である．

(2) m を実数とする．直線 $y=mx\ (x\neq 0)$ 上で

$$\frac{xy}{x^2+y^2}=\frac{x\cdot mx}{x^2+(mx)^2}=\frac{mx^2}{(1+m^2)x^2}=\frac{m}{1+m^2}$$

となる．よって，直線 $y = mx$ に沿って点 (x, y) を原点 $(0, 0)$ に近づけると

$$\frac{xy}{x^2 + y^2} \to \frac{m}{1 + m^2}$$

となり，m により近づく値が異なり極限値は存在しない．したがって $f(x, y)$ は原点 $(0, 0)$ で連続でない． □

◇**問 4.1.** 次の関数が原点 $(0, 0)$ で連続かどうか調べよ．

(1) $f(x, y) = \begin{cases} \dfrac{x^2 - y^2}{x^2 + y^2} & ((x, y) \neq (0, 0)), \\ 0 & ((x, y) = (0, 0)) \end{cases}$

(2) $f(x, y) = \begin{cases} \dfrac{x^3 - y^3}{x^2 + y^2} & ((x, y) \neq (0, 0)), \\ 0 & ((x, y) = (0, 0)) \end{cases}$

最後に，2 変数関数の連続性に関する重要な定理を紹介するが，そのまえに必要な準備を行う．$\mathbf{R}$ を実数全体の集合とすると，集合 $\mathbf{R}^2 = \{(x, y) \mid x, y \in \mathbf{R}\}$ は平面上の点全体を表す．正の実数 r と $(a, b) \in \mathbf{R}^2$ に対し，

$$B_r(a, b) = \{(x, y) \in \mathbf{R}^2 \mid (x - a)^2 + (y - b)^2 < r^2\}$$

は中心 (a, b) で半径 r の円の内部を表し，この集合を**開球**という．D を $\mathbf{R}^2$ の部分集合とし，(a, b) を D の要素とする．このとき，ある正の実数 ε が存在し，$B_\varepsilon(a, b) \subset D$ を満たすとき，(a, b) を D の**内点**という．また，任意の正の実数 ε に対し，$B_\varepsilon(a, b) \cap D \neq \emptyset$ および $B_\varepsilon(a, b) \cap D^c \neq \emptyset$ を満たす点を**境界点**という．ただし，D^c は D の補集合 $\{x \in \mathbf{R}^2 \mid x \notin D\}$ である．要素がすべて内点になる集合を**開集合**といい，補集合が開集合になる集合を**閉集合**という．また，ある正の実数 M が存在して

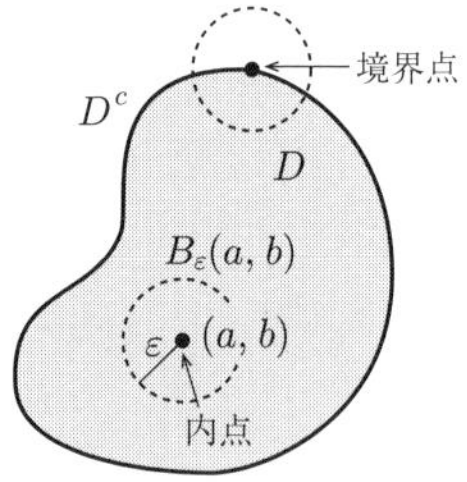

図 4.3

$$\sup\left\{\sqrt{x^2 + y^2} \mid (x, y) \in D\right\} < M$$

を満たす集合 $D \subset \mathbf{R}^2$ を**有界集合**または単に**有界**という．

定理 4.4. 2 変数関数 $f(x, y)$ が有界閉集合 D 上で連続ならば，$f(x, y)$ は D 上で最大値および最小値をとる．

4.2 偏 微 分

本節では2変数関数の微分を考える．前節では，2変数 x, y を同時に動かし，極限を考えた．しかし，ここでは片方の変数を固定して，一方向から近づけることを考える．すなわち，変数 x に対して，点 (x, b) を点 (a, b) に近づけたり，変数 y に対して，点 (a, y) を点 (a, b) に近づけたりすることを考える．

開集合 D 上の関数 $z = f(x, y)$ に対して，点 $(a, b) \in D$ において

$$\lim_{h \to 0} \frac{f(a+h, b) - f(a, b)}{h}$$

が存在するとき，その極限値を点 (a, b) における関数 $f(x, y)$ の **$\boldsymbol{x}$ についての偏微分係数**といい，$f_x(a, b)$ で表す．同様に，点 $(a, b) \in D$ において

$$\lim_{k \to 0} \frac{f(a, b+k) - f(a, b)}{k}$$

が存在するとき，その極限値を点 (a, b) における関数 $f(x, y)$ の **$\boldsymbol{y}$ についての偏微分係数**といい，$f_y(a, b)$ で表す．D 上の点 (a, b) において，偏微分係数 $f_x(a, b)$ と $f_y(a, b)$ がともに存在するとき，関数 $f(x, y)$ は点 (a, b) において**偏微分可能**であるという．

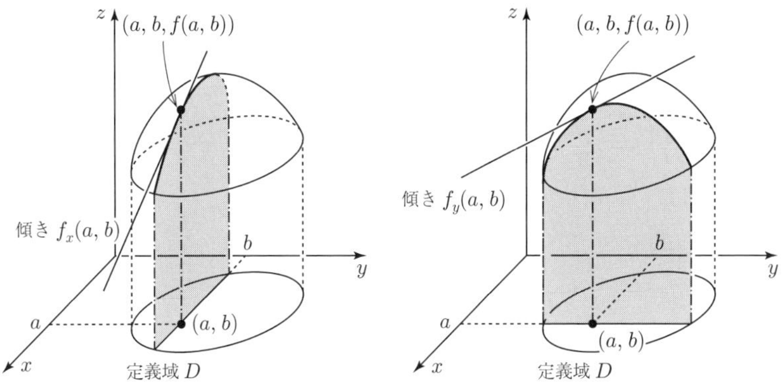

図 4.4

D 上の各点で偏微分可能なとき，関数 $f(x, y)$ は D 上で**偏微分可能**であるという．このとき，D 上の任意の点 (x, y) に関して偏微分係数 $f_x(x, y)$ が定義できて，これもまた D 上の2変数関数となる．この関数を関数 $f(x, y)$ の **$\boldsymbol{x}$ につ**

いての**偏導関数**といい，

$$f_x(x,y),\ z_x(x,y),\ \frac{\partial f(x,y)}{\partial x},\ f_x,\ z_x,\ \frac{\partial f}{\partial x},\ \frac{\partial z}{\partial x}$$

などの記号で表す．同様に偏微分係数 $f_y(x,y)$ も定義できて，この 2 変数関数を $\boldsymbol{y}$ **についての偏導関数**といい，

$$f_y(x,y),\ z_y(x,y),\ \frac{\partial f(x,y)}{\partial y},\ f_y,\ z_y,\ \frac{\partial f}{\partial y},\ \frac{\partial z}{\partial y}$$

などの記号で表す．

偏導関数を求めることを**偏微分する**という．偏導関数の定義からわかるとおり，x についての偏導関数を求める場合は，関数 $z=f(x,y)$ において y を定数とみなし，1 変数の意味で x について微分すればよい．同様に，y についての偏導関数は，関数 $z=f(x,y)$ において x を定数とみなし，1 変数の意味で y について微分すればよい．

●**例題 4.5.** 次の関数を偏微分し，与えられた点における偏微分係数を求めよ．

(1) $f(x,y)=x^3-xy+y^2$, 点 $(2,-1)$

(2) $f(x,y)=e^x\sin y$, 点 $\left(1,\dfrac{\pi}{3}\right)$

解答例. (1) $f_x(x,y)=3x^2-y$, $f_y(x,y)=-x+2y$. したがって，点 $(2,-1)$ における偏微分係数は

$$f_x(2,-1)=3\cdot 2^2-(-1)=13,\quad f_y(2,-1)=-2+2\cdot(-1)=-4.$$

(2) $f_x(x,y)=e^x\sin y$, $f_y(x,y)=e^x\cos y$. したがって，点 $\left(1,\dfrac{\pi}{3}\right)$ における偏微分係数は

$$f_x\left(1,\frac{\pi}{3}\right)=e^1\sin\left(\frac{\pi}{3}\right)=\frac{e\sqrt{3}}{2},\quad f_y\left(1,\frac{\pi}{3}\right)=e^1\cos\left(\frac{\pi}{3}\right)=\frac{e}{2}.$$ □

◇**問 4.2.** 次の関数を偏微分せよ．

(1) $z=x^3+x^2y+xy^2+y^3$　(2) $z=\dfrac{x}{x+y}$　(3) $z=\log\left(\dfrac{x}{y}\right)$

(4) $z=e^{x^3+xy}$　(5) $z=e^{4x}\tan y$　(6) $z=\sin\sqrt{x^2+y^2}$

◇**問 4.3.** 次の関数の点 $(1,-2)$ における偏微分係数を求めよ．

(1) $f(x,y)=\dfrac{x-y}{x+y}$　(2) $f(x,y)=\log\left(e^{2x}+e^{-y}\right)$

4.3　全微分と合成関数の微分法

全 微 分

前節では，2 変数関数の一方の変数だけを変化させる偏微分を考えた．本節では，2 変数を同時に変化させることを考える．そのまえに，1 変数関数の微分可能性の定義を違った視点から眺めてみる．1 変数関数 $y = f(x)$ と点 a に対して

$$\lim_{h \to 0} \frac{\varepsilon(h)}{h} = 0$$

を満たす h の関数 $\varepsilon(h)$ と実数 A が存在し，

$$f(a+h) = f(a) + Ah + \varepsilon(h)$$

と表せるならば，関数 $y = f(x)$ は $x = a$ で微分可能である．このとき $A = f'(a)$ である．実際，

$$\lim_{h \to 0} \frac{f(a+h) - f(a)}{h} = \lim_{h \to 0} \frac{Ah + \varepsilon(h)}{h} = \lim_{h \to 0} \left(A + \frac{\varepsilon(h)}{h} \right) = A$$

となるからである．この考えを 2 変数関数に拡張し，2 変数を同時に変化させることを考え，次の定義を与える．以下，D は $\mathbf{R}^2$ 内の開集合とする．

定義 4.6. 定義域 D の 2 変数関数 $z = f(x, y)$ と D 上の点 (a, b) に対して，

$$\lim_{(h,k) \to (0,0)} \frac{\varepsilon(h, k)}{\sqrt{h^2 + k^2}} = 0$$

を満たす 2 変数関数 $\varepsilon(h, k)$ と実数 A, B が存在し[1)]，

$$f(a+h, b+k) = f(a, b) + Ah + Bk + \varepsilon(h, k)$$

を満たすとき，関数 $z = f(x, y)$ は点 (a, b) で**全微分可能**であるという．また，D 上の各点で全微分可能なとき，D 上で**全微分可能**であるという．

この全微分可能性の概念は偏微分可能性より強い概念である．それは，以下の定理が成立することからわかる．

定理 4.7. 定義域 D の 2 変数関数 $z = f(x, y)$ が D 上の点 (a, b) で全微分可能ならば偏微分可能である．

---

1)　2 変数関数においても $\displaystyle\lim_{(x,y) \to (a,b)} \frac{r(x, y)}{g(x, y)} = 0$ のとき，$r(x, y) = o(g(x, y))$ $((x, y) \to (a, b))$ と表す．この記号を用いると，$\varepsilon(h, k) = o(\sqrt{h^2 + k^2})$ $((h, k) \to (0, 0))$ である．

証明. 定義 4.6 において $k=0$, $\varepsilon_1(h)=\varepsilon(h,0)$ とおけば $\displaystyle\lim_{h\to 0}\frac{\varepsilon_1(h)}{h}=0$ であり，

$$f(a+h,b)=f(a,b)+Ah+\varepsilon_1(h)$$

が成り立つ．これは関数 $f(x,y)$ が点 (a,b) で x について偏微分可能で，$A=f_x(a,b)$ であることにほかならない．同様に，点 (a,b) で y について偏微分可能で，$B=f_y(a,b)$ であることも導ける． □

定理 4.7 の逆は必ずしも成立しないが，ある条件下であれば成立する．

定理 4.8. 定義域 D の 2 変数関数 $f(x,y)$ が D 上の点 (a,b) で偏微分可能とする．偏導関数 f_x, f_y がともに点 (a,b) で連続ならば，点 (a,b) で関数 $f(x,y)$ は全微分可能である．

証明. $f(a+h,b+k)-f(a,b)=f(a+h,b+k)-f(a,b+k)+f(a,b+k)-f(a,b)$ となるので，平均値の定理 (定理 2.17) より

$$f(a+h,b+k)-f(a,b+k)=f_x(a+\theta_1 h,b+k)h,$$
$$f(a,b+k)-f(a,b)=f_y(a,b+\theta_2 k)k$$

を満たす θ_1,θ_2 $(0<\theta_1,\theta_2<1)$ が存在する．f_x, f_y は点 (a,b) で連続より，

$$\varepsilon_1(h,k):=f_x(a+\theta_1 h,b+k)-f_x(a,b),$$
$$\varepsilon_2(h,k):=f_y(a,b+\theta_2 k)-f_y(a,b)$$

とおくと，$\displaystyle\lim_{(h,k)\to(0,0)}\varepsilon_1(h,k)=\lim_{(h,k)\to(0,0)}\varepsilon_2(h,k)=0$ となる．したがって

$$f(a+h,b+k)-f(a,b)=f_x(a,b)h+f_y(a,b)k+\varepsilon(h,k)$$

とおける．ただし，$\varepsilon(h,k)=\varepsilon_1(h,k)h+\varepsilon_2(h,k)k$ である．ここで

$$0\leqq\frac{|\varepsilon(h,k)|}{\sqrt{h^2+k^2}}\leqq\frac{|h|\cdot|\varepsilon_1(h,k)|}{\sqrt{h^2+k^2}}+\frac{|k|\cdot|\varepsilon_2(h,k)|}{\sqrt{h^2+k^2}}\leqq|\varepsilon_1(h,k)|+|\varepsilon_2(h,k)|$$

より

$$\lim_{(h,k)\to(0,0)}\frac{\varepsilon(h,k)}{\sqrt{h^2+k^2}}=0$$

を得るので，$f(x,y)$ は点 (a,b) で全微分可能である． □

定義域 D の 2 変数関数 $f(x,y)$ が D 上で偏微分可能で，偏導関数 f_x と f_y がともに連続なとき，関数 $f(x,y)$ は $\boldsymbol{C^1}$ **級**という．定理 4.8 は，D 上で C^1 級の

$f(x,y)$ は D の各点で全微分可能であることを意味している．

定義域 D の 2 変数関数 $z=f(x,y)$ が D 上で全微分可能であるとする．x,y の増分を Δx, Δy とおくと，z の増分は $\Delta z=f(x+\Delta x,y+\Delta y)-f(a,b)$ となる．定義 4.6 において $h=\Delta x$, $k=\Delta y$ とすると，定理 4.7 より

$$\Delta z=f_x(x,y)\Delta x+f_y(x,y)\Delta y+\varepsilon(\Delta x,\Delta y)$$

となる．ここで $\Delta x,\Delta y$ を限りなく 0 に近づけると

$$\Delta z\fallingdotseq f_x(x,y)\Delta x+f_y(x,y)\Delta y$$

がいえる．この右辺の $\Delta x,\Delta y$ を dx,dy に書き換えたものを関数 $z=f(x,y)$ の**全微分**といい，dz または df で表す．すなわち全微分は次の式で定義される．

$$dz=f_x(x,y)\,dx+f_y(x,y)\,dy$$

○**例 4.9.** 関数 $z=x^2+xy+y^2$ の偏導関数は $z_x=2x+y$, $z_y=x+2y$ より，全微分は

$$dz=(2x+y)\,dx+(x+2y)\,dy.$$

◇**問 4.4.** 次の関数の全微分を求めよ．
(1) $z=2x^3-x^2y+y^3$　(2) $z=\log\left(x^2y\right)$　(3) $z=\cos(x-y)$

また，関数の連続性に関して以下の定理が成立する．

定理 4.10. 定義域 D の 2 変数関数 $f(x,y)$ が D 上の点 (a,b) で全微分可能ならば，関数 $f(x,y)$ は点 (a,b) で連続である．

証明. D 上の点 (a,b) に対して定義 4.6 と定理 4.7 より

$$f(a+h,b+k)=f(a,b)+f_x(a,b)h+f_y(a,b)k+\varepsilon(h,k)$$

となる．ただし，$\displaystyle\lim_{(h,k)\to(0,0)}\frac{\varepsilon(h,k)}{\sqrt{h^2+k^2}}=0$ である．これより

$$\begin{aligned}&\lim_{(h,k)\to(0,0)}f(a+h,b+k)\\&=\lim_{(h,k)\to(0,0)}\{f(a,b)+f_x(a,b)h+f_y(a,b)k+\varepsilon(h,k)\}=f(a,b).\end{aligned}$$

したがって，$f(x,y)$ は D 上の点 (a,b) で連続である．□

接平面

座標空間において点 $\mathrm{A}(x_0, y_0, z_0)$ とベクトル $\boldsymbol{n} \neq \boldsymbol{0}$ が与えられているとし，点 A の位置ベクトルを $\boldsymbol{a}$ とする．点 A を通りベクトル $\boldsymbol{n}$ に垂直な平面を α とする．

このとき，α 上の任意の点を P とし，点 P の位置ベクトルを $\boldsymbol{p}$ とすると

$$\boldsymbol{n} \perp \overrightarrow{\mathrm{AP}}$$

である．$\overrightarrow{\mathrm{AP}} = \overrightarrow{\mathrm{OP}} - \overrightarrow{\mathrm{OA}} = \boldsymbol{p} - \boldsymbol{a}$ より

$$\boldsymbol{n} \cdot (\boldsymbol{p} - \boldsymbol{a}) = 0$$

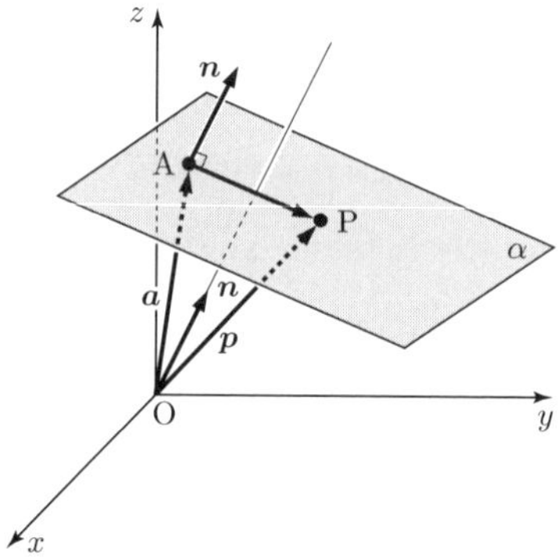

図 4.5

で表される．これを平面 α の**ベクトル方程式**といい，$\boldsymbol{n}$ を**法線ベクトル**という．このベクトル方程式を成分で表示すると次の式が導かれる．

> **空間における平面の方程式**
>
> 点 $\mathrm{A}(x_0, y_0, z_0)$ を通り，法線ベクトル $\boldsymbol{n} = (a, b, c)$ の平面の方程式は，
>
> $$a(x - x_0) + b(y - y_0) + c(z - z_0) = 0.$$

空間における平面の方程式を展開し，まとめると

$$ax + by + cz - (ax_0 + by_0 + cz_0) = 0$$

となる．ここで $d = -(ax_0 + by_0 + cz_0)$ とおけば，平面の方程式は

$$ax + by + cz + d = 0$$

となり，x, y, z の 1 次式で表される．

1 変数関数 $y = f(x)$ が $x = a$ において微分可能なとき，曲線上の点 $(a, f(a))$ における接線が定義でき，方程式は

$$y - f(a) = f'(a)(x - a)$$

であった．2 変数関数 $z = f(x, y)$ では，点 (a, b) において全微分可能なとき，曲面上の点 $(a, b, f(a, b))$ において接平面を定義することができる．

定義 4.11. 定義域 D の 2 変数関数 $z = f(x, y)$ が D 上の点 (a, b) において全微分可能なとき，曲面上の点 $(a, b, f(a, b))$ における**接平面**は，方程式

$$z - f(a,b) = f_x(a,b)(x-a) + f_y(a,b)(y-b)$$

で定義される．

実際，曲面上の点 $(a,b,f(a,b))$ において xz 平面と平行な接線の方向ベクトルは $\boldsymbol{m} = (1,0,f_x(a,b))$ で，yz 平面と平行な接線の方向ベクトルは $\boldsymbol{n} = (0,1,f_y(a,b))$ である．接平面はこの2つのベクトルに平行なので，法線ベクトルは $(-f_x(a,b), -f_y(a,b), 1)$ となる．これで求める平面の法線ベクトルと通る点がわかったので，空間における平面の方程式より定義4.11の方程式を得る．

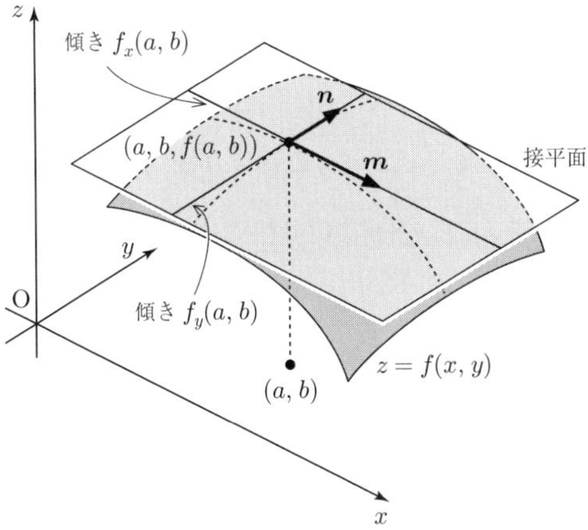

図 4.6

●**例題 4.12.** 曲面 $z = 3y^2 - x^2$ の点 $(2,1,-1)$ における接平面の方程式を求めよ．

解答例. $z_x = -2x$, $z_y = 6y$ より，

$$z_x(2,1) = -4, \quad z_y(2,1) = 6$$

を得る．したがって，曲面 z 上の点 $(2,1,-1)$ における接平面の方程式は

$$z + 1 = -4(x-2) + 6(y-1)$$

より，$4x - 6y + z = 1$ を得る． □

◇**問 4.5.** 次の曲面の与えられた点における接平面の方程式を求めよ．

(1) $z = 3x^2 - 2xy + y^2$,　点 $(1,2,3)$　　(2) $z = \dfrac{1-xy}{x+y}$,　点 $(1,0,1)$

合成関数の微分法

2 変数関数 $z=f(x,y)$ において，変数 x,y が t の関数 $x=g(t)$, $y=h(t)$ となるとき，合成関数 $z=f(g(t),h(t))$ は t の関数となる．この合成関数の導関数に対して以下の定理が成立する．

定理 4.13. 2 変数関数 $z=f(x,y)$ は全微分可能とする．関数 $x=g(t)$, $y=h(t)$ が微分可能ならば

$$\frac{dz}{dt}=\frac{\partial z}{\partial x}\cdot\frac{dx}{dt}+\frac{\partial z}{\partial y}\cdot\frac{dy}{dt}.$$

証明. t の増分 Δt に対して，x,y,z の増分をそれぞれ Δx, Δy, Δz とすると，$f(x,y)$ が全微分可能であることから，

$$\begin{aligned}\Delta z &= f(g(t+\Delta t),h(t+\Delta t))-f(g(t),h(t))\\ &= f(x+\Delta x,y+\Delta y)-f(x,y)\\ &= f_x(x,y)\Delta x+f_y(x,y)\Delta y+\varepsilon(\Delta x,\Delta y)\end{aligned}$$

と表せて，

$$\lim_{(\Delta x,\Delta y)\to(0,0)}\frac{\varepsilon(\Delta x,\Delta y)}{\sqrt{(\Delta x)^2+(\Delta y)^2}}=0$$

が成り立つ．これより，次を得る．

$$\frac{\Delta z}{\Delta t}=f_x(x,y)\frac{\Delta x}{\Delta t}+f_y(x,y)\frac{\Delta y}{\Delta t}+\frac{\varepsilon(\Delta x,\Delta y)}{\Delta t}$$

$x=g(t)$, $y=h(t)$ は微分可能なので連続でもある (定理 2.2)．$\Delta t\to 0$ のとき

$$\Delta x\to 0,\quad \Delta y\to 0,\quad \frac{\Delta x}{\Delta t}\to\frac{dx}{dt},\quad \frac{\Delta y}{\Delta t}\to\frac{dy}{dt}$$

となる．また，

$$\begin{aligned}\left|\frac{\varepsilon(\Delta x,\Delta y)}{\Delta t}\right| &= \left|\frac{\varepsilon(\Delta x,\Delta y)}{\sqrt{(\Delta x)^2+(\Delta y)^2}}\right|\cdot\frac{\sqrt{(\Delta x)^2+(\Delta y)^2}}{|\Delta t|}\\ &= \left|\frac{\varepsilon(\Delta x,\Delta y)}{\sqrt{(\Delta x)^2+(\Delta y)^2}}\right|\cdot\sqrt{\left(\frac{\Delta x}{\Delta t}\right)^2+\left(\frac{\Delta y}{\Delta t}\right)^2}\\ &\to 0\cdot\sqrt{\left(\frac{dx}{dt}\right)^2+\left(\frac{dy}{dt}\right)^2}=0\quad(\Delta t\to 0)\end{aligned}$$

であるから，以下が成立する．

$$\frac{dz}{dt} = f_x(x,y)\frac{dx}{dt} + f_y(x,y)\frac{dy}{dt} = \frac{\partial z}{\partial x}\cdot\frac{dx}{dt} + \frac{\partial z}{\partial y}\cdot\frac{dy}{dt} \qquad \square$$

●**例題 4.14.** $z = x^3 - xy^2$, $x = 2t$, $y = t^2$ のとき，定理 4.13 を用いて $\dfrac{dz}{dt}$ を求めよ ($z = 8t^3 - 2t^5$ の微分と一致するはずである).

解答例. $z_x = 3x^2 - y^2$, $z_y = -2xy$, $\dfrac{dx}{dt} = 2$, $\dfrac{dy}{dt} = 2t$ より

$$\frac{dz}{dt} = (3x^2 - y^2)\cdot 2 - 2xy\cdot 2t = 2(12t^2 - t^4) - 8t^4 = 24t^2 - 10t^4. \qquad \square$$

◇**問 4.6.** 次の関係式を満たすとき，定理 4.13 を用いて $\dfrac{dz}{dt}$ を求めよ．

(1) $z = \dfrac{x}{x+y}$, $x = e^t$, $y = e^{-t}$　　(2) $z = e^{xy}$, $x = \sin t$, $y = \cos t$

2 変数関数 $z = f(x,y)$ において，変数 x, y が u, v の 2 変数関数 $x = g(u,v)$, $y = h(u,v)$ となるとき，合成関数 $z = f(g(u,v), h(u,v))$ は u, v の 2 変数関数となる．この合成関数の偏導関数に対して以下の定理が成立する．

定理 4.15. 2 変数関数 $z = f(x,y)$ は全微分可能とする．関数 $x = g(u,v)$, $y = h(u,v)$ が偏微分可能ならば

$$\frac{\partial z}{\partial u} = \frac{\partial z}{\partial x}\cdot\frac{\partial x}{\partial u} + \frac{\partial z}{\partial y}\cdot\frac{\partial y}{\partial u},$$
$$\frac{\partial z}{\partial v} = \frac{\partial z}{\partial x}\cdot\frac{\partial x}{\partial v} + \frac{\partial z}{\partial y}\cdot\frac{\partial y}{\partial v}.$$

証明. 関数 $x = g(u,v)$, $y = h(u,v)$ において，v を定数とみれば，微分可能な u の 1 変数関数とみれる．また，u を定数とみれば，微分可能な v の 1 変数関数とみれる．それぞれ定理 4.13 より，以下が得られる．

$$\frac{\partial z}{\partial u} = \frac{\partial z}{\partial x}\cdot\frac{\partial x}{\partial u} + \frac{\partial z}{\partial y}\cdot\frac{\partial y}{\partial u}, \quad \frac{\partial z}{\partial v} = \frac{\partial z}{\partial x}\cdot\frac{\partial x}{\partial v} + \frac{\partial z}{\partial y}\cdot\frac{\partial y}{\partial v} \qquad \square$$

●**例題 4.16.** 2 変数関数 $z = f(x,y)$ は全微分可能とする．$x = r\cos\theta$, $y = r\sin\theta$ $(r > 0)$ のとき，次の式が成り立つことを証明せよ．

$$\left(\frac{\partial z}{\partial x}\right)^2 + \left(\frac{\partial z}{\partial y}\right)^2 = \left(\frac{\partial z}{\partial r}\right)^2 + \frac{1}{r^2}\left(\frac{\partial z}{\partial \theta}\right)^2$$

解答例. x, y は r, θ の 2 変数関数なので，定理 4.15 より

$$\frac{\partial z}{\partial r} = \frac{\partial z}{\partial x} \cdot \cos\theta + \frac{\partial z}{\partial y} \cdot \sin\theta, \quad \frac{\partial z}{\partial \theta} = \frac{\partial z}{\partial x} \cdot (-r\sin\theta) + \frac{\partial z}{\partial y} \cdot r\cos\theta$$

を得る．したがって

$$\begin{aligned}
&\left(\frac{\partial z}{\partial r}\right)^2 + \frac{1}{r^2}\left(\frac{\partial z}{\partial \theta}\right)^2 \\
&\quad = \left(\frac{\partial z}{\partial x} \cdot \cos\theta + \frac{\partial z}{\partial y} \cdot \sin\theta\right)^2 + \left(-\frac{\partial z}{\partial x} \cdot \sin\theta + \frac{\partial z}{\partial y} \cdot \cos\theta\right)^2 \\
&\quad = \left(\frac{\partial z}{\partial x}\right)^2 \cos^2\theta + 2\frac{\partial z}{\partial x}\frac{\partial z}{\partial y}\cos\theta\sin\theta + \left(\frac{\partial z}{\partial y}\right)^2 \sin^2\theta \\
&\qquad + \left(\frac{\partial z}{\partial x}\right)^2 \sin^2\theta - 2\frac{\partial z}{\partial x}\frac{\partial z}{\partial y}\cos\theta\sin\theta + \left(\frac{\partial z}{\partial y}\right)^2 \cos^2\theta \\
&\quad = \left(\frac{\partial z}{\partial x}\right)^2 + \left(\frac{\partial z}{\partial y}\right)^2.
\end{aligned}$$

□

◇**問 4.7.** 2 変数関数 $z = f(x, y)$ は全微分可能とする．$x = u - v$, $y = u + v$ のとき，次の式が成り立つことを証明せよ．

$$\left(\frac{\partial z}{\partial u}\right)^2 + \left(\frac{\partial z}{\partial v}\right)^2 = 2\left(\frac{\partial z}{\partial x}\right)^2 + 2\left(\frac{\partial z}{\partial y}\right)^2$$

4.4 高階の偏導関数

2 変数関数 $z = f(x, y)$ の偏導関数 f_x はまた 2 変数関数であり，これらがさらに偏微分可能なとき，f_x の x についての偏導関数を

$$f_{xx}(x, y), \quad f_{xx}, \quad z_{xx}, \quad \frac{\partial^2 f}{\partial x^2}$$

などと表す．また，f_x の y についての偏導関数を

$$f_{xy}(x, y), \quad f_{xy}, \quad z_{xy}, \quad \frac{\partial^2 f}{\partial y \partial x}$$

などと表す．同様に，偏導関数 f_y が偏微分可能な場合，x, y についての偏導関数はそれぞれ

$$f_{yx}(x, y), \quad f_{yx}, \quad z_{yx}, \quad \frac{\partial^2 f}{\partial x \partial y}$$

$$f_{yy}(x, y), \quad f_{yy}, \quad z_{yy}, \quad \frac{\partial^2 f}{\partial y^2}$$

などと表す．これらを**2 階の偏導関数**という．2 階の偏導関数 f_{xx} がさらに偏微分可能な場合，それらの偏導関数を f_{xxx}, f_{xxy} で表し，f_{xy}, f_{yx}, f_{yy} の偏導関数も同様に表し，これらを**3 階の偏導関数**という．一般に，n 回偏微分したものは $\boldsymbol{n}$ **階の偏導関数**という．n 回偏微分可能な場合，n 階の偏導関数は 2^n 個存在する．また，2 変数関数 $f(x,y)$ が n 回偏微分可能で，その n 階の偏導関数がすべて連続の場合，関数 $f(x,y)$ は $\boldsymbol{C^n}$ **級**という．何回でも偏微分可能な場合は $\boldsymbol{C^\infty}$ **級**という．

○**例 4.17.** 2 変数関数 $z = 2x^3 - x^2y + y^3$ の偏導関数は

$$z_x = 6x^2 - 2xy, \quad z_y = -x^2 + 3y^2$$

なので，2 階の偏導関数は

$$z_{xx} = 12x - 2y, \quad z_{xy} = -2x, \quad z_{yx} = -2x, \quad z_{yy} = 6y$$

となる．

例 4.17 において $z_{xy} = z_{yx}$ であるが，一般には z_{xy} と z_{yx} は一致するとは限らない．これらの関係には次の定理が知られている．

定理 4.18. 2 変数関数 $z = f(x,y)$ が C^2 級であれば $f_{xy} = f_{yx}$ が成立する．

証明. 点 (a,b)，実数 h, k $(h, k \neq 0)$ を固定して

$$\alpha = f(a+h, b+k) - f(a+h, b) - f(a, b+k) + f(a,b)$$

とおく．$\varphi(t) = f(t, b+k) - f(t,b)$ とすると

$$\alpha = \varphi(a+h) - \varphi(a).$$

ここで $\varphi(t)$ は t の関数として微分可能なので，平均値の定理 (定理 2.17) より

$$\varphi(a+h) - \varphi(a) = \varphi'(a + \theta_1 h)h$$

となる θ_1 $(0 < \theta_1 < 1)$ が存在する．$\varphi'(t) = f_x(t, b+k) - f_x(t,b)$ であるから

$$\alpha = \{f_x(a + \theta_1 h, b+k) - f_x(a + \theta_1 h, b)\}\, h$$

を得る．さらに，$\psi(s) = f_x(a + \theta_1 h, s)$ とすると，$\psi(s)$ は s の関数として微分可能なので，平均値の定理より

$$\psi(b+k) - \psi(b) = \psi'(b + \theta_2 k)k$$

となる θ_2 $(0 < \theta_2 < 1)$ が存在する．$\psi'(s) = f_{xy}(a + \theta_1 h, s)$ であるから

$$\alpha = f_{xy}(a+\theta_1 h, b+\theta_2 k)hk$$

を得る．これまでの第 1 変数と第 2 変数の議論を逆にすれば，同様にして

$$\alpha = f_{yx}(a+\theta_3 h, b+\theta_4 k)hk$$

を満たす θ_3, θ_4 $(0 < \theta_3, \theta_4 < 1)$ が存在することが示せる．したがって，

$$f_{xy}(a+\theta_1 h, b+\theta_2 k) = f_{yx}(a+\theta_3 h, b+\theta_4 k).$$

f_{xy}, f_{yx} が連続より，$(h,k) \to (0,0)$ とすれば $f_{xy}(a,b) = f_{yx}(a,b)$ を得る． □

★注意 4.19. 3 階以上の偏導関数に関しても定理 4.18 と同様のこと，例えば，$z = f(x,y)$ が C^3 級であれば

$$f_{xxy} = f_{xyx} = f_{yxx}, \quad f_{xyy} = f_{yxy} = f_{yyx}$$

が成立する．

◇**問 4.8.** 次の関数の 2 階の偏導関数を求めよ．

(1) $z = x^3 - 2x^2 y + y^5$ (2) $z = \sin(2x)\cos(3y) - \sin(3y)\cos(2x)$

(3) $z = (x+y)e^{x-y}$ (4) $z = \sin\left(x^2+y^2\right)$

4.5 2 変数関数のテイラーの定理

本節では，2 変数関数のテイラーの定理を考える．C^n 級の 2 変数関数 $z = f(x,y)$ と実数 h, k に対し，$h\dfrac{\partial f}{\partial x} + k\dfrac{\partial f}{\partial y}$ を記号

$$\left(h\frac{\partial}{\partial x} + k\frac{\partial}{\partial y}\right) f$$

で表すこととする．すなわち $\left(h\dfrac{\partial}{\partial x} + k\dfrac{\partial}{\partial y}\right) f = h\dfrac{\partial f}{\partial x} + k\dfrac{\partial f}{\partial y}$ である．また，2 階の偏導関数に関しても

$$\left(h\frac{\partial}{\partial x} + k\frac{\partial}{\partial y}\right)^2 f := h^2\frac{\partial^2 f}{\partial x^2} + 2hk\frac{\partial^2 f}{\partial x \partial y} + k^2\frac{\partial^2 f}{\partial y^2}$$

と表す．以下同様に，3 階，4 階，$\cdots$ と同様に考え，n 階の偏導関数に関して

$$\left(h\frac{\partial}{\partial x} + k\frac{\partial}{\partial y}\right)^n f := \sum_{r=0}^{n} {}_n\mathrm{C}_r h^{n-r} k^r \frac{\partial^n f}{\partial x^{n-r} \partial y^r}$$

と表す．なお，$\left(h\dfrac{\partial}{\partial x}+k\dfrac{\partial}{\partial y}\right)^i$ $(i=1,2,\cdots,n)$ は**偏微分作用素**とよばれる．この偏微分作用素を用いて 2 変数関数のテイラーの定理を得る．

定理 4.20. 開集合 D 上の C^n 級 2 変数関数 $f(x,y)$ について，D 上の 2 点 (a,b), $(a+h,b+k)$ を結ぶ線分が D に含まれるならば

$$\begin{aligned}f(a+h,b+k)=f(a,b)&+\frac{1}{1!}\left(h\frac{\partial}{\partial x}+k\frac{\partial}{\partial y}\right)f(a,b)+\frac{1}{2!}\left(h\frac{\partial}{\partial x}+k\frac{\partial}{\partial y}\right)^2 f(a,b)\\&+\cdots+\frac{1}{(n-1)!}\left(h\frac{\partial}{\partial x}+k\frac{\partial}{\partial y}\right)^{n-1}f(a,b)\\&+\frac{1}{n!}\left(h\frac{\partial}{\partial x}+k\frac{\partial}{\partial y}\right)^n f(a+\theta h,b+\theta k)\end{aligned}$$

となる θ $(0<\theta<1)$ が存在する．

証明. a,b,h,k を定数とみて，t の関数 $F(t):=f(a+th,b+tk)$ を定義する．このとき，定理 4.13 より

$$\begin{aligned}F'(t)&=hf_x(a+th,b+tk)+kf_y(a+th,b+tk)\\&=\left(h\frac{\partial}{\partial x}+k\frac{\partial}{\partial y}\right)f(a+th,b+tk)\end{aligned}$$

を得る．さらに定理 4.13 を利用すると，定理 4.18 より $f_{xy}=f_{yx}$ であるので

$$\begin{aligned}F''(t)&=h\left(hf_{xx}(a+th,b+tk)+kf_{xy}(a+th,b+tk)\right)\\&\quad+k\left(hf_{yx}(a+th,b+tk)+kf_{yy}(a+th,b+tk)\right)\\&=h^2f_{xx}(a+th,b+tk)+2hkf_{xy}(a+th,b+tk)+k^2f_{yy}(a+th,b+tk)\\&=\left(h\frac{\partial}{\partial x}+k\frac{\partial}{\partial y}\right)^2 f(a+th,b+tk)\end{aligned}$$

を得る．以下同様にして，$i=3,4,\cdots,n$ に対して

$$F^{(i)}(t)=\left(h\frac{\partial}{\partial x}+k\frac{\partial}{\partial y}\right)^i f(a+th,b+tk)$$

を得る．ここで $F(t)$ をマクローリン展開すると (式 (2.16) を参照)

$$F(t)=F(0)+\frac{F'(0)}{1!}t+\frac{F''(0)}{2!}t^2+\cdots+\frac{F^{(n-1)}(0)}{(n-1)!}t^{n-1}+\frac{F^{(n)}(\theta t)}{n!}t^n,$$

ただし，$0<\theta<1$ である．ここで $t=1$ とすれば目的の式を得る．　□

定理 4.20 において $n=1$ とおくと，次の 2 変数関数の平均値の定理を得る．

定理 4.21. 開集合 D 上の C^1 級 2 変数関数 $f(x,y)$ について，D 上の 2 点 (a,b), $(a+h,b+k)$ を結ぶ線分が D に含まれるならば

$$f(a+h,b+k)-f(a,b)=hf_x(a+\theta h,b+\theta k)+kf_y(a+\theta h,b+\theta k)$$

となる θ $(0<\theta<1)$ が存在する．

定理 4.20 において $x=a+h$, $y=b+k$ とおくと，

$$\begin{aligned}
f(x,y)&=f(a,b)+\frac{1}{1!}\{f_x(a,b)(x-a)+f_y(a,b)(y-b)\}\\
&\quad+\frac{1}{2!}\left\{f_{xx}(a,b)(x-a)^2+2f_{xy}(a,b)(x-a)(y-b)+f_{yy}(a,b)(y-b)^2\right\}+\cdots\\
&\quad+\frac{1}{(n-1)!}\sum_{r=0}^{n-1}{}_{n-1}\mathrm{C}_r\frac{\partial^{n-1}f}{\partial x^{n-1-r}\partial y^r}(a,b)(x-a)^{n-1-r}(y-b)^r\\
&\quad+\frac{1}{n!}\sum_{r=0}^{n}{}_{n}\mathrm{C}_r\frac{\partial^{n}f}{\partial x^{n-r}\partial y^r}(a+\theta(x-a),b+\theta(y-b))(x-a)^{n-r}(y-b)^r
\end{aligned}$$

となる θ $(0<\theta<1)$ が存在する．これを点 (a,b) における $(n-1)$ 次までの**テイラー展開**という．特に，原点 $(0,0)$ でのテイラー展開を**マクローリン展開**といい，

$$\begin{aligned}
f(x,y)&=f(0,0)+\frac{1}{1!}\{f_x(0,0)x+f_y(0,0)y\}\\
&\quad+\frac{1}{2!}\left\{f_{xx}(0,0)x^2+2f_{xy}(0,0)xy+f_{yy}(0,0)y^2\right\}+\cdots\\
&\quad+\frac{1}{(n-1)!}\sum_{r=0}^{n-1}{}_{n-1}\mathrm{C}_r\frac{\partial^{n-1}f}{\partial x^{n-1-r}\partial y^r}(0,0)x^{n-1-r}y^r\\
&\quad+\frac{1}{n!}\sum_{r=0}^{n}{}_{n}\mathrm{C}_r\frac{\partial^{n}f}{\partial x^{n-r}\partial y^r}(\theta x,\theta y)x^{n-r}y^r
\end{aligned}$$

となる θ $(0<\theta<1)$ が存在する．

●例題 4.22. 関数 $f(x,y)=e^{2x}\sin y$ を点 $\left(0,\dfrac{\pi}{3}\right)$ で 2 次までテイラー展開せよ．

解答例. $f_x(x,y)=2e^{2x}\sin y$, $f_y(x,y)=e^{2x}\cos y$ より

$$f_{xx}(x,y)=4e^{2x}\sin y,\quad f_{xy}(x,y)=2e^{2x}\cos y,\quad f_{yy}(x,y)=-e^{2x}\sin y$$

を得る．したがって

$$f\left(0,\frac{\pi}{3}\right)=\frac{\sqrt{3}}{2},\qquad f_x\left(0,\frac{\pi}{3}\right)=\sqrt{3},\qquad f_y\left(0,\frac{\pi}{3}\right)=\frac{1}{2},$$
$$f_{xx}\left(0,\frac{\pi}{3}\right)=2\sqrt{3},\qquad f_{xy}\left(0,\frac{\pi}{3}\right)=1,\qquad f_{yy}\left(0,\frac{\pi}{3}\right)=-\frac{\sqrt{3}}{2}.$$

これより以下を得る．

$$\begin{aligned}f(x,y)&=\frac{\sqrt{3}}{2}+\left\{\sqrt{3}(x-0)+\frac{1}{2}\left(y-\frac{\pi}{3}\right)\right\}\\&\quad+\frac{1}{2}\left\{2\sqrt{3}(x-0)^2+2\cdot1\cdot(x-0)\left(y-\frac{\pi}{3}\right)-\frac{\sqrt{3}}{2}\left(y-\frac{\pi}{3}\right)^2\right\}+\cdots\\&=\frac{\sqrt{3}}{2}+\sqrt{3}x+\frac{1}{2}\left(y-\frac{\pi}{3}\right)+\sqrt{3}x^2+x\left(y-\frac{\pi}{3}\right)-\frac{\sqrt{3}}{4}\left(y-\frac{\pi}{3}\right)^2+\cdots\end{aligned}$$ □

◇**問 4.9.** 関数 $f(x,y)=\log(x+2y)$ を点 $(1,1)$ で 2 次までテイラー展開せよ．

4.6 テイラーの定理の応用

テイラーの定理の応用として，2 変数関数の極値問題を考える．点 (a,b) を含む開集合 D 上の 2 変数関数 $z=f(x,y)$ について，点 (a,b) を中心とする開球 $B\ (\subset D)$ が存在して，任意の $(x,y)\in B\ ((x,y)\neq(a,b))$ で

$$f(x,y)>f(a,b)$$

を満たすとき，2 変数関数 $z=f(x,y)$ は点 (a,b) で**極小**であるといい，$f(a,b)$ を**極小値**という．同様に，

$$f(x,y)<f(a,b)$$

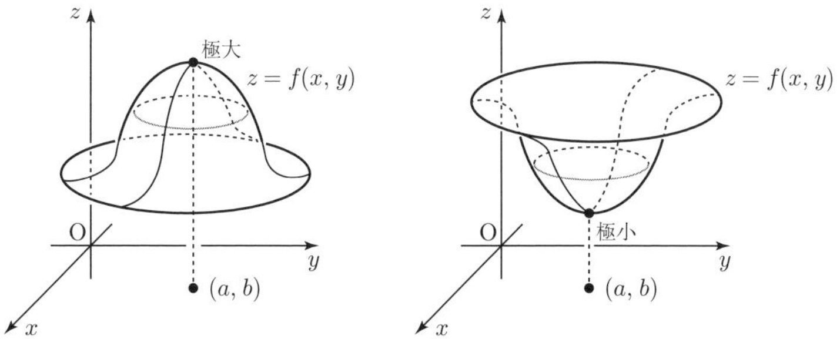

図 4.7

を満たすとき，2 変数関数 $z = f(x, y)$ は点 (a, b) で**極大**であるといい，$f(a, b)$ を**極大値**という．極小値と極大値をあわせて**極値**という (図 4.7).

2 変数関数が極値をもつための条件に関して，次の定理が成り立つ.

定理 4.23. 開集合 D 上の 2 変数関数 $z = f(x, y)$ が D 上の点 (a, b) で偏微分可能で，かつ極値をとるならば $f_x(a, b) = f_y(a, b) = 0$ である.

証明. $f(x, y)$ が点 (a, b) で極小となるとき，点 (a, b) の近くの任意の点 (x, y) $(\neq (a, b))$ で $f(x, y) > f(a, b)$ である．$y = b$ とおき，$F(x) := f(x, b)$ とすると

$$F(x) > F(a)$$

であり，x の 1 変数関数 $F(x)$ は $x = a$ で極小となる．$f(x, y)$ は偏微分可能なので

$$0 = F'(a) = f_x(a, b)$$

を得る (定理 2.16 の証明を参照)．同様に，$x = a$ とおき $G(y) := f(a, y)$ として $0 = G'(b) = f_y(a, b)$ を得る．$f(x, y)$ が点 (a, b) で極大となるときは，符号を逆にして同様に $0 = f_x(a, b) = f_y(a, b)$ を得ることができる. □

2 変数関数 $z = f(x, y)$ において $f_x(a, b) = f_y(a, b) = 0$ を満たす点 (a, b) を $f(x, y)$ の**停留点**という．なお，定理 4.23 の逆は成立するとは限らない．次の例が，逆が成立しない場合である.

○**例 4.24.** $f(x, y) = x^2 - y^2$ とおくと，$f_x = 2x$, $f_y = -2y$ より $f_x = f_y = 0$ となるのは原点 $(0, 0)$ のみである．ここで点 $(x, 0)$ $(x \neq 0)$ においては $f(x, 0) = x^2 > 0 = f(0, 0)$ であり，点 $(0, y)$ $(y \neq 0)$ においては $f(0, y) = -y^2 < 0 = f(0, 0)$ となるので原点で極大にも極小にもならない．右図のように鞍の形をしているので，この例の $(0, 0)$ のような点を**鞍点**(あんてん)という.

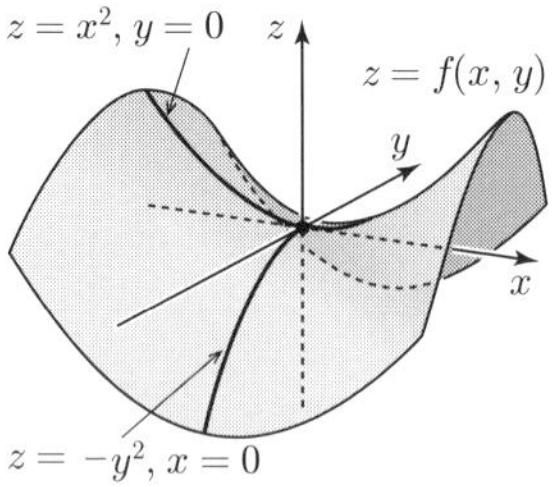

図 4.8

例 4.24 からわかるとおり，2 変数関数の停留点は極値の候補であって極値をとるとは限らない．それでは，どのような条件があれば停留点で極値をとるのだろうか．このことに関しては次の定理が成立する.

定理 4.25. 開集合 D 上の C^2 級 2 変数関数 $z = f(x,y)$ が D 上の点 (a,b) で

$$f_x(a,b) = f_y(a,b) = 0$$

を満たすとする．このとき，

$$H(x,y) := f_{xx}(x,y)f_{yy}(x,y) - \{f_{xy}(x,y)\}^2$$

に対して

(1) $H(a,b) > 0$ のとき，

(a) $f_{xx}(a,b) > 0$ であれば，$f(x,y)$ は点 (a,b) で極小になる．

(b) $f_{xx}(a,b) < 0$ であれば，$f(x,y)$ は点 (a,b) で極大になる．

(2) $H(a,b) < 0$ のときは，$f(x,y)$ は点 (a,b) で極値をとらない．

証明. $f(x,y)$ は $f_x(a,b) = f_y(a,b) = 0$ かつ C^2 級なので，定理 4.20 より

$$\begin{aligned} &f(a+h,b+k) - f(a,b) \\ &= \frac{1}{2}\big\{h^2 f_{xx}(a+\theta h, b+\theta k) + 2hk f_{xy}(a+\theta h, b+\theta k) \\ &\qquad + k^2 f_{yy}(a+\theta h, b+\theta k)\big\}. \end{aligned}$$

ただし，$0 < \theta < 1$．ここで $A = f_{xx}(a+\theta h, b+\theta k)$, $B = f_{xy}(a+\theta h, b+\theta k)$, $C = f_{yy}(a+\theta h, b+\theta k)$ とおくと

$$f(a+h,b+k) - f(a,b) = \frac{1}{2}\{h^2A + 2hkB + k^2C\}. \tag{4.1}$$

(1) $H(a,b) > 0$ より，$0 \leqq \{f_{xy}(a,b)\}^2 < f_{xx}(a,b)f_{yy}(a,b)$ なので $f_{xx}(a,b) \neq 0$.

(a) f は C^2 級より，f_{xx}, f_{xy}, f_{yy} は連続なので $\sqrt{h^2+k^2}$ が十分 0 に近い h,k に対して

$$AC - B^2 = H(a+\theta h, b+\theta k) > 0, \quad A = f_{xx}(a+\theta h, b+\theta k) > 0$$

としてよい．このとき，

$$h^2A + 2hkB + k^2C = \frac{1}{A}\big\{(hA+kB)^2 + (AC-B^2)k^2\big\} > 0$$

となり，$f(a+h,b+k) > f(a,b)$ を得る．これより $f(x,y)$ は点 (a,b) で極小となる．

(b) も (a) の証明と同様に示せる．

(2) $H(a,b) < 0$ のとき．式 (4.1) の右辺は，h,k の値により正にも負にもなりうるので極値をとらない． □

定理 4.25 の $H(x,y)$ は，f が C^2 級であるから定理 4.18 より $f_{xy}=f_{yx}$ なので，

$$H(x,y)=f_{xx}(x,y)f_{yy}(x,y)-\{f_{xy}(x,y)\}^2=\begin{vmatrix} f_{xx}(x,y) & f_{xy}(x,y) \\ f_{yx}(x,y) & f_{yy}(x,y) \end{vmatrix}$$

とも変形できる．この $H(x,y)$ を**ヘシアン**または**ヘッセ行列式**という．また，定理 4.25 においてヘシアンが $H(a,b)=0$ のときは，定理の条件だけでは極値をとるかとらないかはわからない．次の例で，$H(a,b)=0$ となる場合を考察する．

○**例 4.26.** (1) $f(x,y)=x^4+y^4$ を考える．$f_x=4x^3$, $f_y=4y^3$ より $f_x=f_y=0$ となるのは原点 $(0,0)$ のみである．$f_{xx}=12x^2$, $f_{yy}=12y^2$, $f_{xy}=0$ より $H(0,0)=0$ となるので定理 4.25 は利用できない．ただし，$(x,y)\neq(0,0)$ において $f(x,y)=x^4+y^4>0=f(0,0)$ なので，原点 $(0,0)$ で極小 (最小) であることがわかる．

(2) $g(x,y)=x^4-y^4$ を考える．$g_x=4x^3$, $g_y=-4y^3$ より $g_x=g_y=0$ となるのは原点 $(0,0)$ のみである．$g_{xx}=12x^2$, $g_{yy}=-12y^2$, $g_{xy}=0$ より $H(0,0)=0$ となるので定理 4.25 は利用できない．ここで $(x,0)$ $(x\neq 0)$ においては $g(x,0)=x^4>0=g(0,0)$ であり，$(0,y)$ $(y\neq 0)$ においては $g(0,y)=-y^4<0=g(0,0)$ となるので，原点で極大にも極小にもならない．

●**例題 4.27.** 関数 $f(x,y)=8x^3-6xy-y^3$ の極値を求めよ．

解答例. $f_x=24x^2-6y$, $f_y=-6x-3y^2$, $f_{xx}=48x$, $f_{yy}=-6y$, $f_{xy}=-6$. これらより

$$H(x,y)=48x\cdot(-6y)-(-6)^2=-36(8xy+1).$$

$f_x=f_y=0$ を満たす (x,y) は

$$\begin{cases} 24x^2-6y=0 \\ -6x-3y^2=0 \end{cases} \Rightarrow \begin{cases} y=4x^2 \\ 2x=-y^2. \end{cases}$$

これらより y を消去して $x=0,-\frac{1}{2}$ を得る．したがって停留点は

$$(x,y)=\left(-\tfrac{1}{2},1\right),(0,0).$$

(i) $H(0,0)=-36<0$. よって点 $(0,0)$ では極値をとらない．

(ii) $H\left(-\frac{1}{2},1\right)=108>0$, $f_{xx}\left(-\frac{1}{2},1\right)=-24<0$ より点 $\left(-\frac{1}{2},1\right)$ で極大，

$f\left(-\frac{1}{2}, 1\right) = 1$ より点 $\left(-\frac{1}{2}, 1\right)$ で極大値 1 をとる. □

◇**問 4.10.** 次の関数の極値を求めよ.

(1) $f(x, y) = x^2 - xy + y^2 - 3x + y - 2$ (2) $f(x, y) = x^3 + y^3 - 3x - 12y$

(3) $f(x, y) = 2x^3 - 3x^2 + y^2 - 4y + 5$

4.7 陰関数定理

これまで, 1 変数関数とは $y = f(x)$ のように x の値を 1 つ決めれば y の値が 1 つ定まるものと定義された. 変数が逆で $x = g(y)$ と表現されるものも含めて**陽関数**という. 本節では,

$$f(x, y) = 0 \tag{4.2}$$

という式が与えられたときの, 変数 x, y の関係について考える. いま, $f(a, b) = 0$ であるとする. このとき, a を含むある開区間 I で定義された連続関数 $\varphi(x)$ が存在し, $b = \varphi(a)$ かつ

$$f(x, \varphi(x)) = 0 \quad (x \in I)$$

を満たすならば, 関数 $y = \varphi(x)$ は式 (4.2) から定められた**陰関数**という. 式 (4.2) から陰関数を定めることができる条件として次の定理がある.

定理 4.28 (陰関数定理). 開集合 D 上の C^1 級関数 $f(x, y)$ が, D 上の点 (a, b) において,

$$f(a, b) = 0, \quad f_y(a, b) \neq 0$$

を満たすとする. このとき a を含む開区間 I が存在し, $b = \varphi(a)$ かつ

$$f(x, \varphi(x)) = 0 \quad (x \in I)$$

を満たす I 上の C^1 級関数 $y = \varphi(x)$ がただ一つ存在する. さらに, $\varphi(x)$ の導関数について以下が成立する.

$$\varphi'(x) = \frac{dy}{dx} = -\frac{f_x(x, y)}{f_y(x, y)} \tag{4.3}$$

★**注意 4.29.** 式 (4.3) は陰関数の存在の証明とともに導かれるが, 陰関数の存在を認めると, 以下のように導くこともできる. 式 (4.2) の両辺を x について微分すると, 合成関数の微分法 (定理 4.13) より

$$f_x(x,y)\frac{dx}{dx}+f_y(x,y)\frac{dy}{dx}=f_x(x,y)+f_y(x,y)\frac{dy}{dx}=0$$

であるから，式 (4.3) を得る．

次に，定理 4.28 を具体例で考察する．

$$f(x,y)=x^2+y^2-1$$

とおけば，$f(x,y)=0$ は原点が中心の単位円の方程式である．y について解けば

$$y=\pm\sqrt{1-x^2}$$

である．特に，$f(a,b)=0$ および $b>0$ を満たす点 (a,b) では，$\varphi(a)=\sqrt{1-a^2}$ とおけば関数 φ は $f(a,\varphi(a))=0$ を満たす一意の関数である．さらに以下が成立する．

$$\varphi'(x)=-\frac{x}{\sqrt{1-x^2}}=-\frac{x}{y}=-\frac{2x}{2y}=-\frac{f_x(x,y)}{f_y(x,y)}$$

$f(a,b)=0$ および $b<0$ を満たす点 (a,b) でも同様のことがいえる．しかし，点 $(\pm1,0)$ においては，$\varphi(a)=\pm\sqrt{1-a^2}$ の 2 通りで表現でき，一意とはならない．また，点 $(\pm1,0)$ で微分不可能であることも容易に確認できる．

●例題 4.30. 曲線 $x^3-y^2+3=0$ 上の点 $(1,2)$ における接線と法線の方程式を求めよ．

解答例. $f(1,2)=x^3-y^2+3$ とおくと，$f_x(x,y)=3x^2$, $f_y(x,y)=-2y$ より

$$f(1,2)=0,\quad f_y(1,2)=-4\neq0.$$

ここで陰関数定理 (定理 4.28) より

$$\left.\frac{dy}{dx}\right|_{(x,y)\,=\,(1,2)}=-\frac{f_x(1,2)}{f_y(1,2)}=\frac{3}{4}$$

を得る．したがって，点 $(1,2)$ における接線と法線の方程式は

$$\text{接線}:y-2=\frac{3}{4}(x-1),\quad \text{法線}:y-2=-\frac{4}{3}(x-1)$$

より，これらを整理して以下を得る．

$$\text{接線}:3x-4y=-5,\quad \text{法線}:4x+3y=10.$$

□

◇**問 4.11.** 次の曲線の与えられた点における接線と法線の方程式を求めよ．

(1) $x^3-3xy+y^3=3$, 点 $(1,2)$　　(2) $x^3(y+1)=y^3(x-2)$, 点 $(2,-1)$

4.8 ラグランジュの未定乗数法

本節では，条件 $g(x,y)=0$ のもとで 2 変数関数 $z=f(x,y)$ の極値を求める**条件付き極値問題**を考える．そのために，まず以下の定理を示す．

定理 4.31. 開集合 D 上の 2 変数関数 $f(x,y)$, $g(x,y)$ はともに C^1 級とする．$g(x,y)=0$ のもとで，$z=f(x,y)$ が D 上の点 (a,b) で極値をとり，(a,b) は $g(x,y)$ の停留点ではないとする．このとき，

$$\begin{cases} f_x(a,b)-\lambda g_x(a,b)=0, \\ f_y(a,b)-\lambda g_y(a,b)=0 \end{cases} \tag{4.4}$$

を満たす実数 λ が存在する．

証明. 点 (a,b) は $g(x,y)$ の停留点ではないので，$g_x(a,b)\neq 0$ または $g_y(a,b)\neq 0$ が成り立つ．$g_y(a,b)\neq 0$ の場合，陰関数定理 (定理 4.28) より，$g(x,y)=0$ から陰関数 $y=\varphi(x)$ が定まり，特に，

$$\varphi'(a)=-\frac{g_x(a,b)}{g_y(a,b)} \tag{4.5}$$

を満たす．ここで $z=f(x,y)$ との合成関数 $z=f(x,\varphi(x))$ の $x=a$ での微分係数を考える．関数 $z=f(x,y)$ は点 (a,b) で極値をもつので，定理 4.13 より

$$\left.\frac{df(x,\varphi(x))}{dx}\right|_{x=a}=f_x(a,b)+f_y(a,b)\varphi'(a)=0. \tag{4.6}$$

式 (4.5) を式 (4.6) に代入すると

$$f_x(a,b)-g_x(a,b)\cdot\frac{f_y(a,b)}{g_y(a,b)}=0$$

を得る．ここで $\lambda=\dfrac{f_y(a,b)}{g_y(a,b)}$ とおくと $f_x(a,b)-\lambda g_x(a,b)=0$ となり

$$f_y(a,b)-\lambda g_y(a,b)=f_y(a,b)-\frac{f_y(a,b)}{g_y(a,b)}\cdot g_y(a,b)=f_y(a,b)-f_y(a,b)=0$$

より定理の結論を得る．$g_x(a,b)\neq 0$ の場合も同様に示せる． □

定理 4.31 は，曲線 $g(x,y)=0$ 上の $g(x,y)$ の停留点ではない点 (**非特異点**という) で $f(x,y)$ が極値をとるための必要条件を主張している．すなわち，式 (4.4) を満たす点 (a,b) は条件 $g(x,y)=0$ のもとでの極値問題の極値をとる候補の点である．また，曲線 $g(x,y)=0$ 上の $g(x,y)$ の停留点 (**特異点**という) も極

値をとる候補となる．定理 4.31 を用いて極値をとる候補の点を求めることを**ラグランジュの未定乗数法**といい，式 (4.4) に現れる λ のことを**ラグランジュの未定乗数**という．

●例題 4.32. $x^2+y^2=3$ のとき，関数 $f(x,y)=x-y$ の極値をとる候補の点を求めよ．

解答例. $g(x,y)=x^2+y^2-3$ とおくと $g(x,y)=0$. また，$f_x=1$, $f_y=-1$, $g_x=2x$, $g_y=2y$. $g(x,y)$ の停留点は $(0,0)$ のみであるが，$g(0,0)\neq 0$ である．(a,b) を極値をとる候補の点とすると，ラグランジュの未定乗数法より

$$\begin{cases} 1-\lambda\cdot 2a=0 \\ -1-\lambda\cdot 2b=0 \end{cases} \Rightarrow \begin{cases} 2a\lambda=1 \\ 2b\lambda=-1 \end{cases}$$

となる．ここで $\lambda=0$ ならば上記を満たす a, b は存在しない．$\lambda\neq 0$ ならば $a=\dfrac{1}{2\lambda}$, $b=-\dfrac{1}{2\lambda}$ となる．また，$g(a,b)=0$ より

$$\left(\frac{1}{2\lambda}\right)^2+\left(-\frac{1}{2\lambda}\right)^2=3.$$

これより $\lambda=\pm\frac{1}{\sqrt{6}}$ となる．したがって $(a,b)=\left(\pm\frac{\sqrt{6}}{2},\mp\frac{\sqrt{6}}{2}\right)$ (複号同順) を得る．よって，$\left(\frac{\sqrt{6}}{2},-\frac{\sqrt{6}}{2}\right)$, $\left(-\frac{\sqrt{6}}{2},\frac{\sqrt{6}}{2}\right)$ が極値をとる候補の点である． □

★注意 4.33. 実際，極値をとるかどうかを調べるのは一般的に難しい．しかし，定理 4.4 より条件 $g(x,y)=0$ が有界閉集合であれば最大値と最小値をもつことがわかる．特に，条件 $g(x,y)=0$ が円や楕円のように閉じた曲線であれば，極値をとる候補の点で最大値と最小値をとる．したがって，例題 4.32 においては

$$f\left(\frac{\sqrt{6}}{2},-\frac{\sqrt{6}}{2}\right)=\sqrt{6},\quad f\left(-\frac{\sqrt{6}}{2},\frac{\sqrt{6}}{2}\right)=-\sqrt{6}$$

より，$\left(\frac{\sqrt{6}}{2},-\frac{\sqrt{6}}{2}\right)$ で最大値 $\sqrt{6}$ をとり，$\left(-\frac{\sqrt{6}}{2},\frac{\sqrt{6}}{2}\right)$ で最小値 $-\sqrt{6}$ をとる．

●例題 4.34. $xy=1$ のとき，関数 $f(x,y)=x^2+y^2$ の極値を求めよ．

解答例. $g(x,y)=xy-1$ とおくと $g(x,y)=0$. また，$f_x=2x$, $f_y=2y$, $g_x=y$, $g_y=x$. $g(x,y)$ の停留点は $(0,0)$ のみであるが，$g(0,0)\neq 0$ である．(a,b) を極値をとる候補の点とすると，ラグランジュの未定乗数法より

$$\begin{cases} 2a - \lambda \cdot b = 0 \\ 2b - \lambda \cdot a = 0 \end{cases} \Rightarrow \begin{cases} b\lambda = 2a \cdots ① \\ a\lambda = 2b \cdots ② \end{cases}$$

となる．また条件より $ab = 1 \cdots$③．ここで①×②より $ab\lambda^2 = 4ab$ を得る．③を代入すると $\lambda^2 = 4$ となるので $\lambda = \pm 2$.

$\lambda = 2$ のとき，①, ②, ③ より $(a, b) = (\pm 1, \pm 1)$ (複号同順) を得る．$\lambda = -2$ のとき，①, ②, ③ を満たす実数の組 a, b は存在しない．したがって，$(a, b) = (\pm 1, \pm 1)$ (複号同順) が極値をとる候補の点である．

一方，条件より $xy = 1$ なので $x \neq 0$ となり $y = \dfrac{1}{x}$. 相加・相乗平均の不等式より

$$f(x, y) = x^2 + y^2 = x^2 + \frac{1}{x^2} \geqq 2\sqrt{x^2 \cdot \frac{1}{x^2}} = 2.$$

また，$f(1, 1) = 2$, $f(-1, -1) = 2$ より $(\pm 1, \pm 1)$ (複号同順) で最小値 2 をとり，この 2 点 $(\pm 1, \pm 1)$ のみで極値をとる． □

◇**問 4.12.** 次の条件のもとで関数 $f(x, y)$ の極値を求めよ．

(1) 条件 $x^2 + y^2 = 1$, 関数 $f(x, y) = xy$

(2) 条件 $x + y = 1$, 関数 $f(x, y) = x^2 + y^2$

4.9 偏微分の応用

最適化問題

最適化とは，ある制約条件のもとで，目的関数を最大化または最小化する変数の値を求めることである．ここでは，次の 2 変数の最適化問題を考える．

$$\begin{array}{ll} \text{目的関数} & f(x, y), \\ \text{制約条件} & g(x, y) = 0 \end{array}$$

以下のような目的関数を考える．m, n を $m + n = 1$ を満たす正の実数とし，

$$f(x, y) = kx^m y^n$$

とおく．ただし，k も正の実数とする．この関数は**コブ・ダグラス型生産関数**とよばれる．経済学では，労働投入量 x 単位と資本投入量 y 単位に対する製品などの生産の数量を表す関数として用いられる．

●**例題 4.35.** ある企業で製品を生産するとき，コブ・ダグラス型生産関数が

$$f(x,y)=20x^{0.3}y^{0.7}$$

で与えられている．労働投入量の 1 単位あたりの費用は 2 万円で，資本投入量の 1 単位あたりの費用が 3 万円とし，予算が 1 億 5000 万円とする．このとき新製品の生産数を最大にする労働投入量と資本投入量を求めよ．

解答例. 労働投入量 x 単位と資本投入量 y 単位とおくと，総費用は $2x+3y$ 万円となる．予算は 1 億 5000 万円なので，条件 $2x+3y=15000$ のもとで関数 f を最大にする x,y を求めればよい．$g(x,y)=2x+3y-15000$ とおくと $g(x,y)=0$. また，$f_x=6x^{-0.7}y^{0.7}$, $f_y=14x^{0.3}y^{-0.3}$, $g_x=2$, $g_y=3$. ここで (a,b) を極値をとる候補の点とすると，ラグランジュの未定乗数法より

$$\begin{cases} 6a^{-0.7}b^{0.7}-2\lambda=0 \\ 14a^{0.3}b^{-0.3}-3\lambda=0 \end{cases} \Rightarrow \begin{cases} \lambda=3a^{-0.7}b^{0.7} \\ \lambda=\frac{14}{3}a^{0.3}b^{-0.3} \end{cases}$$

となる．したがって，

$$3a^{-0.7}b^{0.7}=\frac{14}{3}a^{0.3}b^{-0.3}$$

より，

$$3a^{-0.7}b^{0.7}\times 3a^{0.7}b^{0.3}=\frac{14}{3}a^{0.3}b^{-0.3}\times 3a^{0.7}b^{0.3},$$
$$\therefore \quad 9b=14a.$$

よって $b=\dfrac{14}{9}a$. 条件より $2a+3b=15000$ となるので，これを代入し $a=2250$ を得る．したがって $b=3500$, $\lambda=3\left(\dfrac{14}{9}\right)^{0.7}\fallingdotseq 4.087$ となる．以上より，$(a,b)=(2250,3500)$ が極値をとる候補の点である．

一方，条件より $x=\dfrac{3}{2}(5000-y)$ であるから，

$$f(x,y)=20\left\{\frac{3}{2}(15000-3y)\right\}^{0.3}y^{0.7}=20\cdot(1.5)^{0.3}\sqrt[10]{(5000-y)^3y^7}.$$

ここで $h(y)=(5000-y)^3y^7$ とおくと，

$$\frac{dh}{dy}=-3(5000-y)^2y^7+7(5000-y)^3y^6=-10(y-3500)(5000-y)^2y^6$$

となり，$h(y)$ は $y=3500$ のとき最大値をとる．これより $(x,y)=(2250,3500)$ で生産数が最大となる． □

回帰直線

実験等によって得られた大きさ n の 2 次元データ

$$(x_1, y_1), (x_2, y_2), \cdots, (x_n, y_n) \quad (x_1, x_2, \cdots, x_n \text{ は相異なるとする}) \tag{4.7}$$

について，y_i と x_i の間に予想される直線的な関係 $y = ax + b$ と，実際のデータとのずれを

$$f(a, b) := \sum_{i=1}^{n} (ax_i + b - y_i)^2 \tag{4.8}$$

によって表し，$f(a, b)$ を最小にする直線 $y = ax + b$ を**回帰直線**とよぶ．

データの分析において基礎であり，回帰直線の係数にも関係する量を復習しよう．大きさ n のデータ $(x_1, x_2, \cdots, x_n)$ の**平均**を

$$\overline{x} := \frac{1}{n} \sum_{i=1}^{n} x_i$$

と表し，$(x_i$ の $\overline{x}$ からのずれ$)^2$ の平均値

$$s_x^2 := \frac{1}{n} \sum_{i=1}^{n} (x_i - \overline{x})^2$$

を**分散**とよぶ．また，

$$s_x := \sqrt{s_x^2}$$

を**標準偏差**とよぶ．$\overline{x^2} := \dfrac{1}{n} \displaystyle\sum_{i=1}^{n} (x_i)^2$ とおくと，$s_x^2 = \overline{x^2} - (\overline{x})^2$ が成り立つ．$(y_1, y_2, \cdots, y_n)$ についても同様に $\overline{y}$, s_y^2, s_y が定義される．2 次元データ (4.7) の**共分散** s_{xy} は，

$$s_{xy} := \frac{1}{n} \sum_{i=1}^{n} (x_i - \overline{x})(y_i - \overline{y})$$

によって定義される．$\overline{xy} := \dfrac{1}{n} \displaystyle\sum_{i=1}^{n} x_i y_i$ とおくと $s_{xy} = \overline{xy} - \overline{x} \cdot \overline{y}$ が成り立つ．$s_{xy} > 0$ [< 0] のとき，$x_i - \overline{x}$ と $y_i - \overline{y}$ は同符号［異符号］になりやすく，データ (4.7) を座標平面に並べると右上がり［右下がり］の直線に近い ($s_{xy} = 0$ のときは『直線には近くない』と解釈する)．平均からのずれを表すデータ

$$(x_1 - \overline{x}, x_2 - \overline{x}, \cdots, x_n - \overline{x}), \quad (y_1 - \overline{y}, y_2 - \overline{y}, \cdots, y_n - \overline{y})$$

を n 次元のベクトルと考えると，s_x, s_y はこれらの大きさの $\dfrac{1}{\sqrt{n}}$ 倍であり，s_{xy} は内積の $\dfrac{1}{n}$ 倍である．ここで，『|(ベクトルの内積)| $\leqq$ (ベクトルの大きさの積)』

に相当する $|s_{xy}| \leqq s_x \cdot s_y$ という式が成り立つことがわかっており,

$$\rho_{xy} := \frac{s_{xy}}{s_x \cdot s_y} \in [-1, 1]$$

を**相関係数**とよぶ. すなわち, ρ_{xy} はベクトルのなす角の cos に相当する.

定理 4.36. 2 次元データ (4.7) に対して,

$$a = \frac{s_{xy}}{s_x^2}, \quad b = -\frac{s_{xy}}{s_x^2}\overline{x} + \overline{y} \tag{4.9}$$

のとき, 式 (4.8) の $f(a,b)$ は最小値 $ns_y^2\{1-(\rho_{xy})^2\}$ をとる. すなわち, 2 次元データ (4.7) の回帰直線は $y = \dfrac{s_{xy}}{s_x^2}(x-\overline{x}) + \overline{y}$ である. $s_y \neq 0$ ならば,

$$\frac{y-\overline{y}}{s_y} = \rho_{xy} \cdot \frac{x-\overline{x}}{s_x} \tag{4.10}$$

とも表される.

証明. $f(a,b)$ を a, b について偏微分すると,

$$\begin{cases} \dfrac{\partial f}{\partial a} = \displaystyle\sum_{i=1}^{n} 2x_i(ax_i + b - y_i) = 0, \\ \dfrac{\partial f}{\partial b} = \displaystyle\sum_{i=1}^{n} 2(ax_i + b - y_i) = 0 \end{cases} \Leftrightarrow \begin{cases} \overline{x^2}a + \overline{x}b - \overline{xy} = 0, \\ \overline{x}a + b - \overline{y} = 0 \end{cases}$$

が得られ, これを満たす $a = \dfrac{\overline{xy} - \overline{x}\cdot\overline{y}}{\overline{x^2} - (\overline{x})^2} = \dfrac{s_{xy}}{s_x^2}$, $b = -\overline{x}a + \overline{y}$ である. $f(a,b)$ は a, b の 2 次関数であり, 実は,

$$\begin{aligned} f(a,b) &= n(\overline{y^2} + \overline{x^2}a^2 + b^2 - 2\overline{xy}a + 2\overline{x}ab - 2\overline{y}b) \\ &= n(b + \overline{x}a - \overline{y})^2 + ns_x^2\left(a - \frac{s_{xy}}{s_x^2}\right)^2 + ns_y^2\{1-(\rho_{xy})^2\} \end{aligned}$$

と変形できることがわかる. これは, (4.9) の a, b において $f(a,b)$ が最小値 $ns_y^2\{1-(\rho_{xy})^2\}$ をとることを示している. □

★注意 4.37. 回帰直線は, データの「重心」$(\overline{x}, \overline{y})$ を通る. $f(a,b)$ の最小値が $ns_y^2\{1-(\rho_{xy})^2\}$ であることから, データの大きさ n が大きいとき, 分散 s_y^2 が大きいとき, $R := (\rho_{xy})^2$ が 0 に近いときは直線へのあてはまりがよくないことがわかる. この R は回帰直線の有効性の目安のひとつになり, **決定係数**とよばれている. また, 式 (4.10) から,「平均を引いて標準偏差で割ったデータ」どうしなら, 回帰直線の傾きが ρ_{xy} で表されることがわかる. この操作は複数のデータを比較するときに重要である.

最尤推定法と偶然誤差の分布

表が出る確率 p が未知であるコインを 5 回投げたところ，順に「裏，表，裏，裏，表」という結果が得られた．このような結果が出る確率は

$$L(p) := (1-p)\cdot p\cdot(1-p)\cdot(1-p)\cdot p = p^2(1-p)^3$$

と表される．この結果が現に得られているからには，p は $L(p)$ を最大にする値なのだろうと考えられる．$0 \leqq p \leqq 1$ における $L(p)$ の増減を調べると，$L(p)$ は $p=\dfrac{2}{5}$ のとき最大となることがわかる．これを根拠に「上の実験結果から，p の推定値として $\dfrac{2}{5}$ を採用する」方法を**最尤**（さいゆう）**推定法**といい，$L(p)$ を**尤**（ゆう）**度関数**とよぶ[2]．この方法によると，n 回コインを投げて k 回表が出た場合，p の推定値として $\dfrac{k}{n}$ を採用することになる．

実験等である量 μ を測定するとき，偶然誤差 X が加わった $\mu+X$ が測定値として得られるとする．このとき，偶然誤差を表す確率変数 X の確率密度関数 $g(x)$ とはどのようなものだろうか？ ガウスが論じた方法に基づいて考察してみよう．以下では，関数 $g(x)$ は 2 回微分可能で，すべての実数 x に対して $g(x)>0$ を満たすと仮定しておく．測定を互いに独立に n 回行い，測定値 $x_1, x_2, \cdots, x_n$ が得られたとする．測定値の確率密度関数は $g(x-\mu)$ であるから，このような測定値の得られる確率密度は $L(\mu) := \prod_{i=1}^{n} g(x_i-\mu)$ で与えられる．

$$L(\mu) \text{ が } \mu = \overline{x} := \frac{1}{n}\sum_{i=1}^{n} x_i \text{ において最大値をとる} \tag{4.11}$$

と仮定すると，ある $\sigma>0$ によって

$$g(x) = \frac{1}{\sqrt{2\pi\sigma^2}}\exp\left(-\frac{x^2}{2\sigma^2}\right) \tag{4.12}$$

と表されることを示そう．

$$\frac{\partial}{\partial\mu}\log L(\mu) = \frac{\partial}{\partial\mu}\sum_{i=1}^{n}\log g(x_i-\mu) = -\sum_{i=1}^{n}\frac{g'(x_i-\mu)}{g(x_i-\mu)}$$

と仮定 (4.11) から，

$$\left.\frac{\partial}{\partial\mu}\log L(\mu)\right|_{\mu=\overline{x}} = -\sum_{i=1}^{n}\frac{g'(x_i-\overline{x})}{g(x_i-\overline{x})} = 0 \tag{4.13}$$

---

2) 「尤もらしい」と書いて「もっともらしい」と読む．

となることがわかる．$i = 1, 2, \cdots, n$ に対して $z_i := x_i - \overline{x}$ とおくと，$\sum_{i=1}^{n} z_i = 0$ となることに注意しよう．さらに，$h(x) := -\dfrac{g'(x)}{g(x)}$ とおくと，任意の $n = 1, 2, \cdots$ と $z_1, \cdots, z_{n-1}$ に対して

$$\sum_{i=1}^{n-1} h(z_i) + h\left(-\sum_{i=1}^{n-1} z_i\right) = 0 \tag{4.14}$$

が成り立つことがわかる．(4.14) で $n = 2$ の場合を考えると，任意の z_1 に対して

$$h(z_1) + h(-z_1) = 0, \quad \text{すなわち} \quad h(-z_1) = -h(z_1) \tag{4.15}$$

となる．これは，$h(z)$ が奇関数であることを示している．次に，式 (4.14) で $n = 3$ の場合を考えると，任意の z_1, z_2 に対して

$$h(z_1) + h(z_2) + h(-z_1 - z_2) = 0$$

となるが，(4.15) より，任意の z_1, z_2 に対して

$$h(z_1 + z_2) = h(z_1) + h(z_2) \tag{4.16}$$

が成り立つことになる．このような関数 $h(x)$ は，ある実数 k によって $h(x) = kz$ と表されることを示そう．まず，等式 (4.16) で $z_1 = z_2 = 0$ とおくと $h(0) = 0$ とわかる．次に，(4.16) の等式を z_2 について偏微分すると $h'(z_1 + z_2) = h'(z_2)$ が得られ，$z_1 = x$, $z_2 = 0$ とおくと，任意の x に対して $h'(x) = h'(0)$ となる．$h'(0) = k$ とし，$h(0) = 0$ に注意すると $h(x) = kx$ が導かれる．さて，$h(x) = -\dfrac{g'(x)}{g(x)} = kx$ から $g(x) = C\exp\left(-\dfrac{kx^2}{2}\right)$ (C は定数) が得られるが，仮定 (4.11) で $n = 1$ の場合を考えると，$g(x)$ は $x = 0$ で最大値をとることがわかるから，$k \geqq 0$ である．さらに，$k = 0$ とすると $g(x) = C$ となるが，

$$\int_{-\infty}^{\infty} g(x)\, dx = 1 \tag{4.17}$$

という条件を満たす $C > 0$ は存在しないから，$k > 0$ とわかる．そこで，$\sigma > 0$ を用いて $k = \dfrac{1}{\sigma^2}$ と置き換えると，(4.17) を満たす C は $C = \dfrac{1}{\sqrt{2\pi\sigma^2}}$ であることがわかる (注意 5.22 を参照)．

μ を実数とし，σ を正の実数とする．確率変数 X の確率密度関数が

$$f(x) = \frac{1}{\sqrt{2\pi\sigma^2}} \exp\left\{-\frac{(x-\mu)^2}{2\sigma^2}\right\} \tag{4.18}$$

で与えられるとき，X は**正規分布** $\mathrm{N}(\mu,\sigma^2)$ に従うという．様々な場面に登場する確率分布で，上で述べた偶然誤差の分布として現れることから**ガウス分布**とよばれる場合も多い．

パラメータ μ,σ^2 が未知の正規分布に従う量を n 回観測し，データ $x_1,x_2,\cdots,x_n$ が得られたとする．尤度関数

$$L(\mu,\sigma)=\prod_{i=1}^{n}f(x_i)=\frac{1}{(2\pi\sigma^2)^{n/2}}\exp\left\{-\sum_{i=1}^{n}\frac{(x_i-\mu)^2}{2\sigma^2}\right\}$$

を最大にする μ,σ^2 を求めよう．尤度関数の対数をとって

$$f(\mu,\sigma)=\log L(\mu,\sigma)=-\frac{n}{2}\log(2\pi)-n\log\sigma-\sum_{i=1}^{n}\frac{(x_i-\mu)^2}{2\sigma^2}$$

を調べるのが得策である．

$$\frac{\partial f}{\partial\mu}=-\sum_{i=1}^{n}\frac{-2(x_i-\mu)}{2\sigma^2}=\frac{1}{\sigma^2}\left(\sum_{i=1}^{n}x_i-n\mu\right)=0,$$

$$\frac{\partial f}{\partial\sigma}=-\frac{n}{\sigma}-\sum_{i=1}^{n}\frac{-(x_i-\mu)^2\cdot4\sigma}{(2\sigma^2)^2}=-\frac{n}{\sigma}+\frac{1}{\sigma^3}\left(\sum_{i=1}^{n}(x_i-\mu)^2\right)=0$$

となるのは

$$\mu=\frac{1}{n}\sum_{i=1}^{n}x_i=\overline{x},\quad \sigma^2=\frac{1}{n}\sum_{i=1}^{n}(x_i-\mu)^2=\frac{1}{n}\sum_{i=1}^{n}(x_i-\overline{x})^2=s_x^2$$

の場合である．正規分布に従う母集団から標本をとるという場面において，μ, σ^2 はそれぞれ母平均，母分散とよばれる．これらを推定するのに，標本 $x_1,x_2,\cdots,x_n$ における平均 $\overline{x}$ や分散 s_x^2 が役立つことがわかる．ただし，標本の大きさ n が小さいとき，s_x^2 は σ^2 よりもある意味で小さくなりやすいことがわかっており (「井の中の蛙 大海を知らず」という言葉に通じるものがある)，$\dfrac{n}{n-1}s_x^2$ という補正をかけた量を σ^2 の推定値とする場合もある．

章末問題

1. 次の関数が原点 $(0,0)$ で連続かどうか調べよ．

(1) $f(x,y)=\begin{cases}\dfrac{xy^3}{x^2+y^2} & ((x,y)\neq(0,0)),\\ 0 & ((x,y)=(0,0))\end{cases}$

(2) $f(x,y)=\begin{cases}\dfrac{xy}{x^2+4y^2} & ((x,y)\neq(0,0)),\\ 0 & ((x,y)=(0,0))\end{cases}$

2. 次の関数を偏微分せよ.

(1) $z = x^3 + 2xy - 3y^2 + y^5$ (2) $z = x^4 + 3x^3y - xy^2$ (3) $z = xe^{x-y}$

(4) $z = \dfrac{xy}{x^2+y^2}$ (5) $z = e^{\sin x - \cos y}$ (6) $z = \sqrt{2^x + 2^{-y}}$

3. 次の関数の 2 階の偏導関数を求めよ.

(1) $z = x^4 + 2x^3y + 3x^2y^2 + 4xy^3 + 5y^4$ (2) $z = \log|\cos(x-y)|$

(3) $z = x\log\left(\dfrac{y}{x}\right)$ (4) $z = \tan(xy)$ (5) $z = \dfrac{xy}{x+y}$

4. 次の関数の全微分を求めよ.

(1) $z = \left(x^2 + y\right)^5$ (2) $z = \log|\sin x + \cos y|$ (3) $z = \dfrac{e^x - e^y}{e^x + e^y}$

5. 次の曲面の与えられた点における接平面の方程式を求めよ.

(1) $z = x^3 + x^2y + xy^2 + y^3$, 点 $(2, -1, 5)$

(2) $z = \sqrt{x^2 - y^2}$, 点 $(5, 4, 3)$

6. 次の問いに答えよ.

(1) $z = xy^2$, $x = \sin t$, $y = \cos t$ のとき $\dfrac{dz}{dt}$ を求めよ.

(2) $z = \log(x^2 + y^2)$, $x = 1 + t^2$, $y = 1 - t^2$ のとき $\dfrac{dz}{dt}$ を求めよ.

(3) $z = x^2y$, $x = u + v$, $y = uv$ のとき $\dfrac{\partial z}{\partial u}$, $\dfrac{\partial z}{\partial v}$ を求めよ.

(4) $z = f(x, y)$ は C^2 級で, $x = r\cos\theta$, $y = r\sin\theta$ のとき以下を証明せよ.

$$\frac{\partial^2 z}{\partial x^2} + \frac{\partial^2 z}{\partial y^2} = \frac{\partial^2 z}{\partial r^2} + \frac{1}{r}\frac{\partial z}{\partial r} + \frac{1}{r^2}\frac{\partial^2 z}{\partial \theta^2}$$

7. 次の関数を与えられた点で 2 次までテイラー展開せよ.

(1) $f(x, y) = \sin\left(2x - 2y + \dfrac{\pi}{6}\right)$, 点 $(0, 0)$ (マクローリン展開)

(2) $f(x, y) = e^{3x-2y}$, 点 $(3, 4)$

8. 次の関数の極値を求めよ.

(1) $f(x, y) = 2x^3 + 6xy + y^2 - 4y + 5$

(2) $f(x, y) = 3 + 2xy + 6x - x^2 - 2y^2$

(3) $f(x, y) = e^{x+y}(x^2 + y^2)$

(4) $f(x, y) = \sin x - \cos(x + y)$ $(0 < x < \pi,\ 0 < y < \pi)$

9. 次の曲線の与えられた点における接線と法線の方程式を求めよ.

(1) $x^4 - x^3y + x^2y^2 - xy^3 + y^4 = 5$, 点 $(1, -1)$

(2) $x^3 - 2x^2 - xy - 2y = -1$, 点 $(3, 2)$

10. 次の条件のもとで関数 $f(x, y)$ の極値を求めよ.

(1) 条件 $x^2 + \dfrac{y^2}{4} = 1$, 関数 $f(x, y) = 2x + 3y + 4$

(2) 条件 $xy = 3$, 関数 $f(x, y) = x^2 + 2xy + 9y^2$

(3) 条件 $x - y = 2$, 関数 $f(x, y) = x^2y$

5
多変数関数の積分

本章では，多変数関数の積分について学ぶ．1 変数関数の積分が面積を表していたように，2 変数関数の積分は基本的には体積を求める手段として用いられる．定理や公式の詳しい証明まではふれず，基本的な計算ができることを目標とする．

5.1　重積分の定義

本節では，平面 $\mathbf{R}^2$ 内の有界な集合 D 上の有界な関数 $f(x,y)$ の積分 (重積分) を定義する．

定義域が長方形の場合

まず，$f(x,y)$ の定義域が長方形

$$\begin{aligned} I &= [a,b] \times [c,d] \\ &= \{(x,y) \mid a \leqq x \leqq b,\ c \leqq y \leqq d\} \end{aligned}$$

の場合を考察する．$f(x,y)$ を I 上の有界な関数とする．

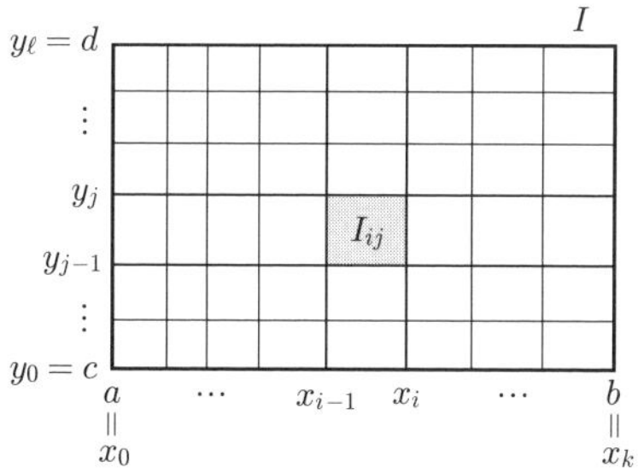

図 5.1

積分 (重積分) の定義に際して，1 変数関数の場合と同様に，この長方形 I の分割を考える．ここで，I の分割とは $[a,b]$ の分割と $[c,d]$ の分割の組

$$\Delta: \quad \begin{aligned} &a = x_0 < x_1 < \cdots < x_{k-1} < x_k = b \\ &c = y_0 < y_1 < \cdots < y_{\ell-1} < y_\ell = d \end{aligned}$$

のことであり，これにより I は $k\ell$ 個の小さな長方形

$$I_{ij} = \{(x, y) \mid x_{i-1} \leqq x \leqq x_i,\ y_{j-1} \leqq y \leqq y_j\}$$

$(1 \leqq i \leqq k,\ 1 \leqq j \leqq \ell)$ に分割される．x_i や y_j を Δ の**分点**とよぶ．さて，M_{ij} を I_{ij} における $f(x, y)$ の上限，m_{ij} を I_{ij} における $f(x, y)$ の下限とし，

$$S_\Delta(f) = \sum_{i=1}^{k} \sum_{j=1}^{\ell} M_{ij}(x_i - x_{i-1})(y_j - y_{j-1}),$$

$$s_\Delta(f) = \sum_{i=1}^{k} \sum_{j=1}^{\ell} m_{ij}(x_i - x_{i-1})(y_j - y_{j-1})$$

とおく．このとき，M を I における $f(x, y)$ の上限，m を I における $f(x, y)$ の下限とすると，

$$m(b-a)(d-c) \leqq s_\Delta(f) \leqq S_\Delta(f) \leqq M(b-a)(d-c)$$

が成り立つ．特に $\{S_\Delta(f) \mid \Delta$ は I の分割$\}$ は下に有界，また $\{s_\Delta(f) \mid \Delta$ は I の分割$\}$ は上に有界であることがわかる．したがって，次の量を定めることができる．

$$S(f) = \inf\{S_\Delta(f) \mid \Delta \text{ は } I \text{ の分割}\},$$

$$s(f) = \sup\{s_\Delta(f) \mid \Delta \text{ は } I \text{ の分割}\}$$

分割 Δ, Δ' に対し，Δ の任意の分点が Δ' の分点になっているとき，Δ' は Δ の**細分**であるという．Δ' が Δ の細分であるとき，

$$s_\Delta(f) \leqq s_{\Delta'}(f) \leqq S_{\Delta'}(f) \leqq S_\Delta(f) \tag{5.1}$$

が成り立つので，$S(f)$ および $s(f)$ はそれぞれ，Δ を細かくしていったときの $S_\Delta(f)$ と $s_\Delta(f)$ の極限と考えることができる．さらに，$s(f) \leqq S(f)$ が成り立つことがわかる．

◇**問 5.1.** 細分に関する性質 (5.1) を示せ (補題 3.1 の証明を参照).

定義 5.1. $I = [a, b] \times [c, d]$ 上の有界な関数 $f(x, y)$ に対して，$s(f) = S(f)$ が成り立つとき，$f(x, y)$ は**重積分可能**といい，この $s(f) = S(f)$ の値を

$$\iint_I f(x, y)\, dxdy$$

と表す．これを $f(x, y)$ の I における**重積分**とよぶ．

上の定義では，すべての分割 Δ を考えて，その $S_\Delta(f)$ の下限や $s_\Delta(f)$ の上限を考える必要があったが，実は，分割を一様に細かくしておけば十分であることが知られている．以下の定理がそれを示しているが，証明は込み入っているためここでは紹介するだけにとどめる．

定理 5.2 (ダルブーの定理)**.** $|\Delta|$ を I_{ij} $(1 \leqq i \leqq k,\ 1 \leqq j \leqq \ell)$ の辺の長さの最大値とする．$|\Delta| \to 0$ となるような分割 Δ の列に対して，$S_\Delta(f) \to S(f)$ および $s_\Delta(f) \to s(f)$ が成り立つ．

ダルブーの定理より，次の「補題 3.7 の 2 変数版」が成り立つ．

系 5.3. 関数 $f(x,y)$ が I で重積分可能とする．Δ を I の分割とし，各小長方形 I_{ij} からどのように点 $\mathrm{P}_{ij} = (\xi_{ij}, \eta_{ij})$ を選んできても，

$$\mathcal{S}_{\Delta,\{\mathrm{P}_{ij}\}} := \sum_{i=1}^{k} \sum_{j=1}^{\ell} f(\xi_{ij}, \eta_{ij})(x_i - x_{i-1})(y_j - y_{j-1}) \tag{5.2}$$

は，$|\Delta| \to 0$ のとき $\displaystyle\iint_I f(x,y)\,dxdy$ に収束する．

証明. $m_{ij} \leqq f(\xi_{ij}, \eta_{ij}) \leqq M_{ij}$ であるから，

$$s_\Delta(f) \leqq \mathcal{S}_{\Delta,\{\mathrm{P}_{ij}\}} \leqq S_\Delta(f)$$

が成り立つ．$|\Delta| \to 0$ のとき，ダルブーの定理により，$S_\Delta(f) \to S(f)$ および $s_\Delta(f) \to s(f)$．また，$f(x,y)$ は重積分可能であるので，$s(f) = S(f) = \displaystyle\iint_I f(x,y)\,dxdy$．したがって，$\mathcal{S}_{\Delta,\{\mathrm{P}_{ij}\}}$ は $\displaystyle\iint_I f(x,y)\,dxdy$ に収束する． □

逆に，任意の $\{\mathrm{P}_{ij}\}$ に対し $\displaystyle\lim_{|\Delta|\to 0} \mathcal{S}_{\Delta,\{\mathrm{P}_{ij}\}}$ が同じ値に収束すれば，重積分可能である．

定義域が一般の有界集合の場合

定義 5.4. $f(x,y)$ を有界集合 D 上の有界な関数とする．D を含む長方形 I をとり，$(x,y) \in I$ に対して，

$$f^I(x,y) = \begin{cases} f(x,y) & ((x,y) \in D \text{ のとき}), \\ 0 & ((x,y) \notin D \text{ のとき}) \end{cases}$$

と定める．$f^I(x,y)$ が I で重積分可能であるとき，$f(x,y)$ は D で**重積分可能**であるといい，$\displaystyle\iint_I f^I(x,y)\,dxdy$ を

$$\iint_D f(x,y)\,dxdy$$

と表す．

★注意 5.5. この定義は，長方形 I のとり方によらない．実際，I' を D を含む別の長方形とする．$I \cup I'$ を含む長方形 J を選び，Δ を J の分割とする．また，Δ が自然に定める I の分割を Δ_I と表す．$\ell(I)$ で I の周の長さを，M で $|f(x,y)|$ の上界を表す．$(x,y) \notin I$ では $f^J(x,y) = 0$ より，$S_\Delta(f^J)$ と $S_{\Delta_I}(f^I)$ の差は，I の境界と交わる小長方形からの寄与であるので，高々 $2|\Delta|\ell(I)M$ である．同様に，$s_\Delta(f^J)$ と $s_{\Delta_I}(f^I)$ の差は，高々 $2|\Delta|\ell(I)M$．したがって，$|\Delta| \to 0$ としたとき，$S_\Delta(f^J) - s_\Delta(f^J) \to 0$ と $S_{\Delta_I}(f^I) - s_{\Delta_I}(f^I) \to 0$ は同値である．よって，定理 5.2 により，$f^I(x,y)$ の I における重積分可能性は，$f^J(x,y)$ の J における重積分可能性と同値であり，重積分可能であれば $\displaystyle\iint_I f^I(x,y)\,dxdy = \iint_J f^J(x,y)\,dxdy$ が成り立つ．I' に対しても同様のことがわかるので，$f^I(x,y)$ の I における重積分可能性は，$f^{I'}(x,y)$ の I' における重積分可能性と同値であり，重積分可能であるとき，$\displaystyle\iint_I f^I(x,y)\,dxdy = \iint_{I'} f^{I'}(x,y)\,dxdy$ が成り立つ．

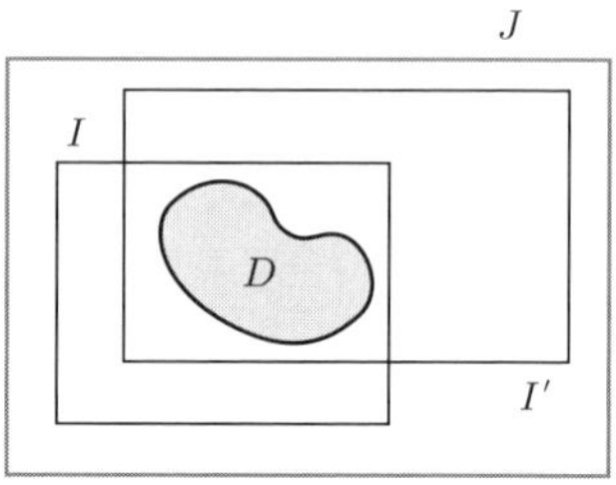

図 5.2

重積分を用いて，$\mathbf{R}^2$ 内の有界集合について，その面積が定められるか否かや，また，定められるときのその面積を定義することができる．

定義 5.6. D を $\mathbf{R}^2$ 内の有界集合とし，$1_D(x,y)$ を定義域が D で，D 上の任意の点で 1 をとる関数 (定数関数) とする．もし，$1_D(x,y)$ が D 上で重積分可能であるとき，D は**面積をもつ** (もしくは**面積確定**) という．その重積分 $\displaystyle\iint_D 1_D(x,y)\,dxdy$ を D の**面積**と定義する．

○**例 5.7.** $\varphi_1(x), \varphi_2(x)$ を閉区間 $[a,b]$ 上の連続関数で $\varphi_1(x) \leqq \varphi_2(x)$ を満たすとする．このとき，集合

$$D = \{(x,y) \in \mathbf{R}^2 \mid a \leqq x \leqq b,\ \varphi_1(x) \leqq y \leqq \varphi_2(x)\}$$

は面積をもつ．

例 5.7 の集合における連続関数の重積分の計算法は 5.3 節で学ぶ．

次は基本的な定理であるが，多くの準備が必要なため，ここでは証明は割愛する．

定理 5.8. D を面積をもつ有界集合とし，$f(x,y)$ を D 上の連続関数とする．このとき，$f(x,y)$ は D 上で重積分可能である．

5.2 重積分の性質

本節では，重積分に対して成り立つ基本的な性質を紹介する．証明については細かい議論が必要なため省略し，実際にこれらの定理を使って重積分を求めることができるようになることを目標としたい．

定理 5.9. D を $\mathbf{R}^2$ 内の面積をもつ有界集合とする．λ, μ を定数とし，$f(x,y), g(x,y)$ を D 上の重積分可能な関数とする．このとき，

(1) $\lambda f(x,y) + \mu g(x,y)$ も D 上で重積分可能で，次が成り立つ．

$$\iint_D \{\lambda f(x,y) + \mu g(x,y)\}\,dxdy = \lambda \iint_D f(x,y)\,dxdy + \mu \iint_D g(x,y)\,dxdy$$

(2) $f(x,y) \leqq g(x,y)$ ならば，次が成り立つ．

$$\iint_D f(x,y)\,dxdy \leqq \iint_D g(x,y)\,dxdy$$

(3) $|f(x,y)|$ も D 上で重積分可能で，次が成り立つ．

$$\left|\iint_D f(x,y)\,dxdy\right| \leqq \iint_D |f(x,y)|\,dxdy$$

(4) D が，右図のように面積をもつ 2 つの集合 D_1, D_2 に分割され，$f(x,y)$ は D_1 上，D_2 上それぞれで重積分可能であると仮定する．このとき，次が成り立つ．

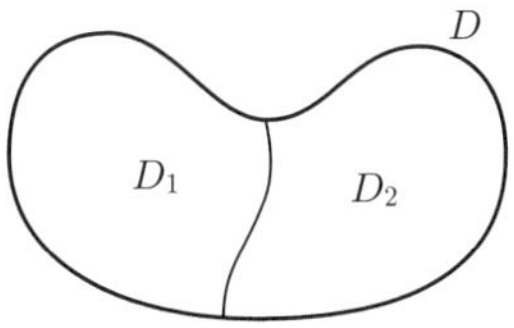

$$\iint_D f(x,y)\,dxdy = \iint_{D_1} f(x,y)\,dxdy + \iint_{D_2} f(x,y)\,dxdy$$

(5) **(平均値の定理)**　A を D の面積とする．M, m をそれぞれ D 上の $f(x,y)$ の上限，下限とする．このとき，ある実数 ν $(m \leqq \nu \leqq M)$ が存在し，

$$\iint_D f(x,y)\,dxdy = \nu A$$

が成り立つ．

5.3　重積分と累次積分

これまで重積分の定義とその性質を学んできたが，本節では，その値の求め方について考えよう．次の定理により，多くの場合，重積分は 1 変数関数の積分を 2 回行うこと (累次積分) により求められることがわかる．

定理 5.10. $\varphi_1(x)$, $\varphi_2(x)$ は閉区間 $[a,b]$ 上の連続関数で，$\varphi_1(x) \leqq \varphi_2(x)$ を満たすとする．$f(x,y)$ を集合

$$D = \{(x,y) \in \mathbf{R}^2 \mid a \leqq x \leqq b,\ \varphi_1(x) \leqq y \leqq \varphi_2(x)\}$$

上の連続関数とする．このとき $f(x,y)$ は D 上で重積分可能で

$$\iint_D f(x,y)\,dxdy = \int_a^b \int_{\varphi_1(x)}^{\varphi_2(x)} f(x,y)\,dy\,dx \tag{5.3}$$

が成り立つ．ここで，$\displaystyle\int_{\varphi_1(x)}^{\varphi_2(x)} f(x,y)\,dy$ は x を定数とみなし，y の関数の積分とみて積分を実行したものであり，この積分の値は x の関数となる (図 5.3)．

★注意 5.11. 式 (5.3) の右辺を**累次積分**とよぶ．

証明. D を含む長方形 $I = [a,b] \times [c,d]$ をとってくる．重積分の定義 (定義 5.4) より，$\displaystyle\iint_D f(x,y)\,dxdy = \iint_I f^I(x,y)\,dxdy$ である．$f^I(x,y)$ は $\varphi_1(x) \leqq y \leqq \varphi_2(x)$ 以外では 0 をとるので，

$$\int_c^d f^I(x,y)\,dy = \int_{\varphi_1(x)}^{\varphi_2(x)} f(x,y)\,dy$$

である．したがって

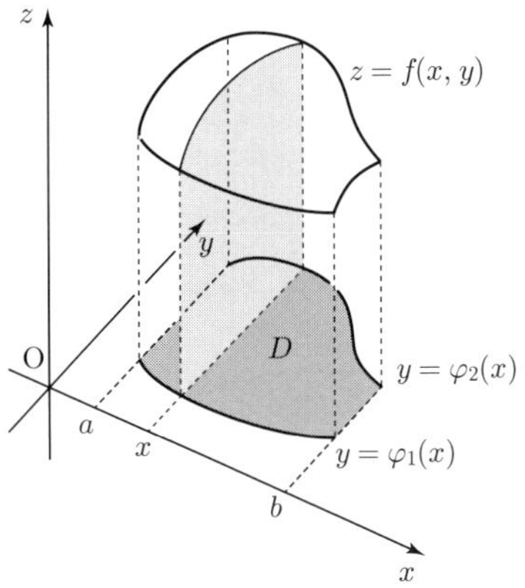

図 5.3

$$\iint_I f^I(x,y)\,dxdy = \int_a^b \int_c^d f^I(x,y)\,dy\,dx \tag{5.4}$$

を示せばよい．I の分割 Δ: $a = x_0 < x_1 < \cdots < x_k = b$, $c = y_0 < y_1 < \cdots < y_\ell = d$ を考える．$x_{i-1} \leqq \xi_i \leqq x_i$ に対し，

$$m_{ij}(y_j - y_{j-1}) \leqq \int_{y_{j-1}}^{y_j} f^I(\xi_i, y)\,dy \leqq M_{ij}(y_j - y_{j-1}),$$

ただし，

$$m_{ij} = \inf\{f^I(x,y) \mid (x,y) \in I_{ij}\}, \quad M_{ij} = \sup\{f^I(x,y) \mid (x,y) \in I_{ij}\},$$

であるから，j について和をとると

$$\sum_{j=1}^{\ell} m_{ij}(y_j - y_{j-1}) \leqq \int_c^d f^I(\xi_i, y)\,dy \leqq \sum_{j=1}^{\ell} M_{ij}(y_j - y_{j-1})$$

を得る．ここで $F(x) = \displaystyle\int_c^d f^I(x,y)\,dy$ とおき，$x_i - x_{i-1}$ をかけて i について和をとると，

$$s_\Delta(f) \leqq \sum_{i=1}^{k} F(\xi_i)(x_i - x_{i-1}) \leqq S_\Delta(f) \tag{5.5}$$

が成り立つ．$|\Delta| \to 0$ を考えると，$s_\Delta(f)$ と $S_\Delta(f)$ は $s(f) = S(f) = \displaystyle\iint_I f^I(x,y)\,dxdy$ に収束し，また (5.5) の真ん中の式は $\displaystyle\int_a^b F(x)\,dx$ に収束する．以上から (5.4) が示された． □

●**例題 5.12.** $D=\{(x,y)\in\mathbf{R}^2 \mid x^2 \leqq y \leqq x\}$ とする．このとき

$$\iint_D \frac{1}{(y+1)^2}\,dxdy$$

を求めよ．

解答例.
$$\iint_D \frac{1}{(y+1)^2}\,dxdy = \int_0^1 \int_{x^2}^x \frac{1}{(y+1)^2}\,dy\,dx = \int_0^1 \left[-\frac{1}{y+1}\right]_{x^2}^x dx$$
$$= \int_0^1 \left(-\frac{1}{x+1} + \frac{1}{x^2+1}\right) dx$$
$$= \left[-\log(x+1) + \mathrm{Tan}^{-1}\,x\right]_0^1 = \frac{\pi}{4} - \log 2. \qquad \square$$

◇**問 5.2.** 次の重積分を求めよ．

(1) $\displaystyle\iint_D xe^y\,dxdy, \quad D=\{(x,y)\in\mathbf{R}^2 \mid x,y \geqq 0,\ x+y \leqq 1\}$

(2) $\displaystyle\iint_D xy\,dxdy, \quad D=\{(x,y)\in\mathbf{R}^2 \mid 0 \leqq x \leqq y \leqq \sqrt{x}\}$

系 5.13 (積分順序の交換). $\mathbf{R}^2$ 内の集合 D が，連続関数 $\varphi_1(x), \varphi_2(x)$ (ただし $\varphi_1(x) \leqq \varphi_2(x)$) および $\psi_1(y), \psi_2(y)$ (ただし $\psi_1(y) \leqq \psi_2(y)$) により，

$$D=\{(x,y)\in\mathbf{R}^2 \mid a \leqq x \leqq b,\ \varphi_1(x) \leqq y \leqq \varphi_2(x)\}$$
$$=\{(x,y)\in\mathbf{R}^2 \mid c \leqq y \leqq d,\ \psi_1(y) \leqq x \leqq \psi_2(y)\}$$

のように 2 通りに表されたとき，

$$\int_a^b \int_{\varphi_1(x)}^{\varphi_2(x)} f(x,y)\,dy\,dx = \int_c^d \int_{\psi_1(y)}^{\psi_2(y)} f(x,y)\,dx\,dy$$

が成り立つ (図 5.4)．

証明. 定理 5.10 より，上式の左辺は $\displaystyle\iint_D f(x,y)\,dxdy$ に等しい．また，x と y の役割を入れ換えると，右辺も $\displaystyle\iint_D f(x,y)\,dxdy$ に等しいことがわかる． $\square$

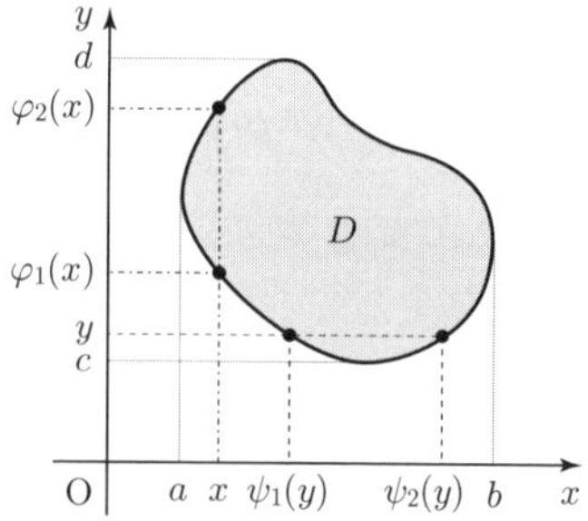

図 5.4

積分順序の交換は，なにげない主張であるが，次の例のように重積分の計算に役立つことがある．

●**例題 5.14.** 次の累次積分

$$\int_0^1 \int_x^1 y^2 e^{xy}\,dy\,dx$$

を求めよ．

解答例. この積分順序ではできそうにないので，積分順序の交換

$$\int_0^1 \int_x^1 y^2 e^{xy}\,dy\,dx = \int_0^1 \int_0^y y^2 e^{xy}\,dx\,dy$$

を利用する．右辺の計算を実行すると，

$$\int_0^1 \int_0^y y^2 e^{xy}\,dx\,dy = \int_0^1 \left[ye^{xy}\right]_0^y dy = \int_0^1 (ye^{y^2} - y)\,dy$$
$$= \left[\frac{1}{2}e^{y^2} - \frac{y^2}{2}\right]_0^1 = \frac{e}{2} - 1$$

を得る． □

◇**問 5.3.** 次の累次積分を求めよ．ただし，この順序では積分を求めることができないので，積分順序の交換を用いよ．

$$\int_0^1 \int_y^1 e^{-\frac{y}{x}}\,dx\,dy$$

5.4 変数変換

本節では，変数 x, y を，**変数変換**により別の変数に置き換えた場合に重積分がどのように表されるかを学ぶ．1変数の場合の置換積分の2変数版にあたる．

変数変換 $x = \varphi(u,v)$, $y = \psi(u,v)$ により，変数 x, y を別の変数 u, v に置き換えたとき，行列

$$\begin{pmatrix} \dfrac{\partial x}{\partial u} & \dfrac{\partial x}{\partial v} \\ \dfrac{\partial y}{\partial u} & \dfrac{\partial y}{\partial v} \end{pmatrix} = \begin{pmatrix} \dfrac{\partial \varphi}{\partial u} & \dfrac{\partial \varphi}{\partial v} \\ \dfrac{\partial \psi}{\partial u} & \dfrac{\partial \psi}{\partial v} \end{pmatrix}$$

の行列式は，この変数変換の**ヤコビアン**とよばれ，$\dfrac{\partial(x,y)}{\partial(u,v)}$ と表す．

次の定理により，x, y についての重積分を，u, v についての重積分で表すことができる．1変数の場合の置換積分が重要であったのと同様に，2変数の場合もこの変換は非常に重要な計算手法を与える．

定理 5.15. 変数変換 $x=\varphi(u,v)$, $y=\psi(u,v)$ によって uv 平面の図形 E が，xy 平面の図形 D に 1 対 1 に対応し，$\dfrac{\partial(x,y)}{\partial(u,v)}$ が 0 をとることがないとき，

$$\iint_D f(x,y)\,dxdy = \iint_E f(\varphi(u,v),\psi(u,v))\left|\frac{\partial(x,y)}{\partial(u,v)}\right| dudv$$

が成立する．ここで，$\left|\dfrac{\partial(x,y)}{\partial(u,v)}\right|$ はヤコビアン $\dfrac{\partial(x,y)}{\partial(u,v)}$ の絶対値を表す．

線形変換

変数変換の一つとして，まず線形変換を取り上げる．$\alpha,\beta,\gamma,\delta$ を実数とし，$\alpha\delta-\beta\gamma\neq 0$ のとき，

$$x=\varphi(u,v)=\alpha u+\beta v,$$
$$y=\psi(u,v)=\gamma u+\delta v$$

の形の変換を**線形変換**という．このとき，ヤコビアンは

$$\frac{\partial(x,y)}{\partial(u,v)}=\begin{vmatrix}\alpha & \beta\\ \gamma & \delta\end{vmatrix}=\alpha\delta-\beta\gamma$$

となり，特に定数であるので，

$$\iint_D f(x,y)\,dxdy = |\alpha\delta-\beta\gamma|\iint_E f(\alpha u+\beta v,\gamma u+\delta v)\,dudv$$

となる．

●**例題 5.16.** $D=\{(x,y)\in\mathbf{R}^2 \mid 0\leqq 2x-y\leqq 3,\ -1\leqq x-y\leqq 0\}$ に対して，

$$\iint_D xy\,dxdy$$

を求めよ．

解答例. $u=2x-y$, $v=x-y$ とおく．この変換により xy 平面内の D と uv 平面内の $E=\{(u,v)\mid 0\leqq u\leqq 3,\ -1\leqq v\leqq 0\}$ は 1 対 1 に対応する．$x=u-v$, $y=u-2v$ であるから，

$$\frac{\partial(x,y)}{\partial(u,v)}=\begin{vmatrix}1 & -1\\ 1 & -2\end{vmatrix}=-1$$

である．よって

$$\iint_D xy\,dxdy = \iint_E (u-v)(u-2v)|-1|\,dudv$$
$$= \int_{-1}^{0}\int_{0}^{3} (u^2-3uv+2v^2)\,du\,dv$$

となる．右辺の累次積分の計算を実行し，

$$\int_{-1}^{0}\left[\frac{u^3}{3}-\frac{3}{2}u^2v+2v^2u\right]_0^3 dv = \int_{-1}^{0}\left(9-\frac{27}{2}v+6v^2\right)dv$$
$$= \left[9v-\frac{27}{4}v^2+2v^3\right]_{-1}^{0} = \frac{71}{4}$$

を得る． □

◇**問 5.4.** 次の重積分を求めよ．

(1) $\displaystyle\iint_D e^{2x}\,dxdy,\quad D=\{(x,y)\in\mathbf{R}^2 \mid 0\leqq x+y\leqq 2,\ -1\leqq x-y\leqq 1\}$

(2) $\displaystyle\iint_D \cos(x+2y)\,dxdy,\quad D=\left\{(x,y)\in\mathbf{R}^2 \,\middle|\, |x|+|2y|\leqq \frac{\pi}{2}\right\}$

極座標変換

$x=r\cos\theta$, $y=r\sin\theta$ $(r\geqq 0)$ による $r\theta$ 座標への変換を**極座標変換**という．この変換のヤコビアンは

$$\frac{\partial(x,y)}{\partial(r,\theta)} = \begin{vmatrix} \cos\theta & -r\sin\theta \\ \sin\theta & r\cos\theta \end{vmatrix} = r$$

であるから，

$$\iint_D f(x,y)\,dxdy = \iint_E f(r\cos\theta, r\sin\theta)\cdot r\ drd\theta$$

が成り立つ．

●**例題 5.17.** $D=\{(x,y)\in\mathbf{R}^2 \mid 1\leqq x^2+y^2\leqq 4,\ y\geqq 0\}$ に対して，

$$\iint_D \sqrt{4-x^2-y^2}\ dxdy$$

を求めよ．

解答例. $x=r\cos\theta$, $y=r\sin\theta$ とおく．この変換により xy 平面内の D と $r\theta$ 平面内の $E=\{(r,\theta) \mid 1\leqq r\leqq 2,\ 0\leqq\theta\leqq\pi\}$ は 1 対 1 に対応する．

$$\frac{\partial(x,y)}{\partial(r,\theta)} = r$$

であるから,

$$\iint_D \sqrt{4-x^2-y^2}\,dxdy = \iint_E \sqrt{4-r^2}\cdot r\ drd\theta = \int_0^{\pi}\int_1^2 \sqrt{4-r^2}\cdot r\ dr\,d\theta$$
$$= \int_0^{\pi}\left[-\frac{1}{3}(4-r^2)^{\frac{3}{2}}\right]_1^2 d\theta = \sqrt{3}\pi$$

となる. □

◇**問 5.5.** 次の重積分を求めよ.

(1) $\displaystyle\iint_D e^{x^2+y^2}\,dxdy, \quad D=\{(x,y)\in\mathbf{R}^2 \mid x^2+y^2 \leqq 9\}$

(2) $\displaystyle\iint_D xy\,dxdy, \quad D=\{(x,y)\in\mathbf{R}^2 \mid 4x^2+y^2 \leqq 4,\ x\geqq 0,\ y\geqq 0\}$

5.5 広義重積分

これまでの節では,有界な集合上の有界な関数の重積分を扱ってきた.本節では,有界でないかもしれない集合上の有界でないかもしれない関数に対しても重積分 (広義重積分) を定義し,その性質や応用を学ぶ.

定義 5.18. D を $\mathbf{R}^2$ の (有界でないかもしれない) 部分集合,$f(x,y)$ を D 上の連続関数で $f(x,y)\geqq 0$ を満たすと仮定する.$\{D_n\}$ を D に含まれる面積をもつ有界閉集合の列で,次の条件を満たすとする.

(i) $D_1\subset D_2\subset\cdots\subset D_n\subset D_{n+1}\subset\cdots$

(ii) D 内の任意の有界閉集合 C は,ある n に対して $C\subset D_n$ を満たす.

このとき,極限

$$\lim_{n\to\infty}\iint_{D_n} f(x,y)\,dxdy$$

が存在するとき,$f(x,y)$ は D で**広義重積分可能**といい,その極限を

$$\iint_D f(x,y)\,dxdy$$

と表す.

★**注意 5.19.** この広義重積分の定義において,$\displaystyle\lim_{n\to\infty}\iint_{D_n} f(x,y)\,dxdy$ が存在

するか否かや存在した場合の極限値は，$\{D_n\}_{n=1}^{\infty}$ のとり方によらない．実際，$\{C_n\}_{n=1}^{\infty}$ を (i), (ii) を満たすもう一つの有界閉集合の列とすると，$\{D_n\}_{n=1}^{\infty}$ における (ii) の条件により，任意の m について，ある n が存在し，

$$C_m \subset D_n.$$

また，$f(x,y) \geqq 0$ より，

$$\iint_{C_m} f(x,y)\,dxdy \leqq \iint_{D_n} f(x,y)\,dxdy$$

が成り立つ．左辺を I_m，右辺を J_n とおくと，$\{J_n\}_{n=1}^{\infty}$ は n について単調増加であるので，

$$I_m \leqq \lim_{n\to\infty} J_n.$$

よって，もし右辺が存在すれば，I_m も単調増加なので，$\lim_{m\to\infty} I_m$ も存在し，$\lim_{m\to\infty} I_m \leqq \lim_{n\to\infty} J_n$ が成り立つ．同様に，任意の n に対し，ある ℓ が存在し $D_n \subset C_\ell$ であるので，$\lim_{\ell\to\infty} I_\ell$ が存在すれば，$\lim_{n\to\infty} J_n$ も存在し，$\lim_{n\to\infty} J_n \leqq \lim_{\ell\to\infty} I_\ell$ が成り立つ．

●**例題 5.20.** a, b を $a < b$ を満たす正の実数とする．$D = \{(x,y) \in \mathbf{R}^2 \mid a^2 \leqq x^2 + y^2 \leqq b^2,\ x \geqq 0,\ y \geqq 0\}$ に対し，広義重積分

$$\iint_D \frac{1}{\sqrt{b^2 - x^2 - y^2}}\,dxdy$$

を求めよ．

解答例. 被積分関数は，$x^2 + y^2 \to b^2$ のとき $+\infty$ に発散するので

$$D_n = \left\{(x,y) \in \mathbf{R}^2 \,\middle|\, a^2 \leqq x^2 + y^2 \leqq b^2\left(1 - \frac{1}{n}\right)\right\}$$

とおき，重積分

$$I_n = \iint_{D_n} \frac{1}{\sqrt{b^2 - x^2 - y^2}}\,dxdy$$

を考える．求める広義重積分は $\lim_{n\to\infty} I_n$ である．I_n を求めるため，極座標変換 $x = r\cos\theta,\ y = r\sin\theta$ を用いる．D_n はこの変換で

$$E_n := \left\{(r,\theta) \mid a \leqq r \leqq b\sqrt{1 - \frac{1}{n}},\ 0 \leqq \theta \leqq \frac{\pi}{2}\right\}$$

に 1 対 1 に対応する．

$$I_n = \iint_{E_n} \frac{1}{\sqrt{b^2-r^2}} \cdot r\ drd\theta = \int_0^{\frac{\pi}{2}} \int_a^{b\sqrt{1-\frac{1}{n}}} \frac{r}{\sqrt{b^2-r^2}}\, dr\, d\theta$$
$$= \int_0^{\frac{\pi}{2}} \left[-\sqrt{b^2-r^2}\right]_a^{b\sqrt{1-\frac{1}{n}}} d\theta = \frac{\pi}{2}\left(\sqrt{b^2-a^2} - \sqrt{\frac{b^2}{n}}\right)$$

よって，$\displaystyle\lim_{n\to\infty} I_n = \frac{\pi}{2}\sqrt{b^2-a^2}$. □

◇**問 5.6.** 次の広義重積分を求めよ．

(1) $\displaystyle\iint_D \frac{1}{\sqrt{1-x-y}}\, dxdy,\quad D = \{(x,y) \in \mathbf{R}^2 \mid x+y \leqq 1,\ x \geqq 0,\ y \geqq 0\}$
(ヒント：$D_n = \{(x,y) \in \mathbf{R}^2 \mid x+y \leqq 1-\frac{1}{n},\ x \geqq 0,\ y \geqq 0\}$ とおいて考えよ．)

(2) $\displaystyle\iint_D \frac{1}{(1+x+y)^3}\, dxdy,\quad D = \{(x,y) \in \mathbf{R}^2 \mid x \geqq 0,\ y \geqq 0\}$
(ヒント：$D_n = \{(x,y) \in \mathbf{R}^2 \mid x+y \leqq n,\ x \geqq 0,\ y \geqq 0\}$ とおいて考えよ．)

○**例 5.21.** 広義重積分を利用して，1 変数関数の広義積分

$$I = \int_0^\infty e^{-x^2} dx$$

を求めよう．これは $D = \{(x,y) \in \mathbf{R}^2 \mid x, y \geqq 0\}$ 上の広義重積分

$$J = \iint_D e^{-x^2-y^2}\, dxdy$$

を 2 通りの方法で計算することによって求められる．

$$D_n = \{(x,y) \in \mathbf{R}^2 \mid x^2+y^2 \leqq n^2,\ x \geqq 0,\ y \geqq 0\}$$

とおくと，広義重積分の定義で用いた有界閉集合の列の性質 (定義 5.18 (i), (ii)) を満たす．極座標変換 $x = r\cos\theta$, $y = r\sin\theta$ を用いると，

$$J_n = \iint_{D_n} e^{-x^2-y^2}\, dxdy = \int_0^{\frac{\pi}{2}} \int_0^n e^{-r^2} \cdot r\ dr\, d\theta$$
$$= \int_0^{\frac{\pi}{2}} \left[-\frac{1}{2}e^{-r^2}\right]_0^n d\theta = \frac{\pi}{4}(1-e^{-n^2})$$

したがって，

$$J = \lim_{n\to\infty} J_n = \frac{\pi}{4}.$$

次に，別の有界閉集合の列

$$C_n = \{(x,y) \in \mathbf{R}^2 \mid 0 \leqq x \leqq n,\ 0 \leqq y \leqq n\}$$

を用いて J を計算する．

$$\begin{aligned}\iint_{C_n} e^{-x^2-y^2}\,dxdy &= \int_0^n \left(\int_0^n e^{-x^2-y^2} dy\right) dx \\ &= \int_0^n e^{-x^2} \left(\int_0^n e^{-y^2} dy\right) dx \\ &= \left(\int_0^n e^{-y^2} dy\right)\left(\int_0^n e^{-x^2} dx\right) \\ &= \left(\int_0^n e^{-x^2} dx\right)^2\end{aligned}$$

したがって，

$$I^2 = \lim_{n\to\infty} \left(\int_0^n e^{-x^2} dx\right)^2 = J = \frac{\pi}{4}.$$

よって，$I = \dfrac{\sqrt{\pi}}{2}$ となる．

★注意 5.22. 上記の例により，$\varphi(t) = \dfrac{1}{\sqrt{2\pi}} e^{-t^2/2}$ とおくと

$$\int_{-\infty}^{\infty} \varphi(t)\,dt = 1$$

がわかる．また，

$$\int_{-\infty}^{\infty} t\cdot\varphi(t)\,dt = 0, \quad \int_{-\infty}^{\infty} t^2\cdot\varphi(t)\,dt = 1$$

であることが確かめられる．さらに，実数 μ と正の実数 σ に対して $x = \mu + \sigma t$ とおくと，

$$f(x) = \frac{1}{\sqrt{2\pi\sigma^2}} \exp\left\{-\frac{(x-\mu)^2}{2\sigma^2}\right\}$$

について

$$\int_{-\infty}^{\infty} f(x)\,dx = 1, \quad \int_{-\infty}^{\infty} x\cdot f(x)\,dx = \mu, \quad \int_{-\infty}^{\infty} (x-\mu)^2\cdot f(x)\,dx = \sigma^2$$

が成り立つことがわかる．$f(x)$ は平均 μ，分散 σ^2 の正規分布の確率密度関数とよばれ，確率・統計でよく用いられる．

5.6 重積分の応用

本節では，重積分の応用として，体積と曲面積を取り上げる．また，ベータ関数についても学ぶ．

体 積

D を面積をもつ有界閉集合，$f(x,y)$ を D 上の連続関数とし，$f(x,y) \geqq 0$ であるとき，$\displaystyle\iint_D f(x,y)\,dxdy$ は xy 平面内の D とその上の曲面 $z = f(x,y)$ で囲まれた領域の体積である．より一般に，次が成立する．

定理 5.23. D を面積をもつ有界閉集合，$f(x,y)$, $g(x,y)$ を D 上の連続関数とし，$f(x,y) \leqq g(x,y)$ を仮定する．このとき，$\mathbf{R}^3$ 内の集合

$$V = \{(x,y,z) \in \mathbf{R}^3 \mid (x,y) \in D,\ f(x,y) \leqq z \leqq g(x,y)\}$$

の体積は

$$\iint_D \{g(x,y) - f(x,y)\}\,dxdy$$

となる (図 5.5).

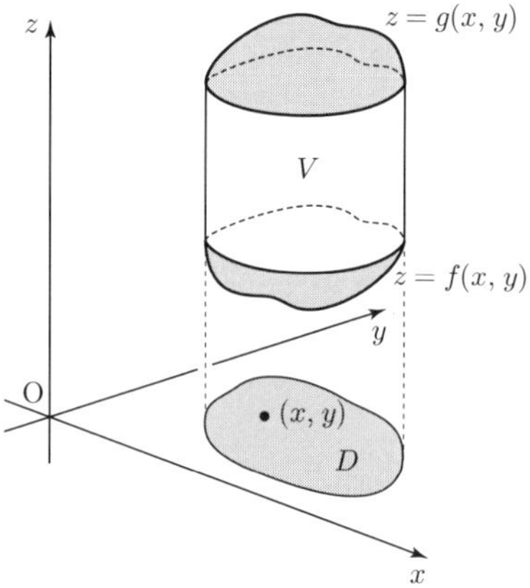

図 5.5

これまで重積分 (2 重積分) を学んできたが，**3 重積分**，さらに一般に ***n* 重積分**も定義することができる．例えば，3 重積分については，空間 $\mathbf{R}^3$ 内の有界集合 V とその上の 3 変数関数 $f(x,y,z)$ について[1)]，その **3 重積分可能**性も同様に定義され，$f(x,y,z)$ が 3 重積分可能であるとき，その値は

$$\iiint_V f(x,y,z)\,dxdydz$$

で表される．また，V が**体積をもつ** (もしくは**体積確定**) とは，定数関数 1 が V 上で 3 重積分可能であることと定義される．V が体積をもつとき，その**体積**は

1) n 変数関数 ($n \geqq 3$) についても，極限や連続性の概念が 2 変数関数の場合と同様に定義される．

$\displaystyle\iiint_V 1\,dxdydz$ で与えられる．定理 5.8 と同様に，体積をもつ有界集合 V 上の 3 変数連続関数は 3 重積分可能である．

次の定理を用いることにより，3 重積分も累次積分で計算することが可能になる．

定理 5.24. V を空間 $\mathbf{R}^3$ 内の体積をもつ集合，$f(x,y,z)$ を V 上の連続関数とする．V は $a \leqq x \leqq b$ の部分に含まれていると仮定する．V を x 座標が x のところで切った切り口 $D(x)$ が面積をもつとき，

$$\iiint_V f(x,y,z)\,dxdydz = \int_a^b \left\{ \iint_{D(x)} f(x,y,z)\,dydz \right\} dx$$

が成り立つ．

定理 5.24 で $f(x,y,z)$ が定数関数 1 である場合は，カヴァリエリの定理として古くから知られており，体積を求める際によく用いられる．

定理 5.25 (カヴァリエリの定理). V を空間 $\mathbf{R}^3$ 内の体積をもつ集合とする．V は $a \leqq x \leqq b$ の部分に含まれていると仮定する．V を x 座標が x のところで切った切り口が面積をもち，その面積が $S(x)$ であるとき，V の体積は

$$\int_a^b S(x)\,dx$$

に等しい (図 5.6).

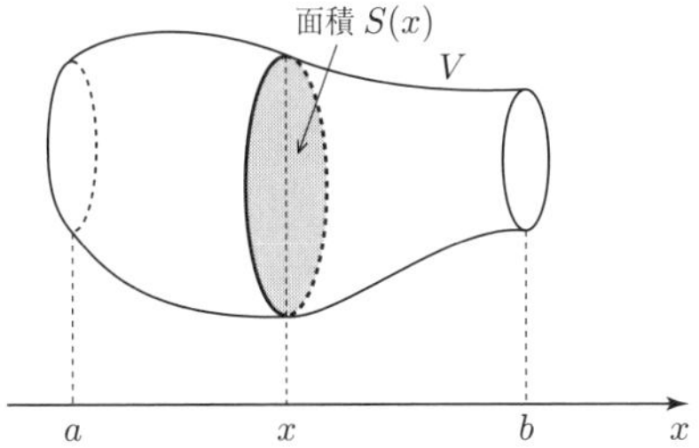

図 5.6

カヴァリエリの定理の特別な場合として，高校でも習った回転体の体積の求め方を復習しよう．

○例 **5.26.** $f(x)$ を閉区間 $[a,b]$ 上の連続関数とする．xy 平面内のグラフ $y=f(x)$ を，xyz 空間内で x 軸のまわりに回転させて得られる集合 (回転体) V を考える．$V=\{(x,y,z)\in\mathbf{R}^3 \mid a\leqq x\leqq b,\ y^2+z^2\leqq\{f(x)\}^2\}$ である．x 座標が x のところで V を切った切り口 $D(x)$ は $D(x)=\{(y,z)\in\mathbf{R}^2 \mid y^2+z^2\leqq\{f(x)\}^2\}$ であり，その面積 $S(x)$ は $\pi\{f(x)\}^2$ であるから，V の体積は

$$\int_a^b S(x)\,dx=\pi\int_a^b\{f(x)\}^2\,dx$$

に等しい (図 5.7).

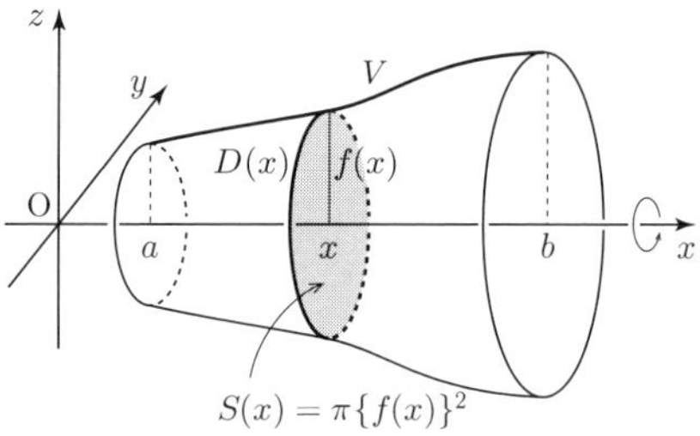

図 5.7

◇問 **5.7.** 楕円体 $\dfrac{x^2}{a^2}+\dfrac{y^2}{b^2}+\dfrac{z^2}{c^2}\leqq 1$ $(a,b,c>0)$ の体積を求めよ．

曲 面 積

$f(x,y)$ を面積をもつ集合 D 上の C^1 級関数とする．xyz 空間内の曲面

$$F: z=f(x,y) \quad ((x,y)\in D)$$

の面積 (**曲面積**) はどのように求まるであろうか？ 1 変数関数のときの曲線の長さに対応する概念であるが，その曲面積は

$$\iint_D\sqrt{1+\{f_x(x,y)\}^2+\{f_y(x,y)\}^2}\ dxdy$$

で求まることが知られている．その理由について概説する (詳細を説明することはここでは控える)．点 $(a,b,f(a,b))$ における曲面 F の法線ベクトル (接平面と垂直なベクトル) として $(-f_x(a,b),-f_y(a,b),1)$ がとれ，これと xy 平面の法線ベクトル $(0,0,1)$ との角度を θ とおくと

$$\cos\theta=\frac{(-f_x(a,b),-f_y(a,b),1)\cdot(0,0,1)}{\sqrt{\{f_x(a,b)\}^2+\{f_y(a,b)\}^2+1}\times 1}$$

$$= \frac{1}{\sqrt{\{f_x(a,b)\}^2 + \{f_y(a,b)\}^2 + 1}}$$

が得られる．xy 平面内の点 (a,b) を含む微小な区域 σ 上の曲面の部分を τ とし，点 (a,b) における接平面の σ の上にある部分を τ' とすると，τ の面積は τ' の面積で一様に近似され，τ' の面積は σ の面積の $\dfrac{1}{\cos\theta}$ 倍であることがわかる．

$$(\tau \text{ の面積}) \fallingdotseq (\tau' \text{ の面積}) = \frac{1}{\cos\theta} \times (\sigma \text{ の面積}) \tag{5.6}$$

D を小さな区域に分け，その各区域 σ 上で近似 (5.6) を用い，それらを足し上げ，区域をどんどん細かくしていく極限を考えることで，上記の曲面積の求め方が得られる (図 5.8).

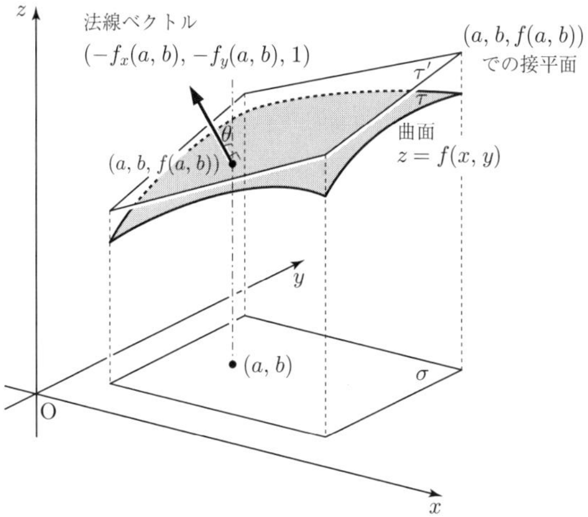

図 5.8

●例題 5.27.

$$D = \{(x,y) \in \mathbf{R}^2 \mid (x-1)^2 + y^2 \leqq 1\}$$

とし，D 上の曲面 $z = \sqrt{4 - x^2 - y^2}$ の曲面積を求めよ．

解答例. $f(x,y) = \sqrt{4 - x^2 - y^2}$ とおく．愚直な計算により

$$\sqrt{1 + \{f_x(x,y)\}^2 + \{f_y(x,y)\}^2} = \frac{2}{\sqrt{4 - x^2 - y^2}}$$

であることがわかるので，求める曲面積は

$$\iint_D \frac{2}{\sqrt{4-x^2-y^2}}\,dxdy$$

である．極座標変換 $x = r\cos\theta,\ y = r\sin\theta$ を用いれば，D は

$$E = \left\{(r,\theta)\ \middle|\ 0 \leqq r \leqq 2\cos\theta,\ -\frac{\pi}{2} \leqq \theta \leqq \frac{\pi}{2}\right\}$$

に対応する．ヤコビアンは $\dfrac{\partial(x,y)}{\partial(r,\theta)} = r$ であるから，

$$\begin{aligned}
\iint_D \frac{2}{\sqrt{4-x^2-y^2}}\,dxdy &= \iint_E \frac{2}{\sqrt{4-r^2}}\cdot r\ drd\theta = \int_{-\frac{\pi}{2}}^{\frac{\pi}{2}}\int_0^{2\cos\theta}\frac{2r}{\sqrt{4-r^2}}\,dr\,d\theta \\
&= 2\int_{-\frac{\pi}{2}}^{\frac{\pi}{2}}\left[-\sqrt{4-r^2}\right]_0^{2\cos\theta} d\theta = 4\int_{-\frac{\pi}{2}}^{\frac{\pi}{2}}(1-|\sin\theta|)\,d\theta \\
&= 4\pi - 8\int_0^{\frac{\pi}{2}}\sin\theta\ d\theta = 4\pi - 8.
\end{aligned}$$

よって，求める曲面積は $4\pi - 8$. □

◇問 **5.8.** 次を求めよ．

(1) $D = \{(x,y) \in \mathbf{R}^2 \mid x^2+y^2 \leqq 1\}$ 上の曲面 $z = xy$ の曲面積.

(2) $a > 0$ に対して，$D = \{(x,y) \in \mathbf{R}^2 \mid x^2+y^2 \leqq a^2\}$ 上の曲面 $z = \sqrt{a^2-x^2-y^2}$ の曲面積 (半径 a の半球の面積).

ガンマ関数とベータ関数

第 3 章の補題 3.64 と補題 3.66 で学んだとおり，$\alpha > 0$ に対して**ガンマ関数** $\Gamma(\alpha)$ は

$$\Gamma(\alpha) := \int_0^\infty x^{\alpha-1}e^{-x}\,dx$$

によって定義され，$\Gamma(\alpha+1) = \alpha\,\Gamma(\alpha)$ を満たす．

$p, q > 0$ に対する $\Gamma(p)\Gamma(q)$ を，広義重積分として計算してみよう．$\Gamma(\alpha)$ の定義で $x = t^2$ と置き換えて求めた式 (3.7) を用いると

$$\begin{aligned}
\Gamma(p)\Gamma(q) &= \left(2\int_0^\infty t^{2p-1}e^{-t^2}\,dt\right)\left(2\int_0^\infty u^{2q-1}e^{-u^2}\,du\right) \\
&= 4\iint_{\{(t,u)\,|\,t\geqq 0,\ u\geqq 0\}} t^{2p-1}u^{2q-1}e^{-(t^2+u^2)}\,dtdu. \qquad (5.7)
\end{aligned}$$

ここで $t = r\cos\theta,\ u = r\sin\theta$ によって極座標 (r,θ) に変換すると，(r,θ) は

$$\left\{(r,\theta)\,|\,r \geqq 0,\ 0 \leqq \theta \leqq \frac{\pi}{2}\right\}$$

の範囲を動く．$dtdu = r\,drd\theta$ と考えてよいから，(5.7) は

$$\begin{aligned}
&4\left(\int_0^\infty r^{(2p-1)+(2q-1)+1}e^{-r^2}\,dr\right)\left(\int_0^{\frac{\pi}{2}} \cos^{2p-1}\theta\sin^{2q-1}\theta\,d\theta\right)\\
&= \Gamma(p+q)\cdot\left(2\int_0^{\frac{\pi}{2}} \cos^{2p-1}\theta\sin^{2q-1}\theta\,d\theta\right)
\end{aligned}$$

となる．$x = \cos^2\theta$ とおくと，θ が 0 から $\dfrac{\pi}{2}$ まで動くとき x は 1 から 0 まで動き，$1 - x = \sin^2\theta$, $dx = -2\cos\theta\sin\theta\,d\theta$ より，

$$\begin{aligned}
2\int_0^{\frac{\pi}{2}} \cos^{2p-1}\theta\sin^{2q-1}\theta\,d\theta &= 2\int_1^0 \frac{x^p}{\cos\theta}\frac{(1-x)^q}{\sin\theta}\frac{1}{-2\cos\theta\sin\theta}\,dx\\
&= \int_0^1 x^{p-1}(1-x)^{q-1}\,dx \qquad (5.8)
\end{aligned}$$

と書き換えられる．右辺は，第 3 章の補題 3.64 で定義した**ベータ関数** $B(p,q)$ $(p,q>0)$ である．したがって，次の定理が得られる．

定理 5.28. $p,q>0$ に対し，$B(p,q) = \dfrac{\Gamma(p)\Gamma(q)}{\Gamma(p+q)}$ が成り立つ．

変数変換をすることで，いろいろな定積分をベータ関数・ガンマ関数で表すことができ，具体的に値を求められる場合もある．

○**例 5.29.** 式 (5.8) より，$a,b>-1$ のとき，

$$\int_0^{\frac{\pi}{2}} \cos^a\theta\sin^b\theta\,d\theta = \frac{1}{2}B\left(\frac{a+1}{2},\frac{b+1}{2}\right) = \frac{\Gamma\left(\frac{a+1}{2}\right)\Gamma\left(\frac{b+1}{2}\right)}{2\Gamma\left(\frac{a+b}{2}+1\right)}$$

となる．a,b が非負の整数の場合は，右辺をさらに具体的に求めることもできる．

◇**問 5.9.** m,n を非負の整数とするとき，次を示せ．

$$\int_0^{\frac{\pi}{2}} \cos^m\theta\sin^n\theta\,d\theta = \begin{cases} \dfrac{(m-1)!!\cdot(n-1)!!}{(m+n)!!}\cdot\dfrac{\pi}{2} & (m,n\ \text{がいずれも偶数の場合}),\\[2ex] \dfrac{(m-1)!!\cdot(n-1)!!}{(m+n)!!} & (\text{その他}). \end{cases}$$

オイラーは，階乗の定義域を広げるための次のような工夫を1729年の書簡に記している．自然数 s を固定する．任意の自然数 n に対して

$$\begin{aligned}(s-1)! &= \frac{(s+n)!}{s(s+1)\cdots(s+n)} \\ &= \frac{n!}{s(s+1)\cdots(s+n)}\cdot(n+1)\cdot\cdots\cdot(n+s) \\ &= \frac{n!}{s(s+1)\cdots(s+n)}\cdot n^s\cdot\left(1+\frac{1}{n}\right)\left(1+\frac{2}{n}\right)\cdot\cdots\cdot\left(1+\frac{s}{n}\right)\end{aligned}$$

が成り立つことから，

$$(s-1)! = \lim_{n\to\infty}\frac{n^s\cdot n!}{s(s+1)\cdots(s+n)}$$

と表すことができる．右辺は s が自然数でなくても意味をもつ．ここで，

$$\Gamma(\alpha) = \lim_{n\to\infty}\frac{n^\alpha\cdot n!}{\alpha(\alpha+1)\cdots(\alpha+n)} \quad (\alpha>0) \tag{5.9}$$

が成り立つことを示そう．まず，$\alpha, s>0$ のとき，

$$\int_0^\infty x^{\alpha-1}e^{-sx}\,dx = \frac{\Gamma(\alpha)}{s^\alpha}$$

となることに注意する．$\alpha, t>0$ とする．任意の $x\in\mathbf{R}$ に対して $e^{-x}\geqq 1-x$ が成り立つから，

$$\begin{aligned}B(\alpha,t) &= \int_0^1 x^{\alpha-1}(1-x)^{t-1}\,dx \\ &\leqq \int_0^1 x^{\alpha-1}e^{-(t-1)x}\,dx \leqq \int_0^\infty x^{\alpha-1}e^{-(t-1)x}\,dx = \frac{\Gamma(\alpha)}{(t-1)^\alpha}.\end{aligned}$$

また，任意の $x\geqq 0$ に対して $e^x\geqq 1+x$, すなわち $\dfrac{1}{1+x}\geqq e^{-x}$ が成り立つから，

$$\begin{aligned}B(\alpha,t) &= \int_0^\infty \frac{x^{\alpha-1}}{(1+x)^{\alpha+t}}\,dx \\ &\geqq \int_0^\infty x^{\alpha-1}e^{-(\alpha+t)x}\,dx = \frac{\Gamma(\alpha)}{(\alpha+t)^\alpha}\end{aligned}$$

となる．したがって，$\dfrac{t^\alpha}{(\alpha+t)^\alpha}\leqq\dfrac{B(\alpha,t)}{\Gamma(\alpha)/t^\alpha}\leqq\dfrac{t^\alpha}{(t-1)^\alpha}$ より

$$B(\alpha,t)\sim\frac{\Gamma(\alpha)}{t^\alpha} \quad (t\to\infty)$$

が得られる．目標の (5.9) は，

$$B(\alpha, n+1) = \frac{\Gamma(\alpha)\Gamma(n+1)}{\Gamma(\alpha+n+1)}$$
$$= \frac{n!}{\alpha(\alpha+1)\cdots(\alpha+n)} \sim \frac{\Gamma(\alpha)}{(n+1)^\alpha} \sim \frac{\Gamma(\alpha)}{n^\alpha} \quad (n \to \infty)$$

によって示される．

章末問題

1. 正方形の領域 $I = [0,1] \times [0,1]$ を考える．N を自然数とし，I の分割

$$\Delta : \begin{array}{l} 0 = x_0 < x_1 < \cdots < x_N = 1, \\ 0 = y_0 < y_1 < \cdots < y_N = 1 \end{array}$$

を $x_i = y_i = \dfrac{i}{N}$ $(i = 0, 1, \cdots, N)$ で定める．$f(x,y) = xy$ に対し，$S_\Delta(f)$ および $s_\Delta(f)$ を求めよ．

2. 次の累次積分を求めよ．

(1) $\displaystyle\int_0^{\frac{\pi}{4}} \int_0^{\frac{\pi}{4}} \sin(x+y)\, dy\, dx$　(2) $\displaystyle\int_1^3 \int_x^{x^2} (x+y)\, dy\, dx$　(3) $\displaystyle\int_0^2 \int_{\sqrt{x}}^x xy\; dy\, dx$

(4) $\displaystyle\int_0^3 \int_0^y \sqrt{1+x}\, dx\, dy$　(5) $\displaystyle\int_1^3 \int_y^{2y} \frac{1}{x+y}\, dx\, dy$

3. 次の重積分を求めよ．

(1) $\displaystyle\iint_D 1\, dxdy, \quad D = \{(x,y) \in \mathbf{R}^2 \mid -1 \leqq x \leqq 2,\ 3 \leqq y \leqq 5\}$

(2) $\displaystyle\iint_D (x+2y)\, dxdy, \quad D = \{(x,y) \in \mathbf{R}^2 \mid 0 \leqq x \leqq y \leqq 1\}$

(3) $\displaystyle\iint_D xy^2\, dxdy, \quad D = \{(x,y) \in \mathbf{R}^2 \mid 0 \leqq y \leqq x \leqq 2\}$

(4) $\displaystyle\iint_D xe^y\, dxdy, \quad D = \{(x,y) \in \mathbf{R}^2 \mid x^2 \leqq y \leqq 2x\}$

(5) $\displaystyle\iint_D \frac{x}{y}\, dxdy, \quad D = \{(x,y) \in \mathbf{R}^2 \mid x \geqq 0,\ y \geqq 1,\ x^2 + y^2 \leqq 4\}$

4. 変数変換の公式 (定理 5.15) を用い，次の重積分を求めよ．

(1) $\displaystyle\iint_D \frac{1}{x+2}\, dxdy, \quad D = \{(x,y) \in \mathbf{R}^2 \mid 0 \leqq x+y \leqq 2,\ 0 \leqq x+3y \leqq 3\}$

(2) $\displaystyle\iint_D \frac{x}{\sqrt{x+3y}}\, dxdy, \quad D = \{(x,y) \in \mathbf{R}^2 \mid 1 \leqq x+3y \leqq 3,\ 0 \leqq 2x-y \leqq 2\}$

(3) $\displaystyle\iint_D \frac{x}{x^2+y^2-4x-5}\, dxdy, \quad D = \{(x,y) \in \mathbf{R}^2 \mid x^2 + y^2 \leqq 4x\}$

(4) $\displaystyle\iint_D \frac{y}{x+2}\,dxdy, \quad D = \{(x,y) \in \mathbf{R}^2 \mid 4x^2 + y^2 \leqq 8x,\ y \geqq 0\}$

(5) $\displaystyle\iint_D x\,dxdy, \quad D = \left\{(x,y) \in \mathbf{R}^2 \mid 1 \leqq xy \leqq 2,\ 3 \leqq \frac{x}{y} \leqq 4\right\}$

5. 次の広義重積分を求めよ.

(1) $\displaystyle\iint_D \frac{1}{\sqrt{xy}}\,dxdy, \quad D = \{(x,y) \in \mathbf{R}^2 \mid 0 \leqq x \leqq 3,\ 0 \leqq y \leqq 12\}$

(2) $\displaystyle\iint_D \frac{1}{\sqrt{x}}\,dxdy, \quad D = \{(x,y) \in \mathbf{R}^2 \mid 0 \leqq x + 2y \leqq 2,\ 0 \leqq x - y \leqq 3\}$

(3) $\displaystyle\iint_D \log(9 - x^2 - y^2)\,dxdy, \quad D = \{(x,y) \in \mathbf{R}^2 \mid x^2 + y^2 \leqq 9\}$

(4) $\displaystyle\iint_D \sqrt{\frac{x+2y}{2x+y}}\,dxdy, \quad D = \{(x,y) \in \mathbf{R}^2 \mid 0 \leqq 2x + y \leqq 3,\ 1 \leqq x + 2y \leqq 4\}$

(5) $\displaystyle\iint_D \frac{1}{\sqrt{6x - x^2 - y^2}}\,dxdy, \quad D = \{(x,y) \in \mathbf{R}^2 \mid x^2 + y^2 \leqq 6x\}$

6. 2 つの曲面

$$z = 4 - (x-y)^2, \quad z = 2xy - 5$$

で囲まれた領域の体積を求めよ.

7. カヴァリエリの定理 (定理 5.25) を用いて, 次の立体の体積を求めよ.

(1) $V = \{(x,y,z) \in \mathbf{R}^3 \mid 0 \leqq x \leqq 2,\ (y-x)^2 + (z-x^2)^2 \leqq x^2\}$

(2) $V = \{(x,y,z) \in \mathbf{R}^3 \mid 0 \leqq x \leqq 1,\ x^2 + y^2 \leqq z \leqq x + y\}$

8. 正の実数 a に対し, 3 重積分

$$\iiint_V \frac{1}{(a+x+y+z)^3}\,dxdydz, \quad V = \{(x,y,z) \in \mathbf{R}^3 \mid x, y, z \geqq 0,\ x + y + z \leqq a\}$$

を求めよ.

9. $\mathbf{R}^2$ の部分集合 D を $D = \{(x,y) \in \mathbf{R}^2 \mid x^2 + y^2 \leqq 2\}$ で定める.

(1) D 上の $z = \sqrt{x^2 + y^2}$ が表す曲面の曲面積を求めよ.

(2) D 上の $z = x^2 + y^2$ が表す曲面の曲面積を求めよ.

6
級　数

本章では級数 (無限和) について学び，特にテイラー展開などで現れるべき級数の収束について深く理解する．

6.1　級数とは

数列 $\{a_n\}$ に対して，無限和

$$\sum_{n=0}^{\infty} a_n = a_0 + a_1 + a_2 + \cdots \tag{6.1}$$

を**級数**という．この級数の収束については以下のように定義される．非負整数 N に対して，第 N 項までの和 (部分和)

$$S_N := \sum_{n=0}^{N} a_n$$

を考え，数列 $\{S_N\}$ が収束するとき，級数 (6.1) は**収束する**という．その極限値が S であるとき，つまり $\lim_{N\to\infty} S_N = \lim_{N\to\infty} \sum_{n=0}^{N} a_n = S$ となるとき，$\sum_{n=0}^{\infty} a_n = S$ と書く．

補題 6.1. $\sum_{n=0}^{\infty} a_n$ が収束するとき，$\lim_{n\to\infty} a_n = 0$ となる．

証明. $\sum_{n=0}^{\infty} a_n$ を S とおくと，

$$\lim_{N\to\infty} a_N = \lim_{N\to\infty} (S_N - S_{N-1}) = S - S = 0.$$ □

○例 **6.2.** 補題 6.1 の逆は成り立たない．実際，$a_n = \dfrac{1}{n}$ のとき，$\lim_{n\to\infty} a_n = 0$ だが $\sum_{n=1}^{\infty} a_n = +\infty$ となる．自然数 m に対し，n が $2^m + 1 \leqq n \leqq 2^{m+1}$ を満たす部分の和を考えよう．$m = 1$ のときは

$$\frac{1}{3} + \frac{1}{4} > \frac{1}{4} + \frac{1}{4} = \frac{1}{2}$$

より，その部分は 1/2 より大きいことがわかる．$m = 2$ のときも，

$$\frac{1}{5} + \frac{1}{6} + \frac{1}{7} + \frac{1}{8} > \frac{1}{8} + \frac{1}{8} + \frac{1}{8} + \frac{1}{8} = \frac{1}{2}$$

なので，1/2 より大きい．同様にして，一般に

$$\frac{1}{2^m + 1} + \cdots + \frac{1}{2^{m+1}} > \frac{1}{2^{m+1}} + \cdots + \frac{1}{2^{m+1}} = \frac{1}{2}$$

である．部分和の数列 $\{S_N\}$ は N について単調増加であり，$S_{2^m} > 1 + \dfrac{1}{2}\cdot m \to +\infty\ (m \to \infty)$ となるから $\lim_{N\to\infty} S_N = +\infty$ とわかる．

6.2 正 項 級 数

任意の n で $a_n \geqq 0$ が成り立つとき，$\sum_{n=0}^{\infty} a_n$ を**正項級数**という．このとき，$S_N = \sum_{n=0}^{N} a_n$ は単調増加だから，$\sum_{n=0}^{\infty} a_n = \lim_{N\to\infty} S_N$ は確定する (ある実数に収束するか，$+\infty$ である)．

定理 6.3. 任意の n で $0 \leqq a_n \leqq b_n$ が成り立つとする．

(1) $\sum_{n=0}^{\infty} b_n$ が収束するとき，$\sum_{n=0}^{\infty} a_n$ も収束する．

(2) $\sum_{n=0}^{\infty} a_n = +\infty$ ならば $\sum_{n=0}^{\infty} b_n = +\infty$ となる．

証明. (1) 任意の N に対して $S_N = \sum_{n=0}^{N} a_n \leqq \sum_{n=0}^{N} b_n \leqq \sum_{n=0}^{\infty} b_n$ が成り立つから，$\{S_N\}$ は上に有界であり，定理 1.9 より極限が存在する．

(2) は，はさみうちの定理 (注意 1.12) による． □

★注意 6.4. 定理 6.3 の仮定を，「ある n_0 が存在して，任意の $n \geqq n_0$ で $0 \leqq a_n \leqq b_n$」という条件に置き換えてもよい．

○例 6.5. $\zeta(\alpha) := \sum_{n=1}^{\infty} \frac{1}{n^\alpha}$ $(\alpha > 1)$ を (リーマンの) **ゼータ関数**という．$\alpha > 1$ とし，$2^m \leqq n \leqq 2^{m+1} - 1$ の部分の和を考えよう．$m = 0, 1, \cdots$ に対して，その和を評価すると

$$\frac{1}{1^\alpha} = 1,$$

$$\frac{1}{2^\alpha} + \frac{1}{3^\alpha} < \frac{1}{2^\alpha} + \frac{1}{2^\alpha} = \frac{2}{2^\alpha} = \frac{1}{2^{\alpha-1}},$$

$$\frac{1}{4^\alpha} + \frac{1}{5^\alpha} + \frac{1}{6^\alpha} + \frac{1}{7^\alpha} < \frac{1}{4^\alpha} + \frac{1}{4^\alpha} + \frac{1}{4^\alpha} + \frac{1}{4^\alpha} = \frac{4}{4^\alpha} = \frac{1}{4^{\alpha-1}} = \left(\frac{1}{2^{\alpha-1}}\right)^2,$$

$$\vdots$$

$$\frac{1}{(2^m)^\alpha} + \cdots + \frac{1}{(2^{m+1}-1)^\alpha} < \frac{2^m}{(2^m)^\alpha} = \left(\frac{1}{2^{\alpha-1}}\right)^m,$$

$$\vdots$$

となり，$0 \leqq \frac{1}{2^{\alpha-1}} < 1$ に注意すると

$$\sum_{m=0}^{\infty} \left(\frac{1}{2^{\alpha-1}}\right)^m = \frac{1}{1 - 1/(2^{\alpha-1})} = \frac{2^{\alpha-1}}{2^{\alpha-1} - 1} < +\infty$$

である．定理 6.3 (1) により $\zeta(\alpha) < +\infty$ とわかる．一方，$\alpha \leqq 1$ に対しては，級数 $\sum_{n=1}^{\infty} \frac{1}{n^\alpha}$ は $+\infty$ に発散する．実際，$\alpha = 1$ のときは例 6.2 により $+\infty$ に発散し，$\alpha \leqq 1$ のとき $\frac{1}{n^\alpha} \geqq \frac{1}{n}$ だから，定理 6.3 (2) により $+\infty$ に発散することがわかる．

正項級数の収束・発散を調べるとき，次の定理が手軽で便利である．

定理 6.6 (ダランベールの判定法). 正の数列 $\{a_n\}$ について，$\rho := \lim_{n\to\infty} \frac{a_{n+1}}{a_n}$ が $(+\infty$ を許して) 存在すると仮定する．

(1) $\rho < 1$ であるとき，$\sum_{n=0}^{\infty} a_n < +\infty$ となる．

(2) $\rho > 1$ であるとき，$\sum_{n=0}^{\infty} a_n = +\infty$ となる．

(3) $\rho = 1$ のときは収束する場合も発散する場合もある (他の方法で判定する必要がある).

証明. (1) $\rho < 1$ であるとき, $\rho < r < 1$ を満たす実数 r をとると, それに応じて, $n \geqq n_0$ ならば $\dfrac{a_{n+1}}{a_n} \leqq r$ となるような n_0 がみつかる. このとき, $n \geqq n_0$ ならば $a_n \leqq a_{n_0} \cdot r^{n-n_0}$ が成り立ち, $\sum_{n=n_0}^{\infty} a_{n_0} \cdot r^{n-n_0} = \dfrac{a_{n_0}}{1-r}$ だから, 定理 6.3 (1) により $\sum_{n=0}^{\infty} a_n < +\infty$ とわかる.

(2) $\rho > 1$ であるとき, $1 < r < \rho$ を満たす実数 r をとると, それに応じて, $n \geqq n_0$ ならば $\dfrac{a_{n+1}}{a_n} \geqq r$ となるような n_0 がみつかる. このとき, $n \geqq n_0$ ならば $a_n \geqq a_N \cdot r^{n-n_0}$ が成り立つから, $\lim_{n\to\infty} a_n = +\infty$ および $\sum_{n=0}^{\infty} a_n = +\infty$ となることがわかる.

(3) $a_n = \dfrac{1}{n^\alpha}$ $(\alpha > 0)$ のとき $\rho = 1$ となるが, α が 1 より大きいか否かに応じて $\sum_{n=1}^{\infty} \dfrac{1}{n^\alpha}$ が収束するか否かが変わる (例 6.5). したがって, $\rho = 1$ のときは判定がつかないことがわかる. □

◇**問 6.1.** ダランベールの判定法を用いて, 次の正項級数の収束・発散の判定をせよ. この方法では判定できない場合は「判定できない」と答えよ.

(1) $\sum_{n=1}^{\infty} \dfrac{n^n}{n!}$ (2) $\sum_{n=1}^{\infty} \dfrac{2}{n^2+5}$ (3) $\sum_{n=1}^{\infty} \dfrac{(\alpha+3)(2\alpha+3)\cdots(n\alpha+3)}{(\beta+3)(2\beta+3)\cdots(n\beta+3)}$ $(\alpha, \beta > 0)$

級数と積分の比較

(無限) 級数と (広義) 積分はよく似ている. これらを比較する方法について考えよう.

定理 6.7. 関数 $f(x)$ は正の値をとり, 単調減少であるとする. $n = 1, 2, \cdots$ に対して $a_n := f(n)$ とおくと, 次が成り立つ.

(1) $\sum_{n=1}^{\infty} a_n$ と $\int_1^\infty f(x)\,dx$ の収束・発散は一致する.

(2) $S_N := \sum_{n=1}^{N} a_n$ と $I_N := \int_1^N f(x)\,dx$ について, 差 $S_N - I_N$ の数列は N について単調に減少し, その極限値は 0 以上 a_1 以下になる.

(3) $\{S_N\}$, $\{I_N\}$ がともに $+\infty$ に発散する場合，$S_N \sim I_N \ (N \to \infty)$，すなわち $\displaystyle\lim_{N\to\infty} \frac{S_N}{I_N} = 1$ となる．

証明. (1) $n = 2, 3, \cdots$ に対して

$$\int_n^{n+1} f(x)\,dx \leqq a_n \leqq \int_{n-1}^{n} f(x)\,dx \tag{6.2}$$

が成り立つから，$n = 2$ から $n = N$ まで和をとると

$$\int_2^{N+1} f(x)\,dx \leqq \sum_{n=2}^{N} a_n \leqq \int_1^{N} f(x)\,dx,$$

すなわち

$$I_{N+1} - I_2 \leqq S_N - a_1 \leqq I_N \tag{6.3}$$

が成り立つ．

(2) 式 (6.2) から

$$(S_{N+1} - I_{N+1}) - (S_N - I_N)$$
$$= a_{N+1} - \int_N^{N+1} f(x)\,dx \leqq 0$$

となり，式 (6.3) から，$S_N - I_N \leqq a_1$，および，

$$S_N - I_N \geqq (I_{N+1} - I_2 + a_1) - I_N$$
$$\geqq a_1 - I_2 \geqq 0$$

となることがわかる．

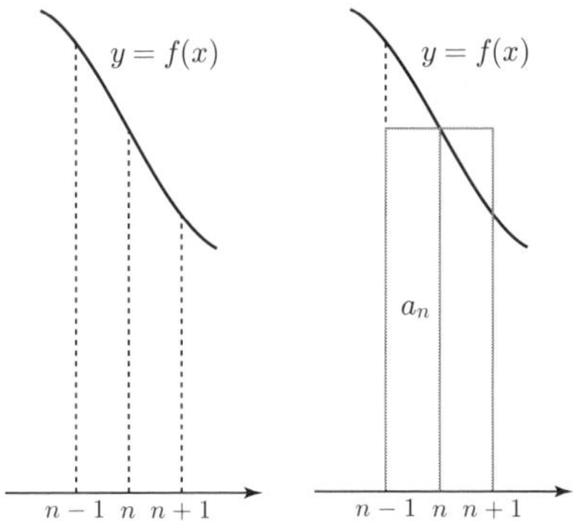

図 6.1　級数と広義積分の比較

(3) $N \to \infty$ で $I_N \to +\infty$ となるとき，

$$\lim_{N\to\infty} \left| \frac{S_N}{I_N} - 1 \right| = \lim_{N\to\infty} \frac{S_N - I_N}{I_N} = 0$$

が成り立つ．　□

★**注意 6.8.** 定理 6.7 において，関数 $f(x)$ が真に単調減少ならば，差 $S_N - I_N$ の数列も真に単調減少であり，その極限値は 0 と a_1 の間にある．

○**例 6.9.** 例 6.5 の $\displaystyle\sum_{n=1}^{\infty} \frac{1}{n^\alpha}$ と，広義積分 $\displaystyle\int_1^{\infty} \frac{1}{x^\alpha}\,dx$ の収束・発散は一致する．
$\alpha \leqq 1$ の場合は，$N \to \infty$ のとき

$$\sum_{n=1}^{N} \frac{1}{n^\alpha} \sim \int_1^N \frac{1}{x^\alpha}\, dx = \begin{cases} \dfrac{N^{1-\alpha}}{1-\alpha} & (\alpha < 1), \\ \log N & (\alpha = 1) \end{cases}$$

となる．また，$\displaystyle\lim_{N\to\infty}\left(\sum_{n=1}^{N}\frac{1}{n} - \int_1^N \frac{1}{x}\, dx\right) = \gamma\ (\in (0,1))$ は**オイラーの定数**とよばれている．この γ が無理数であるかどうかはわかっていない．

◇**問 6.2.** $\beta > 0$ とする．定理 6.7 を用いて，$\displaystyle\sum_{n=2}^{\infty} \frac{1}{n(\log n)^\beta}$ の収束・発散を判定せよ．

区分求積法

区間 $[0,1]$ 上の連続関数 $f(x)$ は積分可能だから，

$$\lim_{n\to\infty} \frac{1}{n}\sum_{k=1}^{n} f\left(\frac{k}{n}\right) = \int_0^1 f(x)\, dx \tag{6.4}$$

が成り立つ．これを**区分求積法**という．

●**例題 6.10.** $\alpha \geqq 0$ とする．次を示せ．

$$\lim_{n\to\infty} \frac{1}{n^{\alpha+1}} \sum_{k=1}^{n} k^\alpha = \frac{1}{\alpha+1} \tag{6.5}$$

解答例. 区分求積法が使えるように変形すると，

$$\frac{1}{n^{\alpha+1}} \sum_{k=1}^{n} k^\alpha = \lim_{n\to\infty} \frac{1}{n}\sum_{k=1}^{n}\left(\frac{k}{n}\right)^\alpha$$

$$= \int_0^1 x^\alpha\, dx = \left[\frac{x^{\alpha+1}}{\alpha+1}\right]_0^1 = \frac{1}{\alpha+1}. \qquad \square$$

◇**問 6.3.** 極限値 $\displaystyle\lim_{n\to\infty}\sum_{k=1}^{n}\frac{n}{n^2+k^2}$ を求めよ．

ところで，例題 6.10 の式 (6.5) は，$-1 < \alpha < 0$ の場合にも成り立つことがわかっている (例 6.9 を参照)．区分求積法を利用しようとするとき問題となるのは，$-1 < \alpha < 0$ の場合，x^α は区間 $(0,1]$ において連続だが，$\displaystyle\lim_{x\to+0} x^\alpha = \infty$ となることである．しかし，

$$\lim_{a\to+0}\int_a^1 x^\alpha\, dx = \lim_{a\to+0}\left[\frac{x^{\alpha+1}}{\alpha+1}\right]_a^1 = \lim_{a\to+0}\frac{1-a^{\alpha+1}}{\alpha+1} = \frac{1}{\alpha+1}$$

であるから，広義積分として $\displaystyle\int_0^1 x^\alpha\,dx = \frac{1}{\alpha+1}$ が成り立つ．次の定理によると，区分求積法に相当する式が成り立つこともわかる．

定理 6.11. 区間 $(0,1]$ 上の関数 $f(x)$ が，「$f(x) \geqq 0$ で単調減少」または「$f(x) \leqq 0$ で単調増加」のいずれかを満たすとする．広義積分 $\displaystyle\int_0^1 f(x)\,dx$ が収束するとき，

$$\lim_{n\to\infty} \frac{1}{n}\sum_{k=1}^{n} f\left(\frac{k}{n}\right) = \int_0^1 f(x)\,dx$$

が成り立つ．

証明. $f(x) \geqq 0$ で単調減少の場合について考える．

$$\frac{1}{n}f\left(\frac{k}{n}\right) \geqq \int_{\frac{k}{n}}^{\frac{k+1}{n}} f(x)\,dx \quad (k = 1, \cdots, n-1),$$

および

$$\frac{1}{n}f\left(\frac{k}{n}\right) \leqq \int_{\frac{k-1}{n}}^{\frac{k}{n}} f(x)\,dx \quad (k = 2, \cdots, n)$$

より，

$$\int_{\frac{1}{n}}^1 f(x)\,dx + \frac{1}{n}f(1) \leqq \frac{1}{n}\sum_{k=1}^{n} f\left(\frac{k}{n}\right) \leqq \int_{\frac{1}{n}}^1 f(x)\,dx + \frac{1}{n}f\left(\frac{1}{n}\right) \tag{6.6}$$

が成り立つ．さて，広義積分 $\displaystyle\int_0^1 f(x)\,dx$ が収束するとき，

$$\int_{\frac{x}{2}}^{x} f(t)\,dt = \int_{\frac{x}{2}}^{1} f(t)\,dt - \int_{x}^{1} f(t)\,dt \to 0 \quad (x \to 0)$$

であり，一方，

$$\int_{\frac{x}{2}}^{x} f(t)\,dt \geqq f(x)\cdot\left(x - \frac{x}{2}\right) = \frac{xf(x)}{2} \geqq 0$$

であるから，$\displaystyle\lim_{x\to 0} xf(x) = 0$ が成り立つ．(6.6) で $n \to \infty$ とすれば結論の式が得られる．

$f(x) \leqq 0$ で単調増加の場合は，$-f(x)$ を考えればよい． □

★注意 6.12. $f(x) \geqq 0$ で単調減少のとき,

$$\int_0^1 f(x)\,dx = +\infty \quad ならば \quad \lim_{n\to\infty} \frac{1}{n}\sum_{k=1}^{n} f\left(\frac{k}{n}\right) = +\infty$$

となることもわかる.

◇問 6.4. 定理 6.11 を用いて, 極限値 $\displaystyle\lim_{n\to\infty} \frac{\sqrt[n]{n!}}{n}$ を求めよ.

凸関数の定積分

関数 $f(x)$ が区間 $[a,b]$ において凸であるとき, 定積分 $\displaystyle\int_a^b f(x)\,dx$ は

$$(b-a)\cdot f\left(\frac{a+b}{2}\right) \quad や \quad (b-a)\cdot\frac{f(a)+f(b)}{2}$$

を用いるとよく近似できる. 前者を**中点公式**, 後者を**台形公式**という. 次の不等式が知られている.

定理 6.13 (エルミート–アダマールの不等式). 関数 $f(x)$ が区間 $[a,b]$ において凸であるとき,

$$(b-a)\cdot f\left(\frac{a+b}{2}\right) \leqq \int_a^b f(x)\,dx \leqq (b-a)\cdot\frac{f(a)+f(b)}{2}.$$

証明. 区間 $[a,b]$ において, $y=f(x)$ のグラフは 2 点 $(a,f(a))$, $(b,f(b))$ を結ぶ線分よりも下にあるから, $x\in[a,b]$ のとき

$$f(x) \leqq \frac{(b-x)f(a)+(x-a)f(b)}{b-a}$$

が成り立つ. したがって,

$$\int_a^b f(x)\,dx \leqq \int_a^b \frac{(b-x)f(a)+(x-a)f(b)}{b-a}\,dx = (b-a)\cdot\frac{f(a)+f(b)}{2}$$

が得られる. 一方, $c := \dfrac{a+b}{2}$, $m := \dfrac{b-a}{2}$ とおくと,

$$\int_a^b f(x)\,dx = \int_a^c f(x)\,dx + \int_c^b f(x)\,dx = \int_0^m \{f(c-t)+f(c+t)\}\,dt$$

であり, $0\leqq t\leqq m$ において

$$f(c) \leqq \frac{f(c-t)+f(c+t)}{2}$$

が成り立つから,

$$\int_a^b f(x)\,dx \geqq \int_0^m 2f(c)\,dt = 2m\cdot f(c) = (b-a)\cdot f\left(\frac{a+b}{2}\right)$$

が得られる. □

○例 **6.14.** 関数 $f(x) = \dfrac{1}{x}$ は区間 $(0,\infty]$ において凸であるから，任意の $n=1,2,\cdots$ に対して

$$\left(\frac{n+(n+1)}{2}\right)^{-1} \leqq \int_n^{n+1} \frac{1}{x}\,dx \leqq \frac{1}{2}\left(\frac{1}{n}+\frac{1}{n+1}\right),$$

すなわち

$$\frac{2}{2n+1} \leqq \log\left(1+\frac{1}{n}\right) \leqq \frac{2n+1}{2n(n+1)} \tag{6.7}$$

が成り立つ.

$$\frac{2n(n+1)}{2n+1}\log\left(1+\frac{1}{n}\right) \leqq 1 \leqq \frac{2n+1}{2}\log\left(1+\frac{1}{n}\right)$$

と書き直すと

$$\left(1+\frac{1}{n}\right)^{n+\frac{n}{2n+1}} \leqq e \leqq \left(1+\frac{1}{n}\right)^{n+\frac{1}{2}}$$

が得られる．例えば，$n=11$ とすると $e \fallingdotseq 2.71$ がわかる.

○例 **6.15.** 階乗 $n!$ がどのような大きさの数であるかを，よく知られた関数を用いて次のように評価しよう．任意の自然数 n に対して，

$$e^{\frac{7}{8}}\sqrt{n}\left(\frac{n}{e}\right)^n \leqq n! \leqq e\sqrt{n}\left(\frac{n}{e}\right)^n. \tag{6.8}$$

ここで，$e^{\frac{7}{8}} = 2.398875\cdots$, $e = 2.718281\cdots$ である．定積分

$$\int_1^n \log x\,dx = \Big[x\log x - x\Big]_1^n = n\log n - n + 1$$

を台形公式や中点公式を用いて近似したものと比較すると ($\log x$ は上に凸だから，定理 6.13 とは逆向きの不等式が成り立つ)，$\log(n!) = \sum\limits_{k=1}^{n}\log k$ についての評価が得られる．まず，$k=1,\cdots,n-1$ に対して

$$\int_k^{k+1} \log x\,dx \geqq \frac{\log k + \log(k+1)}{2}$$

が成り立つことから，

$$\int_1^n \log x\,dx = \sum_{k=1}^{n-1}\int_k^{k+1}\log x\,dx \geqq \sum_{k=1}^{n-1}\frac{\log k + \log(k+1)}{2}$$
$$= \frac{1}{2}\log 1 + \log 2 + \cdots + \log(n-1) + \frac{1}{2}\log n$$
$$= \sum_{k=1}^{n}\log k - \frac{1}{2}\log n = \log(n!) - \log\sqrt{n}.$$

また，$k = 2, \cdots, n-1$ に対して

$$\int_{k-\frac{1}{2}}^{k+\frac{1}{2}}\log x\,dx \leqq \log k$$

が成り立つから，

$$\int_1^n \log x\,dx = \int_1^{\frac{3}{2}}\log x\,dx + \sum_{k=1}^{n-1}\int_{k-\frac{1}{2}}^{k+\frac{1}{2}}\log x\,dx + \int_{n-\frac{1}{2}}^{n}\log x\,dx$$
$$\leqq \frac{1}{8} + \sum_{k=1}^{n-1}\log k + \frac{1}{2}\log n = \frac{1}{8} + \log(n!) - \log\sqrt{n}.$$

ここで，$\int_1^{\frac{3}{2}}\log x\,dx$ についてはこの部分を覆う直角二等辺三角形の面積 $\frac{1}{8}$ で，$\int_{n-\frac{1}{2}}^{n}\log x\,dx$ についてはこの部分を覆う長方形の面積で上から評価した．

★注意 6.16. $\int_1^{\frac{3}{2}}\log x\,dx = \frac{3}{2}\log\frac{3}{2} - \frac{1}{2}$ をそのまま利用すると

$$n! \geqq \left(\frac{2e}{3}\right)^{\frac{3}{2}}\cdot\sqrt{n}\left(\frac{n}{e}\right)^n$$

が得られ，$\left(\frac{2e}{3}\right)^{\frac{3}{2}} = 2.439522\cdots$ である．

6.3 絶対収束と条件収束

$\sum_{n=0}^{\infty}|a_n|$ が収束するとき，$\sum_{n=0}^{\infty}a_n$ は**絶対収束**するという．次の定理 6.17 により，級数について絶対収束すれば収束することがわかる．

定理 6.17. $\sum_{n=0}^{\infty}|a_n|$ が収束するとき，$\sum_{n=0}^{\infty}a_n$ も収束する．

証明. 各 n に対して

$$a_n^+ := \begin{cases} a_n & (a_n \geqq 0 \text{ のとき}), \\ 0 & (a_n < 0 \text{ のとき}), \end{cases} \quad a_n^- := \begin{cases} 0 & (a_n \geqq 0 \text{ のとき}), \\ -a_n & (a_n < 0 \text{ のとき}) \end{cases}$$

と定めると，$a_n = a_n^+ - a_n^-$, $|a_n| = a_n^+ + a_n^-$ である．このとき，$0 \leqq a_n^+ \leqq |a_n|$ および $0 \leqq a_n^- \leqq |a_n|$ であるから，定理 6.3(1) より，$\sum_{n=0}^{N} a_n^+$ および $\sum_{n=0}^{N} a_n^-$ は $N \to \infty$ のとき収束する．したがって，$\sum_{n=0}^{N} a_n = \sum_{n=0}^{N} a_n^+ - \sum_{n=0}^{N} a_n^-$ も $N \to \infty$ のとき収束する． □

数列 $\{a_n\}$ に対して，

$$\sum_{n=1}^{\infty} (-1)^{n-1} a_n = a_1 - a_2 + a_3 - a_4 + \cdots \tag{6.9}$$

の形の級数を**交代級数**という．

定理 6.18 (**ライプニッツの判定法**)**.** 数列 $\{a_n\}$ が単調減少で $\lim_{n\to\infty} a_n = 0$ を満たすとき，交代級数 (6.9) は収束する．

証明. $S_N = \sum_{n=1}^{N} (-1)^{n-1} a_n$ とおく．$m = 1, 2, \cdots$ に対して，

$$S_{2m} = \underbrace{(a_1 - a_2)}_{\geqq 0} + \underbrace{(a_3 - a_4)}_{\geqq 0} + \cdots + \underbrace{(a_{2m-1} - a_{2m})}_{\geqq 0}$$

であるから，数列 $\{S_{2m}\}$ は単調増加である．また，

$$S_{2m} = a_1 - \underbrace{(a_2 - a_3)}_{\geqq 0} - \cdots - \underbrace{(a_{2m-2} - a_{2m-1})}_{\geqq 0} - \underbrace{a_{2m}}_{\geqq 0} \leqq a_1$$

であるから，数列 $\{S_{2m}\}$ は上に有界である．したがって，極限値 $\lim_{m\to\infty} S_{2m} =: S$ が存在する．さらに，

$$\lim_{m\to\infty} S_{2m+1} = \lim_{m\to\infty} (S_{2m} + a_{2m+1}) = S + 0 = S$$

となる．これは $\lim_{N\to\infty} S_N = S$ を示している (問 6.5 参照)． □

★注意 6.19. 数列 $\{S_{2m-1}\}$ は単調減少であることがわかるから，$m = 1, 2, \cdots$ に対して，極限値 S は S_{2m} 以上 S_{2m-1} 以下である，といえる．特に，$a_1 - a_2 \leqq S \leqq a_1$ である．

◇**問 6.5.** 数列 $\{a_n\}$ について，$\lim_{m\to\infty} a_{2m} = \lim_{m\to\infty} a_{2m+1} = a$ ならば $\lim_{n\to\infty} a_n = a$ が成り立つことを示せ．

$0 < \alpha \leqq 1$ のとき，級数 $\sum_{n=1}^{\infty} \dfrac{1}{n^\alpha}$ は発散するが (例 6.5)，定理 6.18 により交代級数 $\sum_{n=1}^{\infty} \dfrac{(-1)^{n-1}}{n^\alpha}$ は収束する．この $\sum_{n=1}^{\infty} \dfrac{(-1)^{n-1}}{n^\alpha}$ のように，絶対収束はしないが収束するという場合，**条件収束**するという．

○**例 6.20.** $0 < x < 1$ とし，$N = 1, 2, \cdots$ に対して $S_N(x) := \sum_{n=1}^{N} (-1)^{n-1} x^{n-1}$ とおくと，$N \to \infty$ のとき $S(x) := \sum_{n=1}^{\infty} (-1)^{n-1} x^{n-1} = \dfrac{1}{1+x}$ に収束する．注意 6.19 により，$m = 1, 2, \cdots$ に対して

$$S_{2m}(x) \leqq \frac{1}{1+x} \leqq S_{2m-1}(x)$$

が成り立つ．この不等式の各辺をそれぞれ積分すると，$m = 1, 2, \cdots$ に対して

$$\sum_{n=1}^{2m} \frac{(-1)^{n-1}}{n} x^n \leqq \log(1+x) \leqq \sum_{n=1}^{2m-1} \frac{(-1)^{n-1}}{n} x^n$$

が得られる．

Coffee Break

$\sum_{n=1}^{\infty} \dfrac{1}{n} = +\infty$ だが，$+, -$ を交互につけた $\sum_{n=1}^{\infty} \dfrac{(-1)^{n-1}}{n}$ は収束する．ここで，コイン投げを繰り返して $+, -$ を「ランダムに」つけることを考えよう．n 回目のコイン投げで表が出れば $a_n = \dfrac{1}{n}$ とし，裏が出れば $a_n = \dfrac{-1}{n}$ とする．このとき，$\sum_{n=1}^{\infty} a_n$ が収束する級数となる確率は 1 であることが知られている．($\sum_{n=1}^{\infty} \dfrac{1}{n}$ は収束しないが，ずっと表が出る場合に相当するから，起こる確率が 0 で「例外」になっている．)

6.4　一様収束性

本節では，関数の列 $\{f_n(x)\}$ の収束について，各点収束と一様収束の概念を学ぶ．定義を述べるまえに，例をみてみよう．

○例 **6.21.** 関数 $f_n(x) = x^n$ は $0 \leqq x \leqq 1$ において連続である．しかし，

$$f(x) := \lim_{n\to\infty} f_n(x) = \begin{cases} 0 & (0 \leqq x < 1), \\ 1 & (x = 1) \end{cases}$$

は $x = 1$ で連続でない (図 6.2).

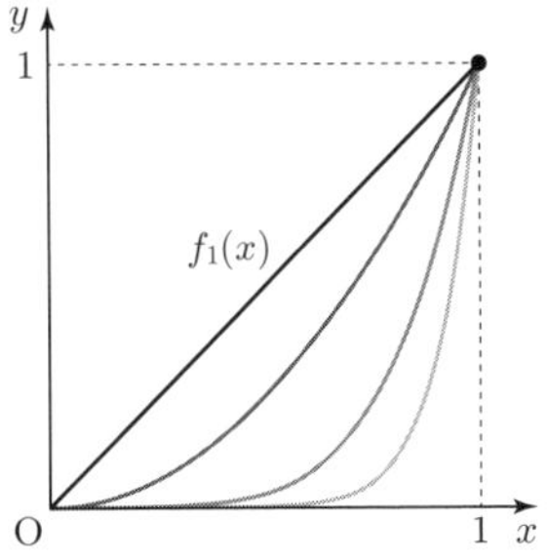

図 6.2 連続関数の列の極限関数は連続とは限らない．

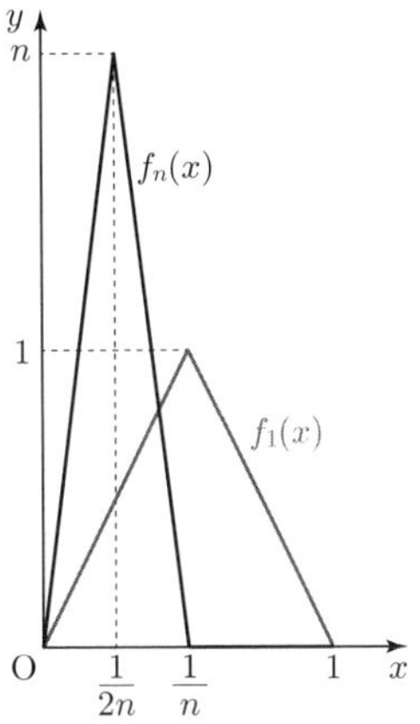

図 6.3 最後の一瞬で面積が 0 になる関数の列

○例 **6.22.** 関数

$$f_n(x) = \begin{cases} 2n^2 x & \left(0 \leqq x \leqq \dfrac{1}{2n}\right), \\ 2n - 2n^2 x & \left(\dfrac{1}{2n} \leqq x \leqq \dfrac{1}{n}\right), \\ 0 & \left(\dfrac{1}{n} \leqq x \leqq 1\right) \end{cases}$$

は $0 \leqq x \leqq 1$ において連続であり，

$$f(x) := \lim_{n\to\infty} f_n(x) = 0$$

となって，極限の関数 $f(x)$ も $0 \leqq x \leqq 1$ で連続である．しかし，任意の n で

$$\int_0^1 f_n(x)\,dx = \frac{1}{n} \cdot n \cdot \frac{1}{2} = \frac{1}{2}$$

であるから，$\displaystyle\lim_{n\to\infty} \int_0^1 f_n(x)\,dx = \frac{1}{2}$ であるのに対して，

$$\int_0^1 f(x)\,dx = \int_0^1 \left(\lim_{n\to\infty} f_n(x)\right) dx = \int_0^1 0\,dx = 0$$

となる (図 6.3).

定義 6.23. 関数列 $\{f_n(x)\}$ が区間 I で $f(x)$ に**各点収束**するとは，各 $x \in I$ で，

$$\lim_{n\to\infty} |f_n(x) - f(x)| = 0$$

となることである．より正確にいうと，「任意の $x \in I$ と任意の $\varepsilon > 0$ に対して，x と ε に関係して決まる番号 N が存在して，すべての $n \geqq N$ で $|f_n(x) - f(x)| < \varepsilon$ が成り立つ」こと，といい換えられる．

例 6.21 と例 6.22 では，いずれも $\{f_n(x)\}$ が $f(x)$ に区間 $[0,1]$ で各点収束しているが，例 6.21 では連続性が遺伝せず，例 6.22 では積分の値が連続ではなかった．これらは，$f_n(x)$ が $f(x)$ に収束するときの『足並みがそろわない』と変なことが起こりうることを示している．ここで，

$$d_n := \sup_{x\in I} |f_n(x) - f(x)|$$

という量に注目すると，例 6.21 では $d_n = 1$ であり，『$x = 1$ 付近で離れ気味』だったので，極限の関数 $f(x)$ が『ちぎれた』，また，例 6.22 では $d_n = \sup_{x\in[0,1]} |f_n(x) - 0| = n$ であり，『突然面積が 0 になった』といえる．

定義 6.24. 関数列 $\{f_n(x)\}$ が区間 I で $f(x)$ に**一様収束**するとは，

$$\lim_{n\to\infty} \underbrace{\sup_{x\in I} |f_n(x) - f(x)|}_{d_n} = 0$$

となることである．より正確にいえば，「任意の $\varepsilon > 0$ に対して，ε だけで決まる番号 N が存在して，すべての $n \geqq N$ とすべての $x \in I$ で $|f_n(x) - f(x)| < \varepsilon$ が成り立つ」こと，といい換えられる．

一様収束する連続関数の列 $\{f_n(x)\}$ については，極限の関数も連続になる．

定理 6.25. $\{f_n(x)\}$ は区間 I で連続な関数の列で，$f(x)$ に一様収束しているとする．このとき，$f(x)$ も区間 I で連続である．これは，「任意の $a \in I$ で

$$\lim_{x\to a}\underbrace{\lim_{n\to\infty} f_n(x)}_{=f(x)} = \underbrace{\lim_{n\to\infty}\underbrace{\lim_{x\to a} f_n(x)}_{=f_n(a)}}_{=f(a)}$$

が成り立つ」ともいい換えられる．

証明. $f(x)$ が $a \in I$ で連続であることを示そう．任意の $\varepsilon > 0$ をとる．$\{f_n(x)\}$ は I 上で $f(x)$ に一様収束しているから $\displaystyle\lim_{n\to\infty}\sup_{x\in I}|f_n(x)-f(x)| = 0$ であり，

$$\sup_{x\in I}|f_N(x)-f(x)| \leqq \frac{\varepsilon}{3}$$

を満たす N が存在する．$f_N(x)$ は連続であるから，ある $\delta > 0$ が存在して，$|x-a| < \delta$ を満たすすべての x に対して $|f_N(x)-f_N(a)| < \dfrac{\varepsilon}{3}$ とできる．以上により，$|x-a| < \delta$ を満たすすべての x に対して

$$\begin{aligned}|f(x)-f(a)| &\leqq |f(x)-f_N(x)| + |f_N(x)-f_N(a)| + |f_N(a)-f(a)| \\ &\leqq \frac{\varepsilon}{3}+\frac{\varepsilon}{3}+\frac{\varepsilon}{3} = \varepsilon\end{aligned}$$

が成り立つ．これは $f(x)$ が $a \in I$ において連続であることを示している．□

さて，一様収束する関数列 $\{f_n(x)\}$ について，それぞれの関数 $f_n(x)$ の微分・積分と，その極限 $f(x) = \displaystyle\lim_{n\to\infty} f_n(x)$ の微分・積分は美しく振舞う．そのことをみてみよう．

定理 6.26. $\{f_n(x)\}$ は区間 $[a,b]$ 上で連続な関数の列で，区間 $[a,b]$ 上で $f(x)$ に一様収束しているとする．このとき，任意の $x \in [a,b]$ に対して

$$\lim_{n\to\infty}\int_a^x f_n(t)\,dt = \int_a^x \Bigl(\underbrace{\lim_{n\to\infty} f_n(t)}_{=f(t)}\Bigr)\,dt$$

が成り立つ．この収束は $x \in [a,b]$ について一様である．

証明. 任意の $x \in [a,b]$ と任意の n に対して

$$\begin{aligned}\left|\int_a^x f_n(t)\,dt - \int_a^x f(t)\,dt\right| &= \left|\int_a^x \{f_n(t)-f(t)\}\,dt\right| \\ &\leqq \int_a^x |f_n(t)-f(t)|\,dt\end{aligned}$$

$$\leqq \left(\sup_{t \in [a,b]} |f_n(t) - f(t)| \right) \cdot (x-a)$$

が成り立つから，任意の n に対して

$$\sup_{x \in [a,b]} \left| \int_a^x f_n(t)\,dt - \int_a^x f(t)\,dt \right| \leqq \left(\sup_{t \in [a,b]} |f_n(t) - f(t)| \right) \cdot (b-a)$$

となる．$\{f_n(x)\}$ は $[a,b]$ 上で $f(x)$ に一様収束しているから，右辺は $n \to \infty$ で 0 に収束する．したがって，$\left\{ \int_a^x f_n(t)\,dt \right\}$ は $[a,b]$ 上で $\int_a^x f(t)\,dt$ に一様収束する． □

系 6.27. 区間 $[a,b]$ 上の連続関数の列 $\{g_n(x)\}$ に対して，$\sum_{n=0}^{\infty} g_n(x)$ が区間 $[a,b]$ で一様収束する (つまり数列 $\left\{ \sum_{n=0}^{N} g_n(x) \right\}$ が一様収束する) とき，

$$\int_a^b \left(\sum_{n=0}^{\infty} g_n(x) \right) dx = \sum_{n=0}^{\infty} \left(\int_a^b g_n(x)\,dx \right)$$

が成り立つ．

証明. $f_N(x) = \sum_{n=0}^{N} g_n(x)$ に対して定理 6.26 を適用すればよい． □

定理 6.28. $\{f_n(x)\}$ は区間 $I = [a,b]$ 上の C^1 級の関数の列で，区間 I で $f(x)$ に各点収束しているとする．さらに，$\{f_n'(x)\}$ が区間 I で $g(x)$ に一様収束しているとき，$f(x)$ は区間 (a,b) 上で C^1 級であって，$f'(x) = g(x)$ が成り立つ．

証明. 微分積分学の基本定理 (定理 3.23) と，仮定により

$$\int_a^x f_n'(t)\,dt = f_n(x) - f_n(a) \to f(x) - f(a) \quad (n \to \infty)$$

となる．一方，定理 6.26 により，区間 I 上で $\left\{ \int_a^x f_n'(t)\,dt \right\}$ は $\int_a^x g(t)\,dt$ に一様収束するから，

$$f(x) - f(a) = \int_a^x g(t)\,dt$$

とわかる．$x \in (a,b)$ において両辺を微分すると，定理 3.20 から $f'(x) = g(x)$ が得られ，$f(x)$ は C^1 級であることがわかる．なお，任意の $x \in I$ と任意の n に対して

$$|f_n(x)-f(x)| = \left|\left\{f_n(a)+\int_a^x f_n'(t)\,dt\right\} - \left\{f(a)+\int_a^x g(t)\,dt\right\}\right|$$
$$\leqq |f_n(a)-f(a)| + \left(\sup_{t\in[a,b]} |f_n'(t)-g(t)|\right)\cdot(b-a)$$

が成り立つから，$\{f_n(x)\}$ の $f(x)$ への収束は，実は一様であることもわかる． □

◇**問 6.6.** $\mathbf{R}$ 上の関数列 $\{f_n(x)\}$ を $f_n(x) := \dfrac{\sin(nx)}{n}$ で定める．次の問いに答えよ．

(1) 極限関数 $f(x) := \lim_{n\to\infty} f_n(x)$ を求めよ．

(2) $\mathbf{R}$ 上において，$\{f_n(x)\}$ は $f(x)$ に一様収束することを示せ．

(3) $\mathbf{R}$ 上において，$\{f_n(x)\}$ が $f'(x)$ に各点収束するといえるか．

級数の形で表される関数が一様収束することを確かめるとき，次の定理がよく用いられる．

定理 6.29 (**ワイエルシュトラスの優級数定理**)**.** 区間 I 上の関数の列 $\{g_n(x)\}$ に対して，任意の $x\in I$ で $|g_n(x)|\leqq M_n$，および

$$\sum_{n=0}^{\infty} M_n < +\infty$$

を満たす非負の数列 $\{M_n\}$ が存在するとき，$f(x) := \sum_{n=0}^{\infty} g_n(x)$ は区間 I で一様収束する．特に，$\{g_n(x)\}$ が区間 I 上の連続関数の列であるとき，$f(x)$ も区間 I で連続である．

証明. 定理 6.3(1) より，任意の $x\in I$ に対して，$f(x)$ は絶対収束している．$f_N(x) := \sum_{n=0}^{N} g_n(x)$ とおく．任意の $x\in I$ と任意の N に対して，

$$|f_N(x)-f(x)| = \left|\sum_{n=N+1}^{\infty} g_n(x)\right| \leqq \sum_{n=N+1}^{\infty} |g_n(x)| \leqq \sum_{n=N+1}^{\infty} M_n$$

が成り立つ．したがって，

$$\sup_{x\in I}|f_N(x)-f(x)| \leqq \sum_{n=N+1}^{\infty} M_n \to 0 \quad (N\to\infty)$$

となり，$\{f_N(x)\}$ は I 上で $f(x)$ に一様収束している． □

○**例 6.30.** 「至るところ微分不可能な連続関数」の有名な例を紹介する．区間 $[0,1]$ 上の連続関数の列

$$f_n(x) := \min_{k=0,1,\cdots,2^{n-1}} \left| x - \frac{k}{2^{n-1}} \right| \quad (n = 1, 2, \cdots)$$

を考える．

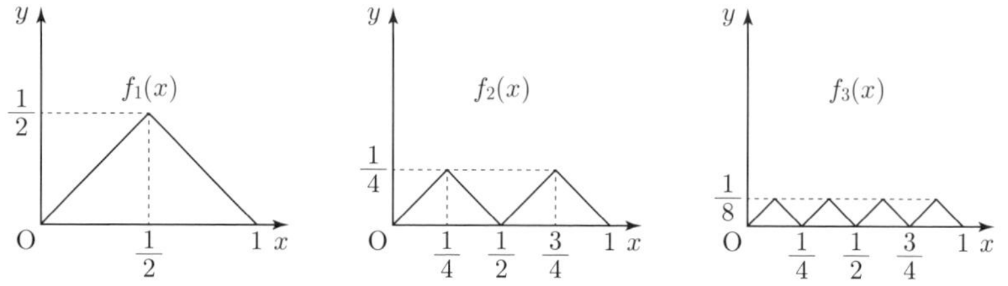

図 6.4 $f_1(x)$, $f_2(x)$, $f_3(x)$ のグラフ

$0 \leqq f_n(x) \leqq \dfrac{1}{2^n}$ であるから，定理 6.29 により

$$T(x) := \sum_{n=1}^{\infty} f_n(x)$$

は区間 $[0,1]$ で一様収束し，定理 6.25 により $T(x)$ は $[0,1]$ 上で連続になる．この $T(x)$ を**高木関数**という．

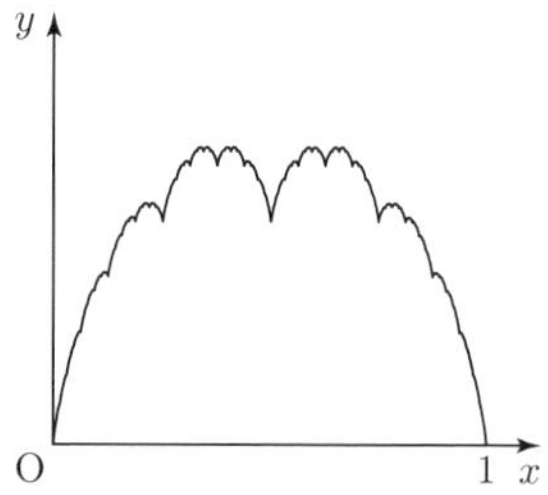

図 6.5 高木関数 $T(x)$ のグラフ

高木関数 $T(x)$ は，区間 $[0,1]$ のすべての点で有限な微分係数をもたないことを示そう．$x' \neq x$ を満たす $x, x' \in [0,1]$ に対して，

$$\frac{T(x') - T(x)}{x' - x} = \sum_{n=1}^{\infty} \frac{f_n(x') - f_n(x)}{x' - x}$$

である．$x = 0$ のとき，$N = 1, 2, \cdots$ に対して，$0 < x' < \dfrac{1}{2^N}$ ならば

$$\frac{f_n(x') - f_n(0)}{x' - 0} \begin{cases} = 1 & (n \leqq N), \\ \geqq 0 & (n > N) \end{cases}$$

であるから，

$$\frac{T(x') - T(0)}{x' - 0} \geqq \sum_{n=1}^{N} 1 + \sum_{n=N+1}^{\infty} 0 = N$$

である．これは $T'_+(0) = +\infty$ を意味する．同様にして，$T'_-(1) = -\infty$ となることがわかる．

$$\frac{k}{2^{n-1}} \quad (n = 1, 2, \cdots; k = 0, 1, \cdots, 2^{n-1})$$

という形の点を**2 進有理点**とよぶことにすると，$x \in [0, 1]$ が $0, 1$ 以外の 2 進有理点であるとき，上と同様の方針で $T'_+(x) = +\infty$, $T'_-(x) = -\infty$ となることがわかるから，$T(x)$ は微分可能でない．

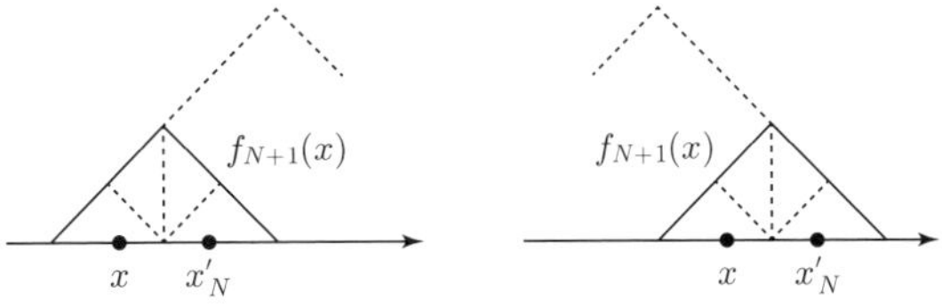

図 6.6 2 進有理点でない x に対する x'_N の定め方 ($f'_N(x) = +1$, -1 の場合の図)．x と x'_N の左右が逆になることもある．

最後に，$x \in [0, 1]$ が 2 進有理点でない場合を調べる．各 $n = 1, 2, \cdots$ に対して，$f'_n(x)$ は 1 か -1 のいずれかである．$N = 1, 2, \cdots$ の各々に対して，x が $f_{N+1}(x)$ のグラフの小三角形の 1 つに図 6.6 のように入っているとき，x を小三角形の底辺の中点に関して折り返した点を x'_N とする．このとき，$0 < |x'_N - x| < \dfrac{1}{2^N}$ より $\lim_{N \to \infty} x'_N = x$ であり，$n > N$ ならば $f_n(x'_N) = f_n(x)$ であることに注意すると，$N = 1, 2, \cdots$ に対して，

$$\frac{T(x'_N) - T(x)}{x'_N - x} = \sum_{n=1}^{N} f'_n(x)$$

が成り立つことがわかる．したがって，$\displaystyle\lim_{x' \to x} \frac{T(x') - T(x)}{x' - x}$ が有限の値に収束することはない．

◇**問 6.7.** 高木関数 $T(x)$ について，定積分 $\displaystyle\int_0^1 T(x)\,dx$ の値を求めよ．

6.5 べき級数

$a_0, a_1, \cdots$ を数列とし，x を変数とするとき，次の形をした級数

$$\sum_{n=0}^{\infty} a_n x^n = a_0 + a_1 x + a_2 x^2 + \cdots$$

を**べき級数**という．本節ではこのべき級数の性質を調べよう．特に，x の値に

よっていつ収束するかが問題となるが，次の定理が基本的である.

定理 6.31. べき級数 $\sum_{n=0}^{\infty} a_n x^n$ が $x=\alpha$ において収束するとき，$|x|<|\alpha|$ を満たす任意の x に対して絶対収束する.

証明. $\sum_{n=0}^{\infty} a_n \alpha^n$ が収束することから，$\lim_{n\to\infty} a_n\alpha^n = 0$ である. したがって，数列 $\{a_n\alpha^n\}$ は有界 (第 7 章，定理 1.10 (3) の証明冒頭を参照) であり，ある $M>0$ が存在して，任意の n に対して $|a_n\alpha^n| \leqq M$ が成り立つ. 実数 x が $|x|<|\alpha|$ を満たすとき，

$$\begin{aligned}\sum_{n=0}^{N} |a_n x^n| &= \sum_{n=0}^{N} |a_n\alpha^n| \cdot \frac{|x^n|}{|\alpha^n|} \\ &\leqq M\sum_{n=0}^{N}\left(\frac{|x|}{|\alpha|}\right)^n \leqq M\sum_{n=0}^{\infty}\left(\frac{|x|}{|\alpha|}\right)^n = \frac{M}{1-|x|/|\alpha|} < +\infty\end{aligned}$$

が成り立つ. したがって，$\sum_{n=0}^{N} |a_n x^n|$ を N についての数列とみたとき，上に有界で単調増加であるから，$\sum_{n=0}^{\infty} |a_n x^n|$ は収束する (定理 1.9). □

系 6.32. べき級数 $\sum_{n=0}^{\infty} a_n x^n$ が $x=\alpha$ において発散するとき，$|x|>|\alpha|$ を満たす任意の x に対して発散する.

証明. もし，$|x|>|\alpha|$ を満たすある実数 x に対して，$\sum_{n=0}^{\infty} a_n x^n$ が収束したとすると，定理 6.31 より，絶対値が $|x|$ 未満の実数 (特に α) でも収束する. これは α で発散するという仮定に矛盾する. □

定理 6.31 と系 6.32 により，べき級数 $\sum_{n=0}^{\infty} a_n x^n$ について，

$|x|<R$ ならば絶対収束し，$|x|>R$ ならば発散する

という $R\in[0,+\infty]$ が必ず存在する. これを**収束半径**という ($R=+\infty$ のときはすべての x で絶対収束すると解釈し，$R=0$ のときはすべての $x\neq 0$ で発散すると解釈する).

○**例 6.33.** $r>0$ とすると，$\sum_{n=0}^{\infty} r^n x^n$ の収束半径は $\dfrac{1}{r}$ である.

定理 6.34 (**ダランベールの公式**). べき級数 $\sum_{n=0}^{\infty} a_n x^n$ について, $\rho := \lim_{n\to\infty}\left|\frac{a_{n+1}}{a_n}\right|$ が ($+\infty$ を許して) 存在すれば, 収束半径は $\frac{1}{\rho}$ である ($\rho = 0$ のときは $+\infty$ と解釈する).

証明. $\lim_{n\to\infty}\left|\frac{a_{n+1}x^{n+1}}{a_n x^n}\right| = \rho\cdot|x|$ であるから, 定理 6.6 により, $\sum_{n=0}^{\infty} a_n x^n$ は $\rho\cdot|x| < 1$ のとき収束し, $\rho\cdot|x| > 1$ のとき発散する. □

べき級数で表される関数の連続性と, 微分や積分の計算についてみていこう.

定理 6.35. べき級数 $\sum_{n=0}^{\infty} a_n x^n$ の収束半径を $R > 0$ とする. $0 < r < R$ を満たす任意の r に対し, $\sum_{n=0}^{\infty} a_n x^n$ は区間 $[-r, r]$ において一様収束する.

証明. $0 < r < R$ とすると, $\sum_{n=0}^{\infty} |a_n| r^n$ は収束する. 任意の $x \in [-r, r]$ に対して,

$$|a_n x^n| \leqq |a_n| r^n \quad (n = 0, 1, 2, \cdots)$$

であるから, 定理 6.29 により, $\sum_{n=0}^{\infty} a_n x^n$ は区間 $[-r, r]$ において一様収束する. □

★注意 6.36. 定理 6.25 から, べき級数 $f(x) = \sum_{n=0}^{\infty} a_n x^n$ は $|x| < R$ において連続であることがわかる.

定理 6.37. べき級数 $f(x) = \sum_{n=0}^{\infty} a_n x^n$ の収束半径を $R > 0$ とする.

(1) $f(x)$ は $|x| < R$ において**項別微分**可能, すなわち $f'(x) = \sum_{n=1}^{\infty} n a_n x^{n-1}$ である. したがって, べき級数 $f(x) = \sum_{n=0}^{\infty} a_n x^n$ は $|x| < R$ において何度でも項別微分可能である.

(2) $f(x)$ は $|x| < R$ 内の任意の閉区間において**項別積分**可能, すなわち, $[a, b] \subset (-R, R)$ のとき,

$$\int_a^b f(x)\,dx = \sum_{n=0}^{\infty}\int_a^b a_n x^n\,dx = \sum_{n=0}^{\infty}\frac{1}{n+1}a_n(b^{n+1} - a^{n+1})$$

である.

証明. (1) $\sum_{n=1}^{\infty} na_n x^{n-1}$ の収束半径も R であることを示せば，定理 6.28 と定理 6.35 から導かれる．x は $|x| < R$ を満たすとする．$|x| < r < R$ を満たす r を 1 つとると，$\sum_{n=0}^{\infty} a_n r^n$ は絶対収束するから，$\{|a_n|r^n\}$ は有界である．したがって，ある $M > 0$ が存在して，すべての n に対して $|a_n|r^{n-1} \leqq M$ が成り立つ．

$$|na_n x^{n-1}| = n|a_n|r^{n-1} \cdot \left(\frac{|x|}{r}\right)^{n-1} \leqq Mn \cdot \left(\frac{|x|}{r}\right)^{n-1}$$

であり，$|t| < 1$ のとき，

$$\sum_{n=1}^{\infty} n \cdot t^{n-1} = \frac{1}{(1-t)^2}$$

となることから

$$\sum_{n=1}^{\infty} n \cdot \left(\frac{|x|}{r}\right)^{n-1} < +\infty$$

とわかる．したがって，$\sum_{n=1}^{\infty} na_n x^{n-1}$ も絶対収束する．一方，$\lim_{n\to\infty} na_n x^{n-1} = 0$ のとき，$|a_n x^n| \leqq |x| \cdot |na_n x^{n-1}|$ より $\lim_{n\to\infty} a_n x^n = 0$ となるから，$\sum_{n=1}^{\infty} na_n x^{n-1}$ の収束半径も R であることがわかる．

(2) は，定理 6.26 と定理 6.35 から導かれる． □

○**例 6.38.** $|r| < 1$ のとき，$\dfrac{1}{1-r} = \sum_{k=0}^{\infty} r^k$ である．$|t| < 1$ のとき，

$$\frac{1}{1+t} = \sum_{k=0}^{\infty} (-1)^k t^k, \quad \frac{1}{1+t^2} = \sum_{k=0}^{\infty} (-1)^k t^{2k}$$

であり，$|x| < 1$ として，$t = 0$ から $t = x$ まで積分すると，定理 6.37 (2) により

$$\log(1+x) = \sum_{k=0}^{\infty} \frac{(-1)^k}{k+1} x^{k+1} = x - \frac{x^2}{2} + \frac{x^3}{3} - \frac{x^4}{4} + \cdots,$$

$$\mathrm{Tan}^{-1}\, x = \sum_{k=0}^{\infty} \frac{(-1)^k}{2k+1} x^{2k+1} = x - \frac{x^3}{3} + \frac{x^5}{5} - \frac{x^7}{7} + \cdots$$

が得られる．

○**例 6.39.** 任意の $x \in \mathbf{R}$ に対して $e^x = \sum_{k=0}^{\infty} \dfrac{1}{k!} x^k$ が成り立つことを，定理 6.37 (1) を利用して証明しよう．$f(x) := e^x$ は $f'(x) = f(x)$, $f(0) = 1$ を満たすただ一つの関数である．一方，$a_k := \dfrac{1}{k!}$ とおくと，$\rho = \lim_{k\to\infty} \left|\dfrac{a_{k+1}}{a_k}\right| =$

$\lim_{k\to\infty}\dfrac{1}{k+1}=0$ だから，$g(x):=\sum_{k=0}^{\infty}\dfrac{1}{k!}x^k$ の収束半径は $+\infty$ である．$g(0)=1$ であり，項別微分すると

$$g'(x)=\sum_{k=1}^{\infty}\frac{1}{(k-1)!}x^{k-1}=\sum_{k'=0}^{\infty}\frac{1}{(k')!}x^{k'}=g(x)$$

となる．したがって，$g(x)=e^x$ でなければならない．

○**例 6.40.** 任意の実数 α に対して，一般の二項定理

$$(1+x)^\alpha=\sum_{k=0}^{\infty}\binom{\alpha}{k}x^k\quad(|x|<1)$$

が成り立つことを，定理 6.37 (1) を利用して証明しよう．$f(x):=(1+x)^\alpha$ とおくと，$f'(x)=\alpha(1+x)^{\alpha-1}=\dfrac{\alpha}{1+x}f(x)$ より $(1+x)f'(x)=\alpha f(x)$ が成り立つ．$g(x):=\sum_{n=0}^{\infty}\binom{\alpha}{n}x^n$ とおくと，

$$\rho=\lim_{n\to\infty}\left|\binom{\alpha}{n+1}\Big/\binom{\alpha}{n}\right|=\lim_{n\to\infty}\left|\frac{\alpha-n}{n+1}\right|=1$$

だから，定理 6.34 により，$g(x)$ の収束半径は $\dfrac{1}{\rho}=1$ である．$|x|<1$ において $g(x)$ を項別微分すると

$$g'(x)=\sum_{n=1}^{\infty}n\binom{\alpha}{n}x^{n-1}=\alpha\sum_{n=1}^{\infty}\binom{\alpha-1}{n-1}x^{n-1}=\alpha\sum_{n=0}^{\infty}\binom{\alpha-1}{n}x^n$$

である．問 2.8 の等式を用いると，

$$\begin{aligned}(1+x)g'(x)&=\alpha\sum_{n=0}^{\infty}\binom{\alpha-1}{n}x^n+x\cdot\alpha\sum_{n=1}^{\infty}\binom{\alpha-1}{n-1}x^{n-1}\\&=\alpha\left[1+\sum_{n=1}^{\infty}\left\{\binom{\alpha-1}{n}+\binom{\alpha-1}{n-1}\right\}x^n\right]\\&=\alpha\left[1+\sum_{n=1}^{\infty}\binom{\alpha}{n}x^n\right]=\alpha\sum_{n=0}^{\infty}\binom{\alpha}{n}x^n=\alpha g(x)\end{aligned}$$

が得られる．$h(x):=\dfrac{g(x)}{f(x)}=g(x)(1+x)^{-\alpha}$ とおくと，

$$\begin{aligned}h'(x)&=g'(x)(1+x)^{-\alpha}-\alpha g(x)(1+x)^{-\alpha-1}\\&=(1+x)^{-\alpha-1}\left\{(1+x)g'(x)-\alpha g(x)\right\}=0\end{aligned}$$

となるから，ある定数 C が存在して $h(x) = C$ である．$x = 0$ とおくと $C = h(0) = g(0) = 1$ とわかるから，$h(x) = \dfrac{g(x)}{f(x)} = 1$, すなわち $f(x) = g(x)$ が成り立つ．

◇**問 6.8.** 一般の二項定理により

$$\frac{1}{\sqrt{1-t^2}} = (1-t^2)^{-\frac{1}{2}} = \sum_{k=0}^{\infty} \binom{-\frac{1}{2}}{k} (-t^2)^k = \sum_{k=0}^{\infty} (-1)^k \binom{-\frac{1}{2}}{k} t^{2k} \quad (|t| < 1) \quad (*)$$

である．次の問いに答えよ．

(1) k を正の整数とする．式 $(*)$ における t^{2k} の係数 $(-1)^k \binom{-\frac{1}{2}}{k}$ は，$\dfrac{(2k-1)!!}{(2k)!!}$ に等しいことを示せ．

(2) 式 $(*)$ を項別積分することで，$\mathrm{Sin}^{-1}\, x$ $(|x| < 1)$ のべき級数展開を求めよ．

(3) $\dfrac{\pi}{6} = \dfrac{1}{2} + \dfrac{1}{2} \cdot \dfrac{1}{3 \cdot 2^3} + \dfrac{1 \cdot 3}{2 \cdot 4} \cdot \dfrac{1}{5 \cdot 2^5} + \dfrac{1 \cdot 3 \cdot 5}{2 \cdot 4 \cdot 6} \cdot \dfrac{1}{7 \cdot 2^7} + \cdots$ となることを示せ[1]．

アーベルの連続性定理

収束半径 $R > 0$ のべき級数で表される関数 $f(x) = \sum_{n=0}^{\infty} a_n x^n$ は，区間 $(-R, R)$ において連続である (注意 6.36)．さらに，$\sum_{n=0}^{\infty} a_n R^n$ も収束するとき，$f(x)$ は $x = R$ において左連続になることが次の定理によってわかる．

定理 6.41 (アーベルの連続性定理). べき級数 $\sum_{n=0}^{\infty} a_n x^n$ の収束半径が $R > 0$ であって，$\sum_{n=0}^{\infty} a_n R^n$ も収束しているとき，$\lim_{x \to R-0} \sum_{n=0}^{\infty} a_n x^n = \sum_{n=0}^{\infty} a_n R^n$ が成り立つ．

証明. $x = Rx'$ と変数変換することで，一般性を失うことなく収束半径 $R = 1$ と仮定できる．$\sum_{n=0}^{\infty} a_n x^n$ が区間 $[0, 1]$ で一様収束すること，すなわち

$$\lim_{N \to \infty} \sup_{x \in [0,1]} \left| \sum_{n=0}^{N} a_n x^n - \sum_{n=0}^{\infty} a_n x^n \right| = 0 \tag{6.10}$$

を示せば，定理 6.25 により，$\sum_{n=0}^{\infty} a_n x^n$ が $x = 1$ で左連続となることがわかる．

---

1) この等式は，ニュートンが 1665 年に見いだしたものである．この年はペスト禍によって大学が閉鎖となり，ニュートンは故郷に戻って研究に打ち込み，独創的な成果を次々とあげた．

$$S_{-1} := 0, \quad S_n = \sum_{k=0}^{n} a_k \quad (n = 0, 1, 2, \cdots), \quad S = \sum_{n=0}^{\infty} a_n$$

とおく.

$$\begin{aligned}\sum_{n=0}^{N} a_n x^n &= \sum_{n=0}^{N} (S_n - S_{n-1}) x^n \\ &= \sum_{n=0}^{N-1} S_n (x^n - x^{n+1}) + S_N x^N = (1-x) \sum_{n=0}^{N-1} S_n x^n + S_N x^N\end{aligned}$$

であり，$0 \leqq x < 1$ のとき $\lim_{N\to\infty} S_N x^N = S \cdot 0 = 0$ であるから

$$\sum_{n=0}^{\infty} a_n x^n = (1-x) \sum_{n=0}^{\infty} S_n x^n$$

と表せる．したがって，

$$\begin{aligned}\sum_{n=N+1}^{\infty} a_n x^n &= (1-x) \sum_{n=N}^{\infty} S_n x^n - S_N x^N \\ &= (1-x) \sum_{n=N}^{\infty} (S_n - S) x^n + (1-x) \sum_{n=N}^{\infty} S x^n - S_N x^N \\ &= (1-x) \sum_{n=N}^{\infty} (S_n - S) x^n + (S - S_N) x^N\end{aligned}$$

である．任意の $\varepsilon > 0$ をとる．$\lim_{n\to\infty} S_n = S$ より，ある n_0 が存在して，任意の $n \geqq n_0$ に対して $|S_n - S| < \dfrac{\varepsilon}{2}$ が成り立つ．$N \geqq n_0$ のとき，$0 \leqq x < 1$ の場合は

$$\begin{aligned}\left| \sum_{n=N+1}^{\infty} a_n x^n \right| &\leqq (1-x) \sum_{n=N}^{\infty} |S_n - S| x^n + |S - S_N| x^N \\ &\leqq \frac{\varepsilon}{2} \cdot (1-x) \sum_{n=N}^{\infty} x^n + \frac{\varepsilon}{2} \cdot x^N \leqq \varepsilon \cdot x^N \leqq \varepsilon\end{aligned}$$

であり，$x = 1$ の場合は左辺が $|S_N - S|$ だから ε 以下になっている．これで式 (6.10) が導かれる． □

定理 6.41 を応用して，無限級数の和を求めよう．

○例 **6.42.** 例 6.38 の結果から，$|x| < 1$ のとき，

$$\log(1+x) = \sum_{k=0}^{\infty} \frac{(-1)^k}{k+1} x^{k+1}$$

が成り立つ．右辺のべき級数の収束半径は 1 であるが，定理 6.18 より $x = 1$ と

しても収束することがわかる．したがって，定理 6.41 により，

$$\sum_{k=0}^{\infty} \frac{(-1)^k}{k+1} = \log 2$$

が得られる．

◇問 **6.9.** 定理 6.18 と定理 6.41 を応用して，$\sum_{k=0}^{\infty} \frac{(-1)^k}{2k+1}$ の値を求めよ．

6.6 階乗の漸近挙動と確率論への応用

例 6.15 で階乗 $n!$ の大きさを評価したが，$n \to \infty$ での漸近挙動に関しては次の有名な公式がある．

定理 6.43 (スターリングの公式)**.** $\lim_{n\to\infty} \frac{n!}{\sqrt{2\pi n}\, n^n e^{-n}} = 1$, すなわち

$$n! \sim \sqrt{2\pi n}\left(\frac{n}{e}\right)^n \quad (n \to \infty)$$

が成り立つ．($\sqrt{2\pi} = 2.506628\cdots$ である．)

証明. 第 3 章の章末問題 4 (3) の結果から，

$$\sqrt{n} \cdot \int_0^{\frac{\pi}{2}} \sin^{2n} x\, dx = \sqrt{n} \cdot \frac{(2n-1)!!}{(2n)!!} \cdot \frac{\pi}{2} \to \frac{\sqrt{\pi}}{2} \quad (n \to \infty),$$

すなわち

$$\lim_{n\to\infty} \sqrt{\pi n} \cdot \frac{(2n-1)!!}{(2n)!!} = 1 \tag{6.11}$$

が得られる．ここで，

$$\frac{(2n-1)!!}{(2n)!!} = \frac{(2n)!! \times (2n-1)!!}{\{(2n)!!\}^2} = \frac{(2n)!}{(2^n \cdot n!)^2} = \frac{1}{2^{2n}}\binom{2n}{n}$$

に注意すると

$$\frac{1}{2^{2n}}\binom{2n}{n} \sim \frac{1}{\sqrt{\pi n}} \quad (n \to \infty) \tag{6.12}$$

といい換えることができる．式 (6.11), (6.12) もウォリスの公式とよばれる (3.3 節の Coffee Break 参照)．さて，$n = 1, 2, \cdots$ に対して $a_n := \frac{n!}{\sqrt{2\pi n}\, n^n e^{-n}}$ とおくと，式 (6.12) により

$$\frac{a_{2n}}{(a_n)^2} = \frac{(2n)!}{(n!)^2} \cdot \frac{(\sqrt{2\pi n}\, n^n e^{-n})^2}{\sqrt{2\pi \cdot 2n}\,(2n)^{2n} e^{-2n}} = \frac{1}{2^{2n}} \binom{2n}{n} \cdot \sqrt{\pi n} \to 1 \quad (n \to \infty)$$

が成り立つから，$\lim_{n\to\infty} a_n = 1$ を示すためには

$$\lim_{n\to\infty} \frac{a_{2n}}{a_n} = 1,$$

すなわち

$$\log\left(\frac{a_n}{a_{2n}}\right) = \sum_{k=n}^{2n-1} \log\left(\frac{a_k}{a_{k+1}}\right) \to 0 \quad (n \to \infty)$$

がいえればよい．

$$\log\left(\frac{a_k}{a_{k+1}}\right) = -1 + \left(k + \frac{1}{2}\right) \log\left(1 + \frac{1}{k}\right)$$

であり，例 6.14 の式 (6.7) を利用すると

$$1 \leqq \left(k + \frac{1}{2}\right) \log\left(1 + \frac{1}{k}\right) \leqq \frac{(2k+1)^2}{4k(k+1)} = 1 + \frac{1}{4k(k+1)}$$

と評価できるから，

$$0 \leqq \log\left(\frac{a_k}{a_{k+1}}\right) \leqq \frac{1}{4k(k+1)} = \frac{1}{4}\left(\frac{1}{k} - \frac{1}{k+1}\right)$$

が得られ，

$$0 \leqq \sum_{k=n}^{2n-1} \log\left(\frac{a_k}{a_{k+1}}\right) = \frac{1}{4}\left(\frac{1}{n} - \frac{1}{2n}\right) = \frac{1}{8n} \to 0 \quad (n \to \infty)$$

となる． □

スターリングの公式の確率論への応用を紹介する．

○例 **6.44.** n を正の整数とし，r を $-n$ 以上 n 以下の整数とする．コインを投げる試行を $2n$ 回繰り返したとき表が H_{2n} 回出るとし，ちょうど $(n+r)$ 回表が出る確率

$$P(H_{2n} = n + r) := \frac{1}{2^{2n}} \cdot \frac{(2n)!}{(n+r)!\,(n-r)!} = \frac{1}{2^{2n}} \binom{2n}{n+r}$$

について考えよう．ウォリスの公式 (6.12) によると

$$P(H_{2n} = n) \sim \frac{1}{\sqrt{\pi n}} \quad (n \to \infty)$$

であり，

$$P(H_{2n}=n+r)=\frac{1}{2^{2n}}\cdot\frac{(2n)!}{n!\,n!}\cdot\frac{n!\,n!}{(n+r)!\,(n-r)!}$$
$$=P(H_{2n}=n)\cdot\frac{(n!)^2}{(n+r)!\,(n-r)!}$$

と表せる．$n\to\infty$ としたとき $n-r,\ n+r\to\infty$ でもあることに注意すると，スターリングの公式 (定理 6.43) により

$$\begin{aligned}&\frac{(n!)^2}{(n+r)!\,(n-r)!}\\ &\sim\frac{(\sqrt{2\pi n}\,n^ne^{-n})^2}{\sqrt{2\pi(n+r)}\,(n+r)^{n+r}e^{-(n+r)}\sqrt{2\pi(n-r)}\,(n-r)^{n-r}e^{-(n-r)}}\\ &=\sqrt{\frac{n^2}{n^2-r^2}}\cdot\frac{n^{2n}}{(n^2-r^2)^n(n+r)^r(n-r)^{-r}}\\ &=\left(1-\frac{r^2}{n^2}\right)^{-(n+\frac{1}{2})}\cdot\left(1+\frac{r}{n}\right)^{-r}\left(1-\frac{r}{n}\right)^{r}\end{aligned}$$

が得られる．$n\to\infty$ のとき $r_n\sim x\sqrt{\dfrac{n}{2}}$ となる数列 $\{r_n\}$ を考えると，

$$\frac{r_n}{n}\sim\frac{x}{\sqrt{2n}},\quad \frac{(r_n)^2}{n}\to\frac{x^2}{2}\quad(n\to\infty)$$

であるから，例 1.44 の結果から

$$\left(1-\frac{(r_n)^2}{n^2}\right)^{-(n+\frac{1}{2})}\cdot\left(1+\frac{r_n}{n}\right)^{-r_n}\left(1-\frac{r_n}{n}\right)^{r_n}$$
$$\to e^{x^2/2}\cdot e^{-x^2/2}\cdot e^{-x^2/2}=e^{-x^2/2}\quad(n\to\infty)$$

が得られる．$n\to\infty$ のとき $n+r_n,\ n-r_n\to\infty$ となることに注意すると

$$P(H_{2n}=n+r_n)\sim\frac{1}{\sqrt{\pi n}}e^{-x^2/2}\quad(n\to\infty)$$

とわかる．これは，コインを $2n$ 回投げて表がおよそ $n+x\sqrt{\dfrac{n}{2}}$ 回出る確率の漸近挙動を表している．表の回数が 1 増えることは x が $\dfrac{1}{\sqrt{n/2}}$ 増えることに対応することに注目して，

$$\frac{1}{\sqrt{\pi n}}e^{-x^2/2}=\frac{1}{\sqrt{2\pi}}e^{-x^2/2}\cdot\frac{1}{\sqrt{n/2}}$$

と書き直すと，標準正規分布の確率密度関数が現れる．$a < b$ とすると，

「コインを $2n$ 回投げて表が出た回数 H_{2n} が $n + a\sqrt{\dfrac{n}{2}}$ 以上 $n + b\sqrt{\dfrac{n}{2}}$ 以下」

となる確率は，$n \to \infty$ のとき

$$\int_a^b \frac{1}{\sqrt{2\pi}} e^{-x^2/2}\,dx$$

に収束することが想像される．また，注意 5.22 より

$$\int_{-\infty}^{\infty} \frac{1}{\sqrt{2\pi}} e^{-x^2/2}\,dx = 1$$

であるから，コインを $2n$ 回投げて表が出た回数 H_{2n} の期待値 n からのずれは $\sqrt{n}$ の程度である場合が大半であると考えられる．したがって，$n \to \infty$ とすると $\dfrac{H_{2n}}{2n}$ が $\dfrac{1}{2}$ に収束する確率が 1 であると想像され，

「コイン投げの回数を増やすと，表が出る割合が $\dfrac{1}{2}$ に近づく」

という経験法則と合致する．これらは確率論・統計学で**中心極限定理**や**大数の法則**とよばれる重要な結果の特別な場合で，「でたらめなものも，たくさん集めるときれいな法則がみえる」という典型的な例にあたる．

章末問題

1. 正の数列 $\{a_n\}$ について，極限値 $\rho := \lim_{n\to\infty} \sqrt[n]{a_n}$ が存在すると仮定する．$\rho < 1$ であるとき $\sum_{n=1}^{\infty} a_n < +\infty$ となる．また，$\rho > 1$ であるとき $\sum_{n=1}^{\infty} a_n = +\infty$ となる．定理 6.6 の証明を参考にして，このこと (**コーシーの判定法**) を示せ．

2. べき級数 $\sum_{n=0}^{\infty} a_n x^n$ の収束半径を R とするとき，

$$\widehat{R} := \sup\left\{ u \geqq 0 \;\middle|\; \lim_{n\to\infty} a_n u^n = 0 \right\}$$

とおくと，$\widehat{R} = R$ となることを示せ．

3. 定理 6.18 と定理 6.41 を応用して，$\sum_{k=0}^{\infty} \dfrac{(-1)^k}{3k+1}$ の値を求めよ．

4. スターリングの公式 (定理 6.43) をさらに精密にして，$n = 1, 2, \cdots$ に対して，

$$\sqrt{2\pi n}\left(\frac{n}{e}\right)^n \exp\left(\frac{1}{12n+1}\right) \leqq n! \leqq \sqrt{2\pi n}\left(\frac{n}{e}\right)^n \exp\left(\frac{1}{12n}\right)$$

が成り立つことを示そう．次の問いに答えよ．

(1) $0<x<1$ のとき，$\dfrac{x^3}{3} \leqq \dfrac{1}{2}\log\left(\dfrac{1+x}{1-x}\right) - x \leqq \dfrac{x^3}{3(1-x^2)}$ が成り立つことを示せ (例 2.46 を参考にせよ).

(2) $n=1,2,\cdots$ に対して，$a_n := \dfrac{n!}{\sqrt{2\pi n}\, n^n e^{-n}}$, $A_n := \log a_n$ とおくとき，(1) の結果を用いて

$$\frac{1}{12n^2+12n+3} \leqq A_n - A_{n+1} \leqq \frac{1}{12n} - \frac{1}{12(n+1)}$$

が成り立つことを示せ．

(3) (2) の結果から，数列 $\left\{A_n - \dfrac{1}{12n}\right\}$ は単調増加であることがわかる．これを参考に，数列 $\left\{A_n - \dfrac{1}{12n+1}\right\}$ は単調減少であることを示せ．

(4) (3) の結果と $\displaystyle\lim_{n\to\infty} a_n = 1$ であることを用いて，任意の n に対して，

$$\exp\left(\frac{1}{12n+1}\right) \leqq a_n \leqq \exp\left(\frac{1}{12n}\right)$$

が成り立つことを示せ．

5. 例 6.5 のゼータ関数について，$\zeta(2) = \displaystyle\sum_{n=1}^{\infty}\frac{1}{n^2} = \frac{\pi^2}{6}$ であることを確かめよう．次の問いに答えよ．

(1) ウォリスの公式 (6.11) を用いて，$\displaystyle\sum_{m=1}^{\infty}\frac{(2m-1)!!}{(2m)!!}\cdot\frac{1}{2m+1}$ が収束することを示せ．

(2) アーベルの連続性定理 (定理 6.41) により，$x \in [0,1]$ に対して

$$\mathrm{Sin}^{-1}\, x = x + \sum_{m=1}^{\infty}\frac{(2m-1)!!}{(2m)!!}\cdot\frac{x^{2m+1}}{2m+1}$$

が成り立ち，右辺のべき級数は $[0,1]$ 上で一様収束する．$t \in \left[0, \dfrac{\pi}{2}\right]$ に対して $x=\sin t$ とおくと，

$$t = \sin t + \sum_{m=1}^{\infty}\frac{(2m-1)!!}{(2m)!!}\cdot\frac{\sin^{2m+1} t}{2m+1}$$

となる．両辺を $t=0$ から $t=\dfrac{\pi}{2}$ まで積分することで $\displaystyle\sum_{m=0}^{\infty}\frac{1}{(2m+1)^2} = \frac{\pi^2}{8}$ が成り立つことを示せ．

(3) $\displaystyle\sum_{n=1}^{\infty}\frac{1}{n^2} = \frac{\pi^2}{6}$ を示せ．

7
付　　録

本章では，数列や関数の極限の概念をより深く学ぶこととする．特に，ε-N 論法や ε-δ 論法とよばれる概念を中心に扱う．

7.1　実数と数列の性質

7.1.1　数列の極限 (ε-N 論法)

実数列の極限は，厳密には次のように定義される．

実数列 $\{a_n\}$ が実数 α に収束するとは，任意の正の実数 ε に対して，ある自然数 n_0 が存在して

$$n \geqq n_0 \text{ を満たす自然数 } n \text{ に対して } |a_n - \alpha| < \varepsilon$$

が成立することである．これは **ε-N 論法**とよばれる．略記法を用いて

$$\forall \varepsilon > 0,\ \exists n_0 \in \mathbf{N},\ \forall n\ (n \geqq n_0 \Rightarrow |a_n - \alpha| < \varepsilon)$$

とも表される．なお，"$\forall a$" は「すべての a に対して」，"$\exists a$" は「ある a が存在して」という意味である．また，実数列 $\{a_n\}$ が正の無限大に発散するとは，任意の正の実数 M に対して，ある自然数 n_0 が存在して

$$n \geqq n_0 \text{ を満たす自然数 } n \text{ に対して } M \leqq a_n$$

が成立することである．これも略記法を用いると，

$$\forall M > 0,\ \exists n_0 \in \mathbf{N},\ \forall n\ (n \geqq n_0 \Rightarrow M \leqq a_n)$$

と表される．負の無限大に発散する場合も同様に表記できる．

次に，ε-N 論法を用いて実数列の極限の基本性質 (定理 1.10) を証明する．

定理 1.10 の証明. (1) ε を任意の正の実数とする．$\dfrac{\varepsilon}{2}$ に対して，ある自然数 n_1 と n_2 が存在して

$$n \geqq n_1 \Rightarrow |a_n - \alpha| < \frac{\varepsilon}{2}, \quad \text{および} \quad n \geqq n_2 \Rightarrow |b_n - \beta| < \frac{\varepsilon}{2}$$

が成立する．$n_0 := \max\{n_1, n_2\}$ とおくと，$n \geqq n_0$ に対して，

$$|(a_n + b_n) - (\alpha + \beta)| \leqq |a_n - \alpha| + |b_n - \beta| < \frac{\varepsilon}{2} + \frac{\varepsilon}{2} = \varepsilon$$

となり，$\{a_n + b_n\}$ は $\alpha + \beta$ に収束することが示された．$\{a_n - b_n\}$ が $\alpha - \beta$ に収束することも同様に証明できる．

(2) は，任意の自然数 n に対して $b_n = c$ とおけば (3) の特別な場合である．

(3) まず，$\{b_n\}$ は有界であることを示す．ある自然数 n_0 が存在して

$$n \geqq n_0 \Rightarrow |b_n - \beta| < 1, \quad \text{すなわち} \quad \beta - 1 < b_n < \beta + 1$$

である．$b_1, b_2, \cdots, b_{n_0-1}, \beta - 1, \beta + 1$ の最小値を m，最大値を M とおくと，任意の自然数 n に対して $m \leqq b_n \leqq M$ となるから，M_0 を $|m|$, $|M|$ より大きい実数とすると，任意の n に対して $|b_n| < M_0$ を満たす．いま，ε を任意の正の実数とする．$\dfrac{\varepsilon}{M_0 + |\alpha|}$ に対して，ある自然数 n_1 と n_2 が存在して

$$n \geqq n_1 \Rightarrow |a_n - \alpha| < \frac{\varepsilon}{M_0 + |\alpha|}, \quad \text{および} \quad n \geqq n_2 \Rightarrow |b_n - \beta| < \frac{\varepsilon}{M_0 + |\alpha|}$$

が成立する．$n_3 := \max\{n_1, n_2\}$ とする．$n \geqq n_3$ に対して，

$$\begin{aligned} |a_n b_n - \alpha\beta| &= |b_n(a_n - \alpha) - \alpha(b_n - \beta)| \\ &\leqq |b_n| \cdot |a_n - \alpha| + |\alpha| \cdot |b_n - \beta| < M_0 \cdot \frac{\varepsilon}{M_0 + |\alpha|} + |\alpha| \cdot \frac{\varepsilon}{M_0 + |\alpha|} = \varepsilon \end{aligned}$$

となり，$\{a_n b_n\}$ は $\alpha\beta$ に収束することが示された．

(4) の証明は演習問題 (問 7.1) とする．

(5) 背理法で証明する．$\alpha > \beta$ とする．$\varepsilon_0 := \dfrac{\alpha - \beta}{3}$ とおくと，$\beta + \varepsilon_0 < \alpha - \varepsilon_0$ および $\varepsilon_0 > 0$ となる．このとき，ある自然数 n_1 と n_2 が存在して

$$\begin{aligned} n \geqq n_1 \quad &\Rightarrow \quad |a_n - \alpha| < \varepsilon_0, \quad \text{すなわち} \quad -\varepsilon_0 < a_n - \alpha < \varepsilon_0, \\ n \geqq n_2 \quad &\Rightarrow \quad |b_n - \beta| < \varepsilon_0, \quad \text{すなわち} \quad -\varepsilon_0 < b_n - \beta < \varepsilon_0. \end{aligned}$$

これより，$n > n_0 := \max\{n_1, n_2\}$ に対して

$$b_n < \beta + \varepsilon_0 < \alpha - \varepsilon_0 < a_n$$

となるので $a_n \leqq b_n$ に矛盾．したがって $\alpha \leqq \beta$ となる． □

◇**問 7.1.** 定理 1.10 の (4) を ε-N 論法を用いて証明せよ．
◇**問 7.2.** はさみうちの定理 (定理 1.11 と注意 1.12) を ε-N 論法を用いて証明せよ．

7.1.2 実数の性質

定理 7.1. A を $\mathbf{R}$ の部分集合とすると，以下が成立する．

(1) A が上に有界であれば上限は一意に存在し，上界の最小数である．

(2) A に下に有界であれば下限は一意に存在し，下界の最大数である．

証明. (1) 定理 1.1 より上限の存在は保証されている．A の上界全体の集合を A_0 とおき，α を A の上限とする．すなわち，α は上界であり，任意の正の実数 ε に対して，ある $x \in A$ が存在し，$\alpha - \varepsilon < x$．もし，α が最小でないとすると，ある上界 β $(\in A_0)$ が存在し，$\beta < \alpha$ が成り立つ．ここで，$\varepsilon = \alpha - \beta$ とおくと，ある $x \in A$ が存在し，$\beta = \alpha - \varepsilon < x$．これは β が上界であることに反する．最小数は 1 つしかないので一意性も成立する．

(2) も同様に証明 (問 7.3) できる． □

◇**問 7.3.** 定理 7.1 の (2) を証明せよ．

さて次に連続性の公理 (定理 1.1) より，有界な単調実数列の収束性 (定理 1.9) を導くことができる．

定理 1.9 の証明. $\{a_n\}$ を上に有界な単調増加列とする．すなわち，ある実数 M が存在して

$$a_1 \leqq a_2 \leqq \cdots \leqq a_n \leqq \cdots \leqq M \tag{7.1}$$

となる．定理 1.1 より $\{a_n\}$ の上限が存在するので，$\alpha = \sup\{a_n \,|\, n \in \mathbf{N}\}$ とおくと，任意の自然数 n に対し $a_n \leqq \alpha$．また上限の定義より，任意の正の実数 ε に対して，ある自然数 n_0 が存在して $\alpha - \varepsilon < a_{n_0}$．ここで (7.1) より $n \geqq n_0$ を満たす自然数 n に対して $\alpha - \varepsilon < a_{n_0} \leqq a_n$ となる．したがって

$$\alpha - \varepsilon < a_{n_0} \leqq a_n \leqq \alpha < \alpha + \varepsilon, \quad \text{これより} \quad -\varepsilon < a_n - \alpha < \varepsilon$$

となり $|a_n - \alpha| < \varepsilon$ を得る．よって，$\{a_n\}$ はその上限 α に収束する．後者も同様に証明 (問 7.4) できる． □

◇**問 7.4.** 下に有界な単調減少列はその下限に収束することを証明せよ．

定理 1.9 より**アルキメデスの公理**を導くことができる.

定理 7.2 (**アルキメデスの公理**)**.** 任意の正の実数 a, b に対し，$na > b$ となる自然数 n が存在する.

証明. 背理法で証明する．いま任意の自然数 n に対し，$na \leqq b$ と仮定する．このとき実数列 $\{na\}$ は上に有界な単調増加列であるので，定理 1.9 より $\alpha = \sup\{na \,|\, n \in \mathbf{N}\}$ に収束する．一方，$a > 0$ なので，上限の定義より $\alpha - a < n_0 a$ を満たす自然数 n_0 が存在する．これより $\alpha < (n_0 + 1)a$ となるが，$n_0 + 1$ は自然数より α が $\{na\}$ の上界であることに矛盾する． □

アルキメデスの公理 (定理 7.2) より，有理数の稠密性 (定理 1.3) を導くことができる.

定理 1.3 の証明. 定理 7.2 より $\dfrac{1}{b-a}$ に対して，$n > \dfrac{1}{b-a}$ を満たす自然数 n が存在する．また，同様に $n|a|$ に対して，$m > n|a|$ を満たす自然数 m が存在する．これより

$$-m < na < m$$

となる．$-m$ から m の整数で小さいほうから調べて na を初めて超える整数を k とすると，

$$k - 1 \leqq na < k$$

となる．したがって

$$a < \frac{k}{n} < a + \frac{1}{n} < b$$

を得る．ここで k は整数で，n は自然数より $\dfrac{k}{n}$ は有理数である． □

定理 1.3 から，次の**無理数の稠密性**も導かれる.

系 7.3. a, b を $a < b$ を満たす実数とすると，$a < x < b$ を満たす無理数 x が存在する.

証明. 定理 1.3 により，$a < c < b$ を満たす有理数 c が存在する．また，$a < c + \dfrac{\sqrt{2}}{n} < b$ を満たす正の整数 n がとれる．$\sqrt{2}$ は無理数であるから $x := c + \dfrac{\sqrt{2}}{n}$ も無理数である． □

数列 $\{a_n\}$ がある実数に収束するとき，数列 $\{a_n\}$ は有界である (第 7 章 定理 1.10 (3) の証明を参照)．一方，$a_n = (-1)^n$ とすると，$\{a_n\}$ は有界だが収束しない数列である．しかし，

$$\lim_{k\to\infty} a_{2k} = 1, \quad \lim_{k\to\infty} a_{2k+1} = -1$$

となっている．

$n_1 < n_2 < n_3 < \cdots < n_k < \cdots$ を満たす自然数の列 $\{n_k\}$ を，自然数の**部分列**という．また，数列 $\{a_n\}$ と自然数の部分列 $\{n_k\}$ に対して，$\{a_{n_k}\}$ を $\{a_n\}$ の**部分列**という．

定理 7.4. 任意の数列 $\{a_n\}$ に対して，自然数の部分列 $\{n_k\}$ をうまくとると，$\{a_{n_k}\}$ は単調になる．

証明. 数列 $\{a_n\}$ に対して，

$$A := \{n \in \mathbf{N} \mid \text{すべての } m > n \text{ に対して } a_n > a_m\},$$

$$B := \{n \in \mathbf{N} \mid \text{ある } m > n \text{ に対して } a_n \leqq a_m\}$$

と定める．A が無限集合[1]である場合，$A = \{n_1, n_2, n_3, \cdots\}$ $(n_1 < n_2 < n_3 < \cdots)$ とすると，$a_{n_1} > a_{n_2} > a_{n_3} > \cdots$ が成り立つ (図 7.1 (a))．A が有限集合である場合，B は必ず無限集合になる．A が空集合であるときは $N := 0$ とおき，A が空でない有限集合であるときは A の最大値を N とおく．$n_1 := N+1$ とおくと $n_1 \in B$ だから，$n_2 > n_1$ および $a_{n_2} \geqq a_{n_1}$ を満たす $n_2 \in B$ が存在する．また，$n_2 \in B$ だから，$n_3 > n_2$ および $a_{n_3} \geqq a_{n_2}$ を満たす $n_3 \in B$ が存在する．B は無限集合だから，同様の手続きを繰り返すと $a_{n_1} \leqq a_{n_2} \leqq a_{n_3} \leqq \cdots$ を満たす $n_1 < n_2 < n_3 < \cdots$ が得られる (図 7.1 (b))． □

定理 7.4 から，次の重要な結果が得られる．

定理 7.5 (**ボルツァーノ–ワイエルシュトラスの定理**)**.** 有界閉区間 $[a, b]$ に含まれる数列 $\{a_n\}$ に対して，自然数の部分列 $\{n_k\}$ が存在して，$\{a_{n_k}\}$ は区間 $[a, b]$ 内の点に収束する．

証明. 定理 7.4 によって，自然数の部分列 $\{n_k\}$ が存在して，$\{a_{n_k}\}$ は単調になる．$\{a_n\}$ は有界だから $\{a_{n_k}\}$ も有界であり，定理 1.9 より $\{a_{n_k}\}$ は収束する

1) 要素の個数が有限の集合を**有限集合**といい，有限集合でない集合を**無限集合**という．

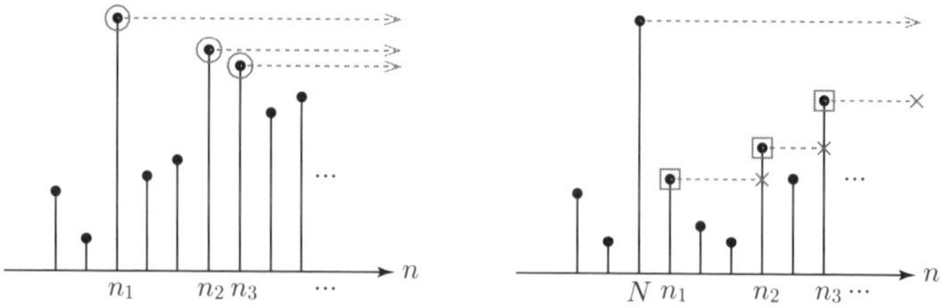

(a)　A が無限集合のとき　　(b)　A が有限集合のとき

図 7.1

ことがわかる．定理 1.10 (5) により，$\{a_{n_k}\}$ の極限値は $[a,b]$ に属することが示される．

□

7.2　関数の極限と連続関数の性質

7.2.1　関数の極限 (ε-δ 論法)

関数の極限に関して，実数列の極限の ε-N 論法と同様の考え方がある．関数 $f(x)$ が $x=a$ で極限が存在し，その極限値が $\alpha \in \mathbf{R}$ であるとは，任意の正の実数 ε に対して，ある正の実数 δ が存在して

$$0 < |x-a| < \delta \text{ を満たす } x \text{ に対して，} |f(x)-\alpha| < \varepsilon$$

が成立することである．これは **ε-δ 論法**とよばれる．また，これは略記法を用いて

$$\forall\varepsilon > 0,\ \exists\delta > 0,\ \forall x\ (0 < |x-a| < \delta \Rightarrow |f(x)-\alpha| < \varepsilon)$$

と表される．ここで右極限を ε-δ 論法で記述すると，

$$\forall\varepsilon > 0,\ \exists\delta > 0,\ \forall x\ (0 < x-a < \delta \Rightarrow |f(x)-\alpha| < \varepsilon)$$

であり，左極限も同様に

$$\forall\varepsilon > 0,\ \exists\delta > 0,\ \forall x\ (-\delta < x-a < 0 \Rightarrow |f(x)-\alpha| < \varepsilon)$$

となる．このように ε-δ 論法で極限を考えると，定理 1.27 が成立することが一目で理解できる．

関数の極限に関する基本性質 (定理 1.31, 1.33, 1.35) は，数列の場合と同様に証明できる．

ここまで，$x \to a$ のときの極限を考えてきたが，$x \to \infty$ や $x \to -\infty$ のときの極限も ε-δ 論法で考えてみよう．関数 $f(x)$ が $x \to \infty$ のとき $\alpha \in \mathbf{R}$ に収束するとは，任意の正の実数 ε に対して，ある正の実数 M が存在して

$$x > M \text{ を満たす } x \text{ に対して，} |f(x) - \alpha| < \varepsilon$$

が成立することである．略記法を用いると

$$\forall \varepsilon > 0,\ \exists M > 0,\ \forall x\ (x > M \Rightarrow |f(x) - \alpha| < \varepsilon)$$

と表される．$x \to -\infty$ のときも同様に定義できる．定理 1.31, 1.33, 1.35 は $x \to \infty$, $x \to -\infty$ のときも成立する．

7.2.2 連続関数の性質

関数の連続性は ε-δ 論法では次のように定義される．関数 $f(x)$ が $x = a$ で**連続**であるとは，任意の正の実数 ε に対して，ある正の実数 δ が存在して

$$0 < |x - a| < \delta \text{ を満たす自然数 } x \text{ に対して，} |f(x) - f(a)| < \varepsilon$$

が成立することである．略記法を用いると

$$\forall \varepsilon > 0,\ \exists \delta > 0,\ \forall x\ (0 < |x - a| < \delta \Rightarrow |f(x) - f(a)| < \varepsilon)$$

と表される．

次の性質は直感的には明らかと思われるが，きちんと証明するためには連続性の定義を用いる必要がある．

定理 7.6. 関数 $f(x)$ が $x = a$ で連続であるとき，$f(a) > 0$ ならば，a を含むある開区間上で $f(x) > 0$ が成り立つ．また，$f(a) < 0$ ならば，a を含むある開区間上で $f(x) < 0$ が成り立つ．

証明. $f(x)$ が $x = a$ で連続であることから，どんな $\varepsilon > 0$ に対しても，それに応じた $\delta > 0$ をとると，

$$|x - a| < \delta \text{ ならば } |f(x) - f(a)| < \varepsilon, \text{ すなわち } f(a) - \varepsilon < f(x) < f(a) + \varepsilon$$

が成り立つ．$f(a) > 0$ の場合，$\varepsilon = \dfrac{f(a)}{2}$ として，それに応じた $\delta > 0$ をとると，

$$|x - a| < \delta \text{ ならば } f(x) > f(a) - \frac{f(a)}{2} = \frac{f(a)}{2} > 0$$

が成り立つ．$f(a) < 0$ の場合も同様である． □

有界閉区間上の連続関数がもつ重要な性質 (定理 1.47, 1.48, 1.49, 3.9) を証明していく．まず，中間値の定理 (定理 1.47) の証明の基礎となるのが次の補題である．

補題 7.7. $f(x)$ を有界閉区間 $[a,b]$ 上の連続関数とする．$f(a)<0<f(b)$ ならば，$f(c)=0$ を満たす c $(a<c<b)$ が存在する．

証明.「2 分法」とよばれる方法で証明しよう．

- $a_0 := a,\ b_0 := b,\ c_0 := \dfrac{a_0+b_0}{2} = \dfrac{a+b}{2}$ とおく．$f(c_0)=0$ ならばここで終了とし，$c=c_0$ とする．$f(c_0)\neq 0$ の場合は,
  - ∘ $f(c_0)<0$ ならば，$a_1 := c_0,\ b_1 := b_0\,(=b)$ とし,
  - ∘ $f(c_0)>0$ ならば，$a_1 := a_0\,(=a),\ b_1 := c_0$ とする．

  このとき，$a=a_0 \leqq a_1,\ b_1 \leqq b_0 = b$ であり，$f(a_1)<0<f(b_1)$ となるから，区間 $[a_1,b_1]$ はもとの区間 $[a_0,b_0]=[a,b]$ と同じ性質をもっている．
- 閉区間 $[a_n,b_n]$ において $f(a_n)<0<f(b_n)$ となっているとき，$c_n := \dfrac{a_n+b_n}{2}$ とおく．$f(c_n)=0$ ならばここで終了とし，$c=c_n$ とする．$f(c_n)\neq 0$ の場合は,
  - ∘ $f(c_n)<0$ ならば，$a_{n+1} := c_n,\ b_{n+1} := b_n$ とし,
  - ∘ $f(c_n)>0$ ならば，$a_{n+1} := a_n,\ b_{n+1} := c_n$ とする．
- この操作がずっと続くとき,

$$a=a_0 \leqq a_1 \leqq a_2 \leqq \cdots \leqq a_n \leqq \cdots \leqq b_n \leqq \cdots \leqq b_2 \leqq b_1 \leqq b_0 = b$$

  となり，$b_n - a_n = \dfrac{b-a}{2^n} \to 0\ (n\to\infty)$ であるから，定理 1.9 よりある $c\in[a,b]$ が存在して,

$$\lim_{n\to\infty} a_n = \lim_{n\to\infty} b_n = c$$

  が成り立つ．f の連続性から

$$f(c) = \lim_{n\to\infty} f(a_n) \leqq 0 \quad かつ \quad f(c) = \lim_{n\to\infty} f(b_n) \geqq 0,$$

  すなわち $f(c)=0$ とわかる． □

定理 1.47 の証明. $f(a)<f(b)$ のとき，$\widehat{f}(x) := f(x)-h$ (高さ h が 0 にくるようにずらしたもの) に補題 7.7 を適用すると求める結論が得られる．また，$f(a)>f(b)$ のときは $-\widehat{f}(x)$ を用いる． □

定理 1.48 の証明. 最大値をとることを示そう．まず，関数 $f(x)$ は有界閉区間 $[a,b]$ において上に有界であることを背理法によって証明する．$f(x)$ が $[a,b]$ において上に有界でないと仮定すると，$n=1,2,\cdots$ に対して，$f(x_n)>n$ を満たす $x_n \in [a,b]$ がみつかる．ボルツァーノ–ワイエルシュトラスの定理 (定理 7.5) により，自然数の部分列 $\{n_k\}$ が存在して，数列 $\{x_{n_k}\}$ はある $c \in [a,b]$ に収束する．$f(x)$ は連続だから $\lim_{k\to\infty} f(x_{n_k}) = f(c)$ となるはずだが，$f(x_{n_k})>n_k$ だから $\lim_{k\to\infty} f(x_{n_k}) = +\infty$ となり，矛盾が生じる．したがって，$[a,b]$ において $f(x)$ は上に有界である．

そこで，次に

$$M := \sup\{f(x) \mid x \in [a,b]\}$$

とおき，$f(\xi)=M$ を満たす $\xi \in [a,b]$ が存在することを証明しよう．上限の定義から，$n=1,2,\cdots$ に対して，$f(\xi_n) > M - \dfrac{1}{n}$ を満たす $\xi_n \in [a,b]$ が存在する．再びボルツァーノ–ワイエルシュトラスの定理 (定理 7.5) により，自然数の部分列 $\{n_k\}$ が存在して，数列 $\{\xi_{n_k}\}$ はある $\xi \in [a,b]$ に収束するから，$f(x)$ の連続性により $\lim_{k\to\infty} f(\xi_{n_k}) = f(\xi)$ となる．ここで，$\xi \in [a,b]$ だから $f(\xi) \leqq M$ であり，一方，

$$\lim_{k\to\infty} f(\xi_{n_k}) \geqq \lim_{k\to\infty}\left(M - \frac{1}{n_k}\right) = M$$

であるから，$f(\xi)=M$ とわかる． □

定理 1.49 の証明. 背理法によって証明しよう．有界閉区間 $[a,b]$ 上の連続関数 $f(x)$ が一様連続でないと仮定すると，次のような (困った) $\varepsilon>0$ が存在することになる．すなわち，どんなに小さな $\delta>0$ に対しても，$|x-x'|<\delta$ なのに $|f(x)-f(x')| \geqq \varepsilon$ を満たす $x, x' \in [a,b]$ がみつかる．したがって，$n=1,2,\cdots$ に対して，$|x_n - x'_n| < \dfrac{1}{n}$ なのに $|f(x_n)-f(x'_n)| \geqq \varepsilon$ であるという $x_n, x'_n \in [a,b]$ がみつかる．ボルツァーノ–ワイエルシュトラスの定理 (定理 7.5) により，自然数の部分列 $\{n_k\}$ が存在して，数列 $\{x_{n_k}\}$ はある $c \in [a,b]$ に収束する．このとき，

$$|x'_{n_k} - c| \leqq |x'_{n_k} - x_{n_k}| + |x_{n_k} - c| < \frac{1}{n_k} + |x_{n_k} - c| \to 0 \quad (k \to \infty)$$

であるから，数列 $\{x'_{n_k}\}$ も同じ c に収束する．ところで，$f(x)$ は $[a,b]$ 上で連続だから

$$\lim_{k\to\infty} f(x_{n_k}) = \lim_{k\to\infty} f(x'_{n_k}) = f(c),\ \text{したがって}\ \lim_{k\to\infty} |f(x_{n_k}) - f(x'_{n_k})| = 0$$

となるが，すべての k で $|f(x_{n_k}) - f(x'_{n_k})| \geqq \varepsilon$ であったことに反している．□

定理 3.9 の証明． 関数 $f(x)$ は有界閉区間 $[a,b]$ 上で連続であるとする．任意の $\varepsilon > 0$ をとる．定理 1.49 より $f(x)$ は $[a,b]$ で一様連続であるから，

$$|x - x'| < \delta\ \text{を満たす任意の}\ x, x' \in [a,b]\ \text{に対して，}\ |f(x) - f(x')| < \frac{\varepsilon}{b-a}$$

となるような $\delta > 0$ が存在する．閉区間 $[a,b]$ の分割 $\Delta : a = x_0 < x_1 < x_2 < \cdots < x_{n-1} < x_n = b$ について，各小区間 $\delta_k = [x_{k-1}, x_k]$ において

「$z_k \in \delta_k$ で最大値 $M_k = f(z_k)$ をとり，$z'_k \in \delta_k$ で最小値 $m_k = f(z'_k)$ をとる」

とする．分割 Δ の幅 $|\Delta| = \max\{x_k - x_{k-1} \mid k = 1, \cdots, n\} < \delta$ であるとき，$k = 1, \cdots, n$ に対して

$$|z_k - z'_k| \leqq x_k - x_{k-1} \leqq |\Delta| < \delta$$

が成り立つことから，

$$0 \leqq M_k - m_k = f(z_k) - f(z'_k) < \frac{\varepsilon}{b-a}$$

となる．したがって，

$$\begin{aligned} 0 \leqq S_\Delta(f) - s_\Delta(f) &= \sum_{k=1}^{n} (M_k - m_k)(x_k - x_{k-1}) \\ &\leqq \frac{\varepsilon}{b-a} \sum_{k=1}^{n} (x_k - x_{k-1}) \\ &= \frac{\varepsilon}{b-a} \cdot (b-a) = \varepsilon \end{aligned}$$

が得られる．これは $\lim_{|\Delta|\to 0} (S_\Delta(f) - s_\Delta(f)) = 0$ を示している．任意の分割 Δ に対して $s_\Delta(f) \leqq s(f) \leqq S(f) \leqq S_\Delta(f)$ が成り立つから，$s(f) = S(f)$ である．

以上で $f(x)$ が $[a,b]$ で積分可能であることは示されたが，さらにダルブーの定理 (定理 3.6) の主張が，$f(x)$ が連続関数である場合に成り立つことも示しておこう．$L := s(f) = S(f)$ とおく．任意の分割 Δ と各小区間の代表点の列 ξ に対して $s_\Delta(f) \leqq S_{\Delta,\xi} \leqq S_\Delta(f)$ が成り立つから，$0 \leqq |S_{\Delta,\xi} - L| \leqq S_\Delta(f) - s_\Delta(f)$ である．したがって，$\lim_{|\Delta|\to 0} S_{\Delta,\xi} = L$ である．特に，$\lim_{|\Delta|\to 0} s_\Delta(f) = s(f)$，$\lim_{|\Delta|\to 0} S_\Delta(f) = S(f)$ であることもわかる．□

7.3　2 変数関数に関係する証明

次の定理は，ボルツァーノ–ワイエルシュトラスの定理 (定理 7.5) の 2 次元版である．$\mathbf{R}^2$ の有界閉集合 D で定義された 2 変数関数 $z=f(x,y)$ が D 上で最大値と最小値をとること (定理 4.4) は，この定理を用いて証明することができる．

定理 7.8. D を $\mathbf{R}^2$ の有界閉集合とする．任意の D の点列 $\{(x_n,y_n)\}$ に対して，自然数の部分列 $\{n_k\}$ が存在して，$\{(x_{n_k},y_{n_k})\}$ は D のある点に収束する．

証明. D は有界集合だから，すべての n に対して $x_n,\ y_n\in[-M,M]$ となるような $M>0$ が存在する．数列 $\{x_n\}$ に対して定理 7.5 を適用すると，自然数の部分列 $\{m_j\}$ と実数 x が存在して，$\displaystyle\lim_{j\to\infty}x_{m_j}=x$ となる．次に，数列 $\{y_{m_j}\}$ に対して定理 7.5 を適用すると，$\{m_j\}$ の部分列 $\{n_k\}$ と実数 y が存在して，$\displaystyle\lim_{k\to\infty}y_{n_k}=y$ となる．したがって，$k\to\infty$ のとき $(x_{n_k},y_{n_k})\to(x,y)$ が成り立つ．D は閉集合だから $(x,y)\in D$ である．なぜならば，$(x,y)\in D^c$ と仮定すると，D^c は開集合だから，ある $\varepsilon>0$ が存在して，点 (x,y) を中心とする半径 ε の円の内部 $B_\varepsilon(x,y)$ が D^c に含まれる．一方，この ε に応じて，ある K が存在して，$k\geqq K$ ならば $(x_{n_k},y_{n_k})\in B_\varepsilon(x,y)$ となる．これは $(x_{n_k},y_{n_k})\in D$ であることに反する． □

定理 4.4 を証明するまえに，次の補題を示す．

補題 7.9. 定義域 D が有界閉集合の連続な 2 変数関数 $z=f(x,y)$ は，D 上で有界である．すなわち，$\{f(x,y)\,|\,(x,y)\in D\}$ は有界集合である．

証明. はじめに $\{f(x,y)\,|\,(x,y)\in D\}$ が上に有界であることを背理法で示す．

$$\forall n\in\mathbf{N},\ \exists(x_n,y_n)\in D,\ f(x_n,y_n)>n$$

と仮定する．定理 7.8 より，D 上のある点 (a,b) に収束するような，点列 $\{(x_n,y_n)\}$ の部分列 $\{(x_{n_k},y_{n_k})\}$ をとることができる．$f(x,y)$ は点 (a,b) で連続なので，$\displaystyle\lim_{k\to\infty}f(x_{n_k},y_{n_k})=f(a,b)$ となる．しかし，$\displaystyle\lim_{k\to\infty}f(x_{n_k},y_{n_k})\geqq\lim_{k\to\infty}n_k=+\infty$ より矛盾．したがって $\{f(x,y)\,|\,(x,y)\in D\}$ は上に有界である．

下に有界であることも同様に示せる． □

定理 4.4 の証明. 補題 7.9 より，$\{f(x,y)\,|\,(x,y)\in D\}$ は有界となる．$M := \sup_{(x,y)\in D} f(x,y)$ とおくと，$M\in\mathbf{R}$．$f(a,b)=M$ を満たす $(a,b)\in D$ が存在すれば，$f(x,y)$ は点 (a,b) で最大値をとる．背理法で証明する．任意の $(x,y)\in D$ に対して，$f(x,y)<M$ と仮定する．いま，D 上の 2 変数関数 $g(x,y)$ を，$(x,y)\in D$ に対して

$$g(x,y)=\frac{1}{M-f(x,y)}$$

で定義すると，$g(x,y)$ は D 上の連続関数となる．ここで M に収束する D 上の点列 $\{(x_n,y_n)\}$ を考えると，

$$\lim_{n\to\infty} g(x_n,y_n)=\lim_{n\to\infty}\frac{1}{M-f(x_n,y_n)}=\infty.$$

しかし補題 7.9 より，g は D 上で有界であるのでこれに矛盾．したがって $f(x,y)$ は D 上で最大値が存在する．

最小値の存在性も同様に示せる． □

陰関数定理 (定理 4.28) の証明. まず，陰関数 $\varphi(x)$ をみつける．$f_y(a,b)>0$ と仮定してよい ($f_y(a,b)<0$ の場合は，$f(x,y)$ の代わりに $-f(x,y)$ を調べればよい)．$f(x,y)$ が C^1 級という仮定から，$f_y(x,y)$ は連続であり，したがって，ある $\varepsilon_0>0$ が存在して

$$B := \{(x,y)\in\mathbf{R}^2 \mid |x-a|<\varepsilon_0,\ |y-b|<\varepsilon_0\} \tag{7.2}$$

とおくと，$(x,y)\in B$ ならば $f_y(x,y)>0$ が成り立つ (定理 7.6 の証明を参照)．したがって，B 上で y の関数 $z=f(x,y)$ は単調増加である．さらに $f(a,b)=0$ より，$(a,b_1),(a,b_2)\in B$ $(b_1<b<b_2)$ かつ

$$f(a,b_1)<0<f(a,b_2)$$

を満たす b_1,b_2 が存在する．また，$f(x,y)$ は x に関しても連続より，ある $\varepsilon_1>0$ $(\varepsilon_0>\varepsilon_1)$ が存在して，$|x-a|\leqq\varepsilon_1$ を満たす x に対して

$$f(x,b_1)<0<f(x,b_2)$$

を満たす．ここで中間値の定理 (定理 1.47) より，$f(x,c_x)=0$ を満たす c_x $(b_1<c_x<b_2)$ が存在する．$f(x,y)$ は y に関して単調増加より各 x に対して c_x は一意であることもわかる．$I := (a-\varepsilon_1, a+\varepsilon_1)$，$\varphi(x) := c_x$ とする．$\varphi(x)$ が $x=a$ で連続であることを示す．ε を任意の正の実数とする．(7.2) の定義の際にとった ε_0 を $0<\varepsilon_0<\varepsilon$ を満たすようにとり直し，ε_1 も ε_0 にあわせてとり直

し $\varepsilon_1 = \delta$ とおくと，$|x-a|<\delta$ を満たす x に対して

$$b-\varepsilon_0 < \varphi(x) < b+\varepsilon_0, \quad よって \quad |\varphi(x)-b| < \varepsilon_0 < \varepsilon$$

となり，$\varphi(x)$ は $x=a$ で連続である．任意の $s \in I$ に対して区間 (a,b) の代わりに $(s,\varphi(s))$ で同様に議論すれば，$\varphi(x)$ は $x=s$ で連続であることがいえる．

次に，$\varphi(x)$ が $x \in I$ で微分可能であることを示す．h を $h \neq 0$ かつ $x+h \in I$ を満たす実数とする．$k=\varphi(x+h)-\varphi(x)$ とおくと，$f(x,y)$ は C^1 級より，2 変数関数の平均値の定理 (定理 4.21) から

$$\begin{aligned} f(x+h,\varphi(x+h)) &= f(x+h,\varphi(x)+k) \\ &= f(x,\varphi(x))+hf_x(x+\theta h,\varphi(x)+\theta k)+kf_y(x+\theta h,\varphi(x)+\theta k) \end{aligned}$$

を得る．ただし，$0<\theta<1$ である．ここで $f(x+h,\varphi(x+h))=f(x,\varphi(x))=0$ を上式に代入して

$$0 = hf_x(x+\theta h,\varphi(x)+\theta k)+kf_y(x+\theta h,\varphi(x)+\theta k)$$

となる．したがって，

$$\frac{k}{h} = -\frac{f_x(x+\theta h,\varphi(x)+\theta k)}{f_y(x+\theta h,\varphi(x)+\theta k)}$$

を得る．$f_x(x,y)$, $f_y(x,y)$, $\varphi(x)$ の連続性と $k=\varphi(x+h)-\varphi(x)$ より，

$$\lim_{h\to 0}\frac{\varphi(x+h)-\varphi(x)}{h} = \lim_{h\to 0}\left(-\frac{f_x(x+\theta h,\varphi(x)+\theta k)}{f_y(x+\theta h,\varphi(x)+\theta k)}\right) = -\frac{f_x(x,\varphi(x))}{f_y(x,\varphi(x))}$$

であるから $\varphi(x)$ は I 上で微分可能であり，右辺が連続関数であるから $\varphi'(x)$ は連続関数となる．□

定理 4.4 の応用として，代数学の基本定理を紹介する．

n を正の整数とする．複素数 $a=r(\cos\theta+i\sin\theta)$ $(r>0)$ (i: 虚数単位) に対して，n 次方程式 $z^n=a$ は

$$z = \sqrt[n]{r}\left\{\cos\left(\frac{\theta+2k\pi}{n}\right)+i\sin\left(\frac{\theta+2k\pi}{n}\right)\right\} \quad (k=0,1,\cdots,n-1)$$

という n 個の解をもつ．より一般に，次が成り立つ．

定理 7.10 (代数学の基本定理). $a_0, a_1, \cdots, a_{n-1}, a_n$ は複素数で $a_n \neq 0$ とする．z の多項式 $f(z)=a_0+a_1z+\cdots+a_{n-1}z^{n-1}+a_nz^n$ に対して，n 次方程式 $f(z)=0$ は複素数の範囲で n 個の解をもつ．

証明. まず，$|f(z)|$ はある複素数 z_0 において最小値をとることを示そう．

$$|f(z)| = |a_n z^n| \cdot \left| \frac{a_0}{a_n z^n} + \frac{a_1}{a_n z^{n-1}} + \cdots + \frac{a_{n-1}}{a_n z} + 1 \right|$$

より，$\lim_{|z|\to\infty} |f(z)| = +\infty$ とわかる．したがって，$|z| > R$ ならば $|f(z)| > |f(0)|$ となる $R > 0$ が存在する．一方，$z = x + iy$ と表すとき，$|f(z)|$ は x, y を変数とする 2 変数関数として連続であるから，定理 4.4 より，$|z| \leqq R$ における $|f(z)|$ の最小値 m が存在し，$|z_0| \leqq R$ かつ $|f(z_0)| = m$ を満たす複素数 z_0 がみつかる．$m \leqq |f(0)|$ より，m は複素数 z 全体にわたる $|f(z)|$ の最小値である．

$|f(z_0)| > 0$ と仮定して矛盾を導こう．

$$g(z) := \frac{f(z+z_0)}{f(z_0)} = 1 + b_1 z + \cdots + b_n z^n$$

とおくと，$|g(z)|$ は $z = 0$ で最小値 1 をとる．$b_1, \cdots, b_n$ の順にみて 0 でない最初のものを b_k とし，

$$g(z) = 1 + b_k z^k + z^{k+1} \cdot q(z) \quad (b_k \neq 0,\ q(z) \text{ はある多項式})$$

と表す．$c^k = -\dfrac{1}{b_k}$ を満たす複素数 c をとると，

$$h(z) := g(cz) = 1 - z^k + z^{k+1} \cdot r(z) \quad (r(z) = c^{k+1} \cdot q(cz))$$

となり，$|h(z)|$ は $z = 0$ で最小値 1 をとる．$0 < x < 1$ を満たす実数 x を z に代入すると，$0 < x^k < 1$ より

$$\begin{aligned} |h(x)| &\leqq |1 - x^k| + |x^{k+1} \cdot r(x)| \\ &= 1 - x^k + x^{k+1} \cdot |r(x)| = 1 - x^k \cdot (1 - x \cdot |r(x)|). \end{aligned}$$

ここで $\lim_{x\to+0} x \cdot |r(x)| = 0 \cdot |r(0)| = 0$ に注意すると，$0 < x_0 < 1$ および $0 \leqq x_0 \cdot |r(x_0)| < 1$ を満たす実数 x_0 が存在することがわかるから，

$$|h(x_0)| \leqq 1 - (x_0)^k \cdot (1 - x_0 \cdot |r(x_0)|) \leqq 1 - (x_0)^k < 1 = |h(0)|.$$

これは矛盾である．

以上により，$f(\alpha) = 0$ を満たす複素数 α が存在する．$f(z) = (z - \alpha)\widehat{f}(z)$ と因数分解すると，$\widehat{f}(z)$ は $(n-1)$ 次式である．これを繰り返すことで，

$$f(z) = a_n(z - \alpha_1)(z - \alpha_2) \cdots (z - \alpha_n) \quad (\alpha_1, \alpha_2, \cdots, \alpha_n \text{ は複素数})$$

の形に表されることがわかる．　□

問と章末問題の略解

第 1 章の問

1.1 (1) $\frac{2}{3}$ (2) $+\infty$ (3) $\frac{5}{9}$ (4) -1 (5) $+\infty$ (6) 1 (7) $\frac{3}{2}$ (8) $\frac{1}{6}$

1.2 $n \to \infty$ のとき $\left|\dfrac{(n+1)r^{n+1}}{nr^n}\right| = \dfrac{n+1}{n}|r| \to |r| \in (0,1)$ となることによる．

1.3〜1.7 略

1.8 (1) $f(x)$ は $x \neq 0$ で連続である．一方，$x_n = \left(\dfrac{\pi}{2} + n\pi\right)^{-1}$ とすると，$\displaystyle\lim_{n\to\infty} x_n = 0$ だが，$\sin\left(\dfrac{1}{x_n}\right) = \sin\left(\dfrac{\pi}{2} + n\pi\right) = (-1)^n$ だから，$\displaystyle\lim_{n\to\infty} \sin\left(\dfrac{1}{x_n}\right)$ は存在しない．したがって，$\displaystyle\lim_{x\to 0} \sin\left(\dfrac{1}{x}\right)$ は存在せず，$f(x)$ は $x = 0$ において連続でない．

(2) $x \neq 0$ のとき $\left|x\sin\left(\dfrac{1}{x}\right)\right| = |x| \cdot \left|\sin\left(\dfrac{1}{x}\right)\right| \leqq |x|$ だから，$\displaystyle\lim_{x\to 0} x\sin\left(\dfrac{1}{x}\right) = 0 = g(0)$ が成り立つ．したがって，$g(x)$ は $\mathbf{R}$ 上で連続である．

1.9 (1) $\dfrac{e^x - e^{-x}}{2} = y$ を x について解く．$z = e^x$ とおくと $z > 0$ であり，$\dfrac{z - z^{-1}}{2} = y$，すなわち $z^2 - 2yz - 1 = 0$ を満たす．したがって $z = y + \sqrt{y^2+1}$ であり，$x = \log(y + \sqrt{y^2+1})$ とわかる．

(2) $\dfrac{e^x + e^{-x}}{2} = y$ で $z = e^x$ とおくと，$x \geqq 0$ から $z \geqq 1$ であり，$z^2 - 2yz + 1 = 0$ を満たす．したがって，$z = y + \sqrt{y^2-1}$ であり，$x = \log(y + \sqrt{y^2-1})$ とわかる．

(3) $\dfrac{e^x - e^{-x}}{e^x + e^{-x}} = y$ で $z = e^x$ とおくと，$z > 0$ であり，$\dfrac{z - z^{-1}}{z + z^{-1}} = y$，すなわち $z^2 = \dfrac{1+y}{1-y}$ を満たす．したがって，$z = \sqrt{\dfrac{1+y}{1-y}}$ であり，$x = \dfrac{1}{2}\log\left(\dfrac{1+y}{1-y}\right)$ とわかる．

1.10 $\alpha = \mathrm{Sin}^{-1}\left(\frac{8}{17}\right)$, $\beta = \mathrm{Sin}^{-1}\left(\frac{3}{5}\right)$ とおくと，$0 \leqq \alpha, \beta \leqq \frac{\pi}{2}$ であり，$\sin\alpha = \frac{8}{17}$, $\sin\beta = \frac{3}{5}$ となる．$0 \leqq \alpha + \beta \leqq \pi$ と $\mathrm{Cos}^{-1}x = \alpha + \beta$ より，

$$x = \cos(\alpha+\beta) = \cos\alpha\cos\beta - \sin\alpha\sin\beta = \tfrac{15}{17}\cdot\tfrac{4}{5} - \tfrac{8}{17}\cdot\tfrac{3}{5} = \tfrac{36}{85}.$$

第 1 章の章末問題

1. (1) 上限 1, 下限 0　(2) 上限 -1, 下限 $-\infty$　(3) 上限 ∞, 下限 -3

2. (1) $-\frac{3}{2}$　(2) 発散 $(+\infty)$　(3) 振動　(4) 1　(5) $\frac{1}{3}$　(6) -2

3. $d_n \geqq 0$ であり，$n = (1+d_n)^n = \sum_{k=0}^{n} {}_n\mathrm{C}_k \cdot (d_n)^k \geqq \dfrac{n(n-1)}{2} \cdot (d_n)^2$ より，$n = 2, 3, \cdots$ のとき $d_n \leqq \sqrt{\dfrac{2}{n-1}}$ とわかる．

4. (1) 4π　(2) $\pi/3$　(3) π　(4) 2π

5. $2\cos(2x) + 4\cos x + 3 = 4\cos^2 x + 4\cos x + 1 = (2\cos x + 1)^2 \geqq 0$

6. (1) $2\sin\left(\frac{x}{2}\right)\sin(kx) = \cos\left(\left(k-\frac{1}{2}\right)x\right) - \cos\left(\left(k+\frac{1}{2}\right)x\right)$ を利用する．

(2) $2\sin\left(\frac{x}{2}\right)\cos(kx) = \sin\left(\left(k+\frac{1}{2}\right)x\right) - \sin\left(\left(k-\frac{1}{2}\right)x\right)$ を利用する．

7. (1) $\alpha = \mathrm{Tan}^{-1}\left(\frac{1}{2}\right)$, $\beta = \mathrm{Tan}^{-1}\left(\frac{1}{3}\right)$ とおくと，$\tan(\alpha+\beta) = \dfrac{\tan\alpha + \tan\beta}{1 - \tan\alpha\tan\beta} = \dfrac{\frac{1}{2}+\frac{1}{3}}{1-\frac{1}{2}\cdot\frac{1}{3}} = 1$.　$0 < \beta < \alpha < \frac{\pi}{4}$ より $0 < \alpha+\beta < \frac{\pi}{2}$ に注意すると，$\alpha+\beta = \frac{\pi}{4}$ である．

(2) $\alpha = \mathrm{Tan}^{-1}\left(\frac{1}{5}\right)$, $\beta = \mathrm{Tan}^{-1}\left(\frac{1}{239}\right)$ とおく．$\tan(2\alpha) = \dfrac{2\tan\alpha}{1-\tan^2\alpha} = \frac{5}{12}$, $\tan(4\alpha) = \dfrac{2\tan(2\alpha)}{1-\tan^2(2\alpha)} = \frac{120}{119}$ より $\tan(4\alpha-\beta) = \dfrac{\tan(4\alpha) - \tan\beta}{1+\tan(4\alpha)\tan\beta} = \dfrac{\frac{120}{119} - \frac{1}{239}}{1+\frac{120}{119}\cdot\frac{1}{239}} = 1$. $0 < \beta < \alpha$ および $0 < 2\alpha < \frac{\pi}{4}$ に注意すると $0 < 4\alpha - \beta < \frac{\pi}{2}$ とわかり，$4\alpha - \beta = \frac{\pi}{4}$ が得られる．

8. $\theta = \mathrm{Sin}^{-1}\sqrt{x}$ とおくと，$0 \leqq \theta \leqq \frac{\pi}{2}$ であり，$\sin\theta = \sqrt{x}$ を満たす．まず，$\sin^2(2^0\,\mathrm{Sin}^{-1}\sqrt{x}) = \sin^2\theta = (\sqrt{x})^2 = x$ より，$n = 0$ の場合には式 (1.7) が成り立っている．次に，$n = k$ のときに式 (1.7) が成り立つと仮定すると，

$$\begin{aligned} a_{k+1} &= 4a_k(1-a_k) = 4\sin^2(2^k\theta)\{1-\sin^2(2^k\theta)\} \\ &= \{2\sin(2^k\theta)\cos(2^k\theta)\}^2 = \{\sin(2\cdot 2^k\theta)\}^2 = \sin^2(2^{k+1}\,\mathrm{Sin}^{-1}\sqrt{x}) \end{aligned}$$

となり，$n = k+1$ のときも式 (1.7) が満たされる．数学的帰納法により，$n = 0, 1, 2, \cdots$ に対して式 (1.7) が成り立つことがわかる．

第 2 章の問

2.1 $\cos x - \cos a = -2\sin\left(\dfrac{x+a}{2}\right)\sin\left(\dfrac{x-a}{2}\right)$ を用いる．

2.2 (1) $\left(\dfrac{1}{x^n}\right)' = -\dfrac{nx^{n-1}}{x^{2n}} = -\dfrac{n}{x^{n+1}} = -nx^{-n-1}$

(2) $(\tan x)' = \left(\dfrac{\sin x}{\cos x}\right)' = \dfrac{\cos^2 x + \sin^2 x}{\cos^2 x} = \dfrac{1}{\cos^2 x} = 1 + \tan^2 x$

2.3 (1) $\dfrac{1}{\sqrt{a^2-x^2}}$ (2) $\dfrac{1}{2\sqrt{x(1-x)}}$ (3) $\dfrac{1}{x^2+a^2}$ (4) $\dfrac{1}{\sqrt{x^2+a^2}}$

2.4 $(\sinh x)' = \cosh x$, $(\cosh x)' = \sinh x$, $(\tanh x)' = \dfrac{1}{\cosh^2 x} = 1 - \tanh^2 x$, $(\sinh^{-1} x)' = \dfrac{1}{\sqrt{x^2+1}}$, $(\cosh^{-1} x)' = \dfrac{1}{\sqrt{x^2-1}}$, $(\tanh^{-1} x)' = \dfrac{1}{1-x^2}$

2.5 $\log|f_1 f_2 \cdots f_n| = \log|f_1| + \log|f_2| + \cdots + \log|f_n|$ と対数微分法を用いる.

2.6 (1) $\dfrac{1}{e^x-1} - \dfrac{1}{\sin x} = \dfrac{\sin x - e^x + 1}{(e^x-1)\sin x}$ と $\dfrac{(\sin x - e^x + 1)'}{\{(e^x-1)\sin x\}'} = \dfrac{\cos x - e^x}{e^x \sin x + (e^x-1)\cos x}$ は $\dfrac{0}{0}$ の不定形だが, $\dfrac{(\cos x - e^x)'}{\{e^x \sin x + (e^x-1)\cos x\}'} = \dfrac{-\sin x - e^x}{2e^x \cos x + \sin x} \to -\dfrac{1}{2}$ $(x \to 0)$ であるから, ロピタルの定理を 2 回用いると $\displaystyle\lim_{x\to 0}\left(\frac{1}{e^x-1} - \frac{1}{\sin x}\right) = -\frac{1}{2}$.

(2) $\dfrac{-\infty}{\infty}$ の不定形だが, $\dfrac{(\log x)'}{(x^\alpha)'} = \dfrac{1/x}{\alpha x^{\alpha-1}} = \dfrac{1}{\alpha x^\alpha} \to 0$ $(x \to \infty)$ だから, ロピタルの定理により $\displaystyle\lim_{x\to\infty}\frac{\log x}{x^\alpha} = 0$.

(3) $\dfrac{(\log x)^3}{x}$, $\dfrac{\{(\log x)^3\}'}{(x)'} = \dfrac{3(\log x)^2}{x}$, $\dfrac{\{3(\log x)^2\}'}{(x)'} = \dfrac{6\log x}{x}$ はいずれも $\dfrac{\infty}{\infty}$ の不定形だが, $\dfrac{(6\log x)'}{(x)'} = \dfrac{6}{x} \to 0$ $(x \to \infty)$ であるから, ロピタルの定理を 3 回用いると $\displaystyle\lim_{x\to\infty}\frac{(\log x)^3}{x} = 0$.

(4) $\dfrac{(x^n)'}{(a^x)'} = \dfrac{nx^{n-1}}{a^x \log a}$, $\dfrac{(nx^{n-1})'}{(a^x \log a)'} = \dfrac{n(n-1)x^{n-2}}{a^x(\log a)^2}$, $\cdots$, $\dfrac{(n!\,x)'}{\{a^x(\log a)^{n-1}\}'} = \dfrac{n!}{a^x(\log a)^n} \to 0$ $(x \to \infty)$ であるから, ロピタルの定理を n 回用いると $\displaystyle\lim_{x\to\infty}\frac{x^n}{a^x} = 0$.

(5) $\dfrac{\{\log(13+19x)\}'}{\{\log(17+11x)\}'} = \dfrac{19(17+11x)}{11(13+19x)} \to 1$ $(x \to \infty)$ だから, ロピタルの定理により $\displaystyle\lim_{x\to\infty}\frac{\log(13+19x)}{\log(17+11x)} = 1$.

2.7 ライプニッツの公式を用いると,

$$\begin{aligned}\{(x^2+x)e^{3x}\}^{(n)} &= (e^{3x})^{(n)} \cdot (x^2+x) + \binom{n}{1} \cdot (e^{3x})^{(n-1)} \cdot 2x + \binom{n}{2} \cdot (e^{3x})^{(n-2)} \cdot 2 \\ &= \{9x^2 + (6n+9)x + n(n+2)\} \cdot 3^{n-2} e^{3x}.\end{aligned}$$

2.8 (1) $n\dbinom{\alpha}{n} = n \cdot \dfrac{\alpha(\alpha-1)(\alpha-2)\cdots(\alpha-n+1)}{n!} = \dfrac{\alpha(\alpha-1)(\alpha-2)\cdots(\alpha-n+1)}{(n-1)!}$

$$= \alpha \cdot \frac{(\alpha-1)(\alpha-2)\cdots\{(\alpha-1)-(n-1)+1\}}{(n-1)!} = \alpha\binom{\alpha-1}{n-1}$$

(2) $\dbinom{\alpha-1}{n-1}+\dbinom{\alpha-1}{n}=\dfrac{(\alpha-1)(\alpha-2)\cdots(\alpha-n+1)}{(n-1)!}$

$$+\frac{(\alpha-1)(\alpha-2)\cdots(\alpha-n+1)(\alpha-n)}{n!}$$

$$=\frac{(\alpha-1)(\alpha-2)\cdots(\alpha-n+1)}{(n-1)!}\cdot\left(1+\frac{\alpha-n}{n}\right)=\binom{\alpha}{n}$$

2.9 (1) $f_n(x)=\displaystyle\sum_{k=1}^{n}\frac{(-1)^{k-1}}{k}x^k$, $f_n'(x)=\displaystyle\sum_{k=1}^{n}(-x)^{k-1}=\frac{1-(-x)^n}{1+x}$ より，$r_n'(x)=f'(x)-f_n'(x)=\dfrac{1}{1+x}-\dfrac{1-(-x)^n}{1+x}=\dfrac{(-x)^n}{1+x}$.

(2) 平均値の定理 (定理 2.17) により，$r_n(x)-r_n(0)=x\cdot r_n'(c)$ を満たす c が 0 と x の間に存在する．ここで，$r_n(0)=f(0)-f_n(0)=0$ である．

(3) (1), (2) と $c>-1$ より，$|r_n(x)|=|x|\cdot\dfrac{|c|^n}{1+c}$ である．$0<|c|<|x|$ と $\dfrac{1}{1+c}\leqq\begin{cases}1 & (0\leqq x<1),\\ \dfrac{1}{1+x} & (-1<x<0)\end{cases}$ に注意すると，$|r_n(x)|\leqq\max\left\{\dfrac{1}{1+x},1\right\}\cdot|x|^{n+1}$ であり，$|x|<1$ のとき $\displaystyle\lim_{n\to\infty}r_n(x)=0$ となる．

2.10 (1) $x\to0$ のとき，$e^{-2x}=1-2x+\dfrac{(-2x)^2}{2}+\dfrac{(-2x)^3}{3!}+o(x^3)=1-2x+2x^2-\dfrac{4}{3}x^3+o(x^3)$ であるから，$(1+x)e^{-2x}=1-x+\dfrac{2}{3}x^3+o(x^3)$.

(2) $x\to0$ のとき，$\sin x=x-\dfrac{x^3}{3!}+o(x^3)$, $\cos x=1-\dfrac{x^2}{2}+0x^3+o(x^3)$ であるから，$(\sin x)(1-\cos x)=\left\{x-\dfrac{x^3}{6}+o(x^3)\right\}\cdot\left\{\dfrac{x^2}{2}+o(x^3)\right\}=\dfrac{x^3}{2}+o(x^3)$.

(3) $x\to0$ のとき，$\sqrt{1+x}=1+\dfrac{1}{2}x-\dfrac{1}{8}x^2+\dfrac{1}{16}x^3+o(x^3)$ であるから，$(8-x)\sqrt{1+x}=8+3x-\dfrac{3}{2}x^2+\dfrac{5}{8}x^3+o(x^3)$.

2.11 (1) $x\to0$ のとき, $\log(1-x^2)=-x^2-\dfrac{x^4}{2}+o(x^4)$, $x\sin x=x\left\{x-\dfrac{x^3}{3!}+o(x^3)\right\}=x^2-\dfrac{x^4}{6}+o(x^4)$ であるから，$\displaystyle\lim_{x\to0}\frac{\log(1-x^2)+x\sin x}{x^4}=\lim_{x\to0}\frac{-\frac{2}{3}x^4}{x^4}=-\frac{2}{3}$.

(2) $x\to0$ のとき，$(1+x^2)^{-1}=1-x^2+o(x^2)$, $\cos x=1-\dfrac{x^2}{2}+o(x^2)$ であるから，$\displaystyle\lim_{x\to0}\frac{(1+x^2)^{-1}-\cos x}{x^2}=\lim_{x\to0}\frac{-\frac{x^2}{2}+o(x^2)}{x^2}=-\frac{1}{2}$.

2.12 $x>0$ において $f'(x)=\dfrac{1-\log x}{x^2}$, $f''(x)=\dfrac{-3+2\log x}{x^3}$ である．また，ロピタルの定理により $\displaystyle\lim_{x\to\infty}\frac{\log x}{x}=0$ とわかる．表にまとめると次のようになる．

x	(0)	$\cdots$	e	$\cdots$	$e^{3/2}$	$\cdots$	$(+\infty)$
$f'(x)$		$+$	0	$-$	$-$	$-$	
$f''(x)$		$-$	$-$	$-$	0	$+$	
$f(x)$	$(-\infty)$	↗	$\frac{1}{e}$ 極大値	↘	$\frac{3}{2e^{3/2}}$ 変曲点	↘	(0)

2.13 $f(x)=x^p$ とおくと，$f'(x)=px^{p-1}$, $f''(x)=p(p-1)x^{p-2}$ より，区間 $(0,\infty)$ において $f''(x)>0$ である．$\alpha_i=\dfrac{1}{n}$, $x_i=a_i$ $(i=1,2,\cdots,n)$ として定理 2.57 を用いると求める不等式が得られる．

2.14 $E[X]=\displaystyle\sum_{k=0}^{\infty}k\cdot e^{-\lambda}\cdot\frac{\lambda^k}{k!}=\lambda e^{-\lambda}\sum_{k=1}^{\infty}\frac{\lambda^{k-1}}{(k-1)!}=\lambda e^{-\lambda}\cdot e^{\lambda}=\lambda$

第 2 章の章末問題

1. (1) $x\neq0$ のとき，積の微分法と合成関数の微分法により $f'(x)=2x\sin\left(\dfrac{1}{x}\right)-\cos\left(\dfrac{1}{x}\right)+\dfrac{1}{2}$.

(2) $x\neq0$ とすると $\dfrac{f(x)-f(0)}{x-0}=x\sin\left(\dfrac{1}{x}\right)+\dfrac{1}{2}$ であり，問 1.8 (2) より $\displaystyle\lim_{x\to0}x\sin\left(\frac{1}{x}\right)=0$ だから，$\displaystyle\lim_{x\to0}\frac{f(x)-f(0)}{x-0}=\frac{1}{2}$. これは $f(x)$ が $x=0$ でも微分可能で，$f'(0)=\dfrac{1}{2}>0$ であることを示している．

(3) $x_n=\dfrac{1}{2n\pi}$ とすると，正の数列 $\{x_n\}$ は単調減少で $\displaystyle\lim_{n\to\infty}x_n=0$ を満たし，すべての n で $f'(x_n)=-\dfrac{1}{2}<0$ である．

(4) $z_n=\dfrac{1}{(2n-1)\pi}$ とすると，正の数列 $\{z_n\}$ は単調減少で $\displaystyle\lim_{n\to\infty}z_n=0$ を満たし，すべての n で $f'(z_n)=\dfrac{3}{2}>0$ である．

(5) $f'(x)$ は $x\neq0$ において連続である．一方，(3), (4) の数列 $\{x_n\},\{z_n\}$ は $\displaystyle\lim_{n\to\infty}x_n=\lim_{n\to\infty}z_n=0$ および $\displaystyle\lim_{n\to\infty}f'(x_n)=-\frac{1}{2}$, $\displaystyle\lim_{n\to\infty}f'(z_n)=\frac{3}{2}$ を満たす．したがって $\displaystyle\lim_{x\to0}f'(x)$ は存在せず，$f'(x)$ は $x=0$ において連続でないことがわかる．

2. (1) $\sqrt{x^2-1}\,y'=1$ の両辺を x で微分する．

(2) (1) の等式が $n=0$ の場合にあたる．$n=1,2,\cdots$ のとき，(1) の等式の両辺を x で n 回微分すると，ライプニッツの公式により

$$(1-x^2)y^{(n+2)}+n\cdot(-2x)y^{(n+1)}+\frac{n(n-1)}{2}\cdot(-2)y^{(n)}=xy^{(n+1)}+ny^{(n)}$$

が得られる．これを整理すればよい．

(3) (2) の関係式で $x=0$ とすると，$y^{(n+2)}(0)=n^2y^{(n)}(0)$ $(n=0,1,2,\cdots)$ が成り立つことがわかる．$y(0)=0$ だから $y^{(2m)}(0)=0$ $(m=0,1,2,\cdots)$ となる．また，$y'(0)=1$ だから，$m=1,2,\cdots$ に対して

$$y^{(2m+1)}(0)=(2m-1)^2(2m-3)^2\cdots 3^2\cdot 1^2\cdot y'(0)=\{(2m-1)!!\}^2$$

となる ($(-1)!!=1$ より，この式は $m=0$ の場合も成り立つ).

(4) $\dfrac{y^{(2m+1)}(0)}{(2m+1)!}=\dfrac{1}{2m+1}\cdot\dfrac{(2m-1)!!}{(2m)!!}$ であるから，$\mathrm{Sin}^{-1}\,x$ のマクローリン級数は $\displaystyle\sum_{m=0}^{\infty}\frac{1}{2m+1}\cdot\frac{(2m-1)!!}{(2m)!!}x^{2m+1}$.

3. $f(x):=\mathrm{Tan}^{-1}\,x$, $f_n(x):=\displaystyle\sum_{m=0}^{n}\frac{(-1)^m}{2m+1}x^{2m+1}$, $r_n(x):=f(x)-f_n(x)$ とおく．$f_n'(x)=\displaystyle\sum_{m=0}^{n}(-x^2)^m=\frac{1-(-1)^{n+1}x^{2(n+1)}}{1+x^2}$ より $r_n'(x)=\dfrac{(-1)^{n+1}x^{2(n+1)}}{1+x}$ である．平均値の定理 (定理 2.17) により，$r_n(x)=x\cdot r_n'(c)$ を満たす c が 0 と x の間に存在する．$|x|<1$ のとき，$0<|c|<|x|$ と $1+c^2>1$ に注意すると，$|r_n(x)|=|x|\cdot\dfrac{|c|^{2(n+1)}}{1+c^2}\leqq|x|^{2n+3}\to 0$ $(n\to\infty)$ となる．

4. (1) $f'(x)=\alpha(1+x)^{\alpha-1}=\dfrac{\alpha}{1+x}f(x)$ より，

$$h_n'(x)=\left(\frac{r_n(x)}{f(x)}\right)'=\frac{r_n'(x)f(x)-r_n(x)f'(x)}{f(x)^2}=\frac{(1+x)r_n'(x)-\alpha r_n(x)}{(1+x)^{\alpha+1}}.$$

(2) 問 2.8 の等式を用いると，

$$f_n'(x)=\sum_{k=1}^{n}k\binom{\alpha}{k}x^{k-1}=\alpha\sum_{k=1}^{n}\binom{\alpha-1}{k-1}x^{k-1}=\alpha+\alpha\sum_{k=1}^{n-1}\binom{\alpha-1}{k}x^k,$$

$$xf_n'(x)=\alpha\sum_{k=1}^{n}\binom{\alpha-1}{k-1}x^k=\alpha\sum_{k=1}^{n-1}\binom{\alpha-1}{k-1}x^k+\alpha\binom{\alpha-1}{n-1}x^n$$

より，

$$\begin{aligned}(1+x)f_n'(x)&=\alpha+\alpha\sum_{k=1}^{n-1}\left\{\binom{\alpha-1}{k-1}+\binom{\alpha-1}{k}\right\}x^k+\alpha\binom{\alpha-1}{n-1}x^n\\&=\alpha+\alpha\sum_{k=1}^{n-1}\binom{\alpha}{k}x^k+n\binom{\alpha}{n}x^n\\&=\alpha f_n(x)-\alpha\binom{\alpha}{n}x^n+n\binom{\alpha}{n}x^n=\alpha f_n(x)+(n-\alpha)\binom{\alpha}{n}x^n\end{aligned}$$

とわかる．したがって，

$$\begin{aligned}(1+x)r_n'(x) &= (1+x)\{f'(x)-f_n'(x)\}\\ &= \alpha f(x)-\alpha f_n(x)-(n-\alpha)\binom{\alpha}{n}x^n\\ &= \alpha r_n(x)+(\alpha-n)\binom{\alpha}{n}x^n = \alpha r_n(x)+(n+1)\binom{\alpha}{n+1}x^n.\end{aligned}$$

(3) $|h_n(x)| = |x|\cdot\dfrac{1}{(1+c)^{\alpha+1}}\cdot(n+1)\dbinom{\alpha}{n+1}|c|^n$ であり，$a_n := n\dbinom{\alpha}{n}|x|^n$ とおくと $\left|\dfrac{a_{n+1}}{a_n}\right| = |x|\cdot\dfrac{n+1}{n}\cdot\left|\dbinom{\alpha}{n+1}\Big/\dbinom{\alpha}{n}\right| = |x|\cdot\dfrac{n+1}{n}\cdot\left|\dfrac{\alpha-n}{n+1}\right| \to |x|\ (n\to\infty)$ となるから，定理 1.15 により $\lim\limits_{n\to\infty} a_n = 0$ である．

5. $(0,\infty)$ 上の関数 $f(x)=\log x$ を考えると，$f'(x)=\dfrac{1}{x}$, $f''(x)=-\dfrac{1}{x^2}<0$ である．$\alpha_i=p_i$, $x_i=\dfrac{1}{p_i}$ $(i=1,2,\cdots,n)$ として定理 2.57 を用いると，$\log\left(\sum\limits_{i=1}^n p_i\cdot\dfrac{1}{p_i}\right) \geqq \sum\limits_{i=1}^n p_i\log\left(\dfrac{1}{p_i}\right)$，すなわち $-\sum\limits_{i=1}^n p_i\log p_i \leqq \log n$ が得られる．

第 3 章の問

3.1 (1) $\dfrac{e^{x^2}}{2}$ (2) $\dfrac{\sqrt{2}\pi}{4}$

3.2 (1) $\dfrac{e^2+1}{4}$ (2) $\displaystyle\int \mathrm{Cos}^{-1}x\,dx = x\cdot\mathrm{Cos}^{-1}x+\int\frac{x}{\sqrt{1-x^2}}\,dx = x\cdot\mathrm{Cos}^{-1}x-\sqrt{1-x^2}$, $\displaystyle\int \mathrm{Tan}^{-1}x\,dx = x\cdot\mathrm{Tan}^{-1}x-\int\frac{x}{1+x^2}\,dx = x\cdot\mathrm{Tan}^{-1}x-\frac{1}{2}\log(1+x^2)$

3.3 $\dfrac{8}{15}$

3.4 (1) $2\log|x+2|-\log|x+1|$ (2) $\log|x+2|-\log|x+1|-\dfrac{2}{x+2}$

3.5 (1) $\dfrac{1}{2}\log\left|\dfrac{1-\cos x}{1+\cos x}\right|$ (2) $\tan\left(\dfrac{x}{2}\right)-2\log\left|\cos\left(\dfrac{x}{2}\right)\right|$ (3) $\log|\sin x|$

(4) $\dfrac{-1}{\tan x}+\tan x$

3.6 (1) $\log\left|2x-1+2\sqrt{x(x-1)}\right|$ (2) $\sqrt{2}\tan^{-1}\left(\sqrt{\dfrac{2x-2}{2-x}}\right)$

3.7 (1) $\log|1-e^x|$ (2) $e^x-\log(1+e^x)$

3.8 (1) π (2) $\displaystyle\int_{-M}^{M'}\frac{x}{1+x^2}\,dx = \frac{1}{2}\log\left(\frac{1+(M')^2}{1+M^2}\right)$ より，例えば $M'=M$ の場合と $M'=2M$ の場合で極限値が異なるから，広義積分は発散する．

(3) $\alpha<-1$ のとき $\dfrac{-1}{\alpha+1}$，$\alpha\geqq-1$ のとき発散する．

3.9 (1) 発散する (2) 収束する

3.10 $8a$

第 3 章の章末問題

1. (1) $\frac{2}{3}\log 2$. $1+x-2x^2=-(x-1)(2x+1)$ に注意して，部分分数分解 $\frac{1}{1+x-2x^2}$ $=-\frac{1}{3(x-1)}+\frac{2}{3(2x+1)}$ により従う．

(2) $\frac{1}{6}(\sqrt{3}\pi+3\log 3)$. $x^3+1=(x+1)(x^2-x+1)$ に注意して，部分分数分解 $\frac{3}{x^3+1}=\frac{1}{x+1}+\frac{2-x}{x^2-x+1}$ により従う．

(3) $\frac{1}{2}\log 5-\log 2$. $x^3+6x^2+11x+6=(x+1)(x+2)(x+3)$ に注意して，部分分数分解 $\frac{1}{x^3+6x^2+11x+6}=\frac{-1}{x+2}+\frac{1}{2(x+3)}+\frac{1}{2(x+1)}$ により従う．

(4) $\frac{3}{2}\log 3-2\log 2+\frac{\sqrt{3}\pi}{6}$. $x^3+x^2-x+2=(x+2)(x^2-x+1)$ に注意して，部分分数分解 $\frac{4x+1}{(x+2)(x^2-x+1)}=\frac{-1}{x+2}+\frac{x+1}{x^2-x+1}$ により従う．

2. (1) $\frac{1}{2}\log\left|\frac{1+\sin x}{1-\sin x}\right|$ (2) $\frac{1}{\sqrt{2}}\mathrm{Tan}^{-1}\left(\frac{1}{\sqrt{2}}\tan\left(\frac{x}{2}\right)\right)$

(3) $\frac{2}{\sqrt{1-a^2}}\mathrm{Tan}^{-1}\left(\sqrt{\frac{1-a}{1+a}}\tan\left(\frac{x}{2}\right)\right)$

(4) $\log(x+\sqrt{x-1})-\frac{2}{\sqrt{3}}\mathrm{Tan}^{-1}\left(\frac{2\sqrt{x-1}+1}{\sqrt{3}}\right)$ (5) $\log|x+\sqrt{x^2+a^2}|$

(6) $\frac{3}{7}\sqrt[3]{(x-1)^7}+\frac{3}{4}\sqrt[3]{(x-1)^4}$ (7) $\log\left|\frac{\sqrt{x^2-x+1}+x-1}{\sqrt{x^2-x+1}+x+1}\right|$

3. (1) $I=\int e^{ax}\cos(bx)\,dx, J=\int e^{ax}\sin(bx)\,dx$ とおき，それぞれ部分積分して $\int e^{ax}\cos(bx)\,dx=\frac{e^{ax}}{a^2+b^2}(a\cos(bx)+b\sin(bx))$, $\int e^{ax}\sin(bx)\,dx=$ $\frac{e^{ax}}{a^2+b^2}(a\sin(bx)-b\cos(bx))$ を得る．

(2) $I=\int\frac{\sin x}{\sin x+\cos x}\,dx, J=\int\frac{\cos x}{\sin x+\cos x}\,dx$ とおき，$I+J, I-J$ を計算すると，$\int\frac{\sin x}{\sin x+\cos x}\,dx=\frac{1}{2}(x-\log|\sin x+\cos x|)$, $\int\frac{\cos x}{\sin x+\cos x}\,dx=$ $\frac{1}{2}(x+\log|\sin x+\cos x|)$.

4. (1) $0\leqq x\leqq\frac{\pi}{2}$ のとき $\sin^{2n+1}x\leqq\sin^{2n}x\leqq\sin^{2n-1}x$ となるので，定積分の単調性から従う．

(2) $1 \leqq \dfrac{I_{2n}}{I_{2n+1}} \leqq \dfrac{I_{2n-1}}{I_{2n+1}} = \dfrac{2n+1}{2n}$ より $\displaystyle\lim_{n\to\infty} \dfrac{I_{2n}}{I_{2n+1}} = 1$.

(3) $I_{2n} \cdot I_{2n+1} = \dfrac{\pi}{4n+2}$ と $\sqrt{I_{2n} \cdot I_{2n+1}} = I_{2n} \cdot \sqrt{\dfrac{I_{2n+1}}{I_{2n}}}$ より $\displaystyle\lim_{n\to\infty} \sqrt{n} I_{2n} = \dfrac{\sqrt{\pi}}{2}$.

5. (1) $e-2$ (2) $\dfrac{4(\sqrt{2}+1)}{15}$ (3) 3π (4) $\dfrac{\pi^2-8}{4}$ (5) $\dfrac{\pi}{16}$

(6) $\dfrac{1}{2}(1+2e^{-\pi}+e^{-2\pi})$ (7) $\dfrac{\pi a^2}{2}$ (8) 0 (9) $m=n$ のとき π, $m \neq n$ のとき 0.

(10) $m=n$ のとき π, $m \neq n$ のとき 0.

6. (1) $3\pi a^2$ (2) $\dfrac{3}{8}\pi a^2$

7. (1) $a\left\{\pi\sqrt{4\pi^2+1} + \dfrac{1}{2}\log(2\pi) + \sqrt{4\pi^2+1}\right\}$ (2) $a(e-e^{-1})$ (3) $6a$

8. (1) π (2) $\dfrac{\pi}{2}$ (3) $-\dfrac{1}{4}$ (4) $2\sqrt{2}$ (5) 6 (6) 1 (7) 2

9. $F(t) = f(x+t(y-x))$ とすると $F^{(k)}(t) = f^{(k)}(x+t(y-x))(y-x)^k$. $f(y)-f(x)$ $= F(1)-F(0) = \displaystyle\int_0^1 F'(t)\,dt = \int_0^1 \{-(1-t)\}'F'(t)\,dt$ として部分積分を繰り返すと,

$$f(y)-f(x) = \sum_{k=1}^{n-1} \frac{f^{(k)}(x)}{k!}(y-x)^k + \int_0^1 \frac{1}{(n-1)!}(1-t)^{n-1} f^{(n)}(x+t(y-x))(y-x)^n\,dt$$

となり主張を得る.

10. (1) $y = \dfrac{1}{x^2+1}$ (2) $y = -(x^2+1)$ (1), (2) のグラフの概形は略.

第4章の問

4.1 (1) 連続でない (2) 連続

4.2 (1) $z_x = 3x^2+2xy+y^2$, $z_y = x^2+2xy+3y^2$

(2) $z_x = \dfrac{y}{(x+y)^2}$, $z_y = -\dfrac{x}{(x+y)^2}$ (3) $z_x = \dfrac{1}{x}$, $z_y = -\dfrac{1}{y}$

(4) $z_x = (3x^2+y)e^{x^3+xy}$, $z_y = xe^{x^3+xy}$ (5) $z_x = 4e^{4x}\tan y$, $z_y = \dfrac{e^{4x}}{\cos^2 y}$

(6) $z_x = \dfrac{x\cos\sqrt{x^2+y^2}}{\sqrt{x^2+y^2}}$, $z_y = \dfrac{y\cos\sqrt{x^2+y^2}}{\sqrt{x^2+y^2}}$

4.3 (1) $f_x(1,-2) = -4$, $f_y(1,-2) = -2$ (2) $f_x(1,-2) = 1$, $f_y(1,-2) = -\frac{1}{2}$

4.4 (1) $dz = (6x^2-2xy)\,dx + (-x^2+3y^2)\,dy$ (2) $dz = \dfrac{2\,dx}{x} + \dfrac{dy}{y}$

(3) $dz = -\sin(x-y)\,dx + \sin(x-y)\,dy$

4.5 (1) $2x+2y-z=3$ (2) $x+2y+z=2$

4.6 (1) $\dfrac{dz}{dt} = \dfrac{2}{(e^t+e^{-t})^2}$ (2) $\dfrac{dz}{dt} = e^{\sin t\cos t}(\cos^2 t - \sin^2 t)$

4.7 略

4.8 (1) $z_{xx}=6x-4$, $z_{xy}=z_{yx}=-4x$, $z_{yy}=20y^3$　(2) $z=\sin(2x-3y)$ より $z_{xx}=-4\sin(2x-3y)$, $z_{xy}=z_{yx}=-6\sin(2x-3y)$, $z_{yy}=9\sin(2x-3y)$.

(3) $z_{xx}=(x+y+2)e^{x-y}$, $z_{xy}=z_{yx}=-(x+y)e^{x-y}$, $z_{yy}=(x+y-2)e^{x-y}$

(4) $z_{xx}=2\cos\left(x^2+y^2\right)-4x^2\sin\left(x^2+y^2\right)$, $z_{xy}=z_{yx}=-4xy\sin\left(x^2+y^2\right)$, $z_{yy}=2\cos\left(x^2+y^2\right)-4y^2\sin\left(x^2+y^2\right)$

4.9 $f(x,y)=\log 3+\dfrac{1}{3}\{(x-1)+2(y-1)\}-\dfrac{1}{18}\{(x-1)^2+4(x-1)(y-1)+4(y-1)^2\}+\cdots$

4.10 (1) 点 $\left(\frac{5}{3},\frac{1}{3}\right)$ で極小値 $-\frac{13}{3}$. (2) 点 $(1,2)$ で極小値 -18, 点 $(-1,-2)$ で極大値 18. (3) 点 $(1,2)$ で極小値 0.

4.11 (1) 接線 $x-3y=-5$, 法線 $3x+y=5$

(2) 接線 $x+8y=-6$, 法線 $8x-y=17$

4.12 (1)$\left(\pm\frac{1}{\sqrt{2}},\pm\frac{1}{\sqrt{2}}\right)$ で最大値 $\frac{1}{2}$, $\left(\pm\frac{1}{\sqrt{2}},\mp\frac{1}{\sqrt{2}}\right)$ で最小値 $-\frac{1}{2}$. (ともに複号同順)

(2) $\left(\frac{1}{2},\frac{1}{2}\right)$ で最小値 $\frac{1}{2}$.

第 4 章の章末問題

1. (1) 連続　(2) 連続でない

2. (1) $z_x=3x^2+2y$, $z_y=2x-6y+5y^4$　(2) $z_x=4x^3+9x^2y-y^2$, $z_y=3x^3-2xy$

(3) $z_x=(x+1)e^{x-y}$, $z_y=-xe^{x-y}$　(4) $z_x=\dfrac{-x^2y+y^3}{(x^2+y^2)^2}$, $z_y=\dfrac{x^3-xy^2}{(x^2+y^2)^2}$

(5) $z_x=e^{\sin x-\cos y}\cos x$, $z_y=e^{\sin x-\cos y}\sin y$

(6) $z_x=\dfrac{2^x\log 2}{2\sqrt{2^x+2^{-y}}}$, $z_y=-\dfrac{2^{-y}\log 2}{2\sqrt{2^x+2^{-y}}}$

3. (1) $z_{xx}=12x^2+12xy+6y^2$, $z_{xy}=z_{yx}=6x^2+12xy+12y^2$, $z_{yy}=6x^2+24xy+60y^2$

(2) $z_{xx}=-\dfrac{1}{\cos^2(x-y)}$, $z_{xy}=z_{yx}=\dfrac{1}{\cos^2(x-y)}$, $z_{yy}=-\dfrac{1}{\cos^2(x-y)}$

(3) $z_{xx}=-\dfrac{1}{x}$, $z_{xy}=z_{yx}=\dfrac{1}{y}$, $z_{yy}=-\dfrac{x}{y^2}$

(4) $z_{xx}=\dfrac{2y^2\sin(xy)}{\cos^3(xy)}$, $z_{xy}=z_{yx}=\dfrac{\cos(xy)+2xy\sin(xy)}{\cos^3(xy)}$, $z_{yy}=\dfrac{2x^2\sin(xy)}{\cos^3(xy)}$

(5) $z_{xx}=-\dfrac{2y^2}{(x+y)^3}$, $z_{xy}=z_{yx}=\dfrac{2xy}{(x+y)^3}$, $z_{yy}=-\dfrac{2x^2}{(x+y)^3}$

4. (1) $dz=10x\left(x^2+y\right)^4dx+5\left(x^2+y\right)^4dy$

(2) $dz=\dfrac{\cos x}{\sin x+\cos y}\,dx-\dfrac{\sin y}{\sin x+\cos y}\,dy$

(3) $dz=\dfrac{2e^xe^y}{(e^x+e^y)^2}\,dx-\dfrac{2e^xe^y}{(e^x+e^y)^2}\,dy$

5. (1) $9x+3y-z=10$ (2) $5x-4y-3z=0$

6. (1) $\dfrac{dz}{dt}=\cos^3 t-2\sin^2 t\cos t$ (2) $\dfrac{dz}{dt}=\dfrac{4t^3}{1+t^4}$

(3) $\dfrac{\partial z}{\partial u}=v(u+v)(3u+v),\ \dfrac{\partial z}{\partial v}=u(u+v)(u+3v)$ (4) 略

7. (1) $f(x,y)=\dfrac{1}{2}+\sqrt{3}(x-y)-(x^2-2xy+y^2)+\cdots$ (2) $f(x,y)=$

$e+e\{3(x-3)-2(y-4)\}+\dfrac{e}{2}\{9(x-3)^2-12(x-3)(y-4)+4(y-4)^2\}+\cdots$

8. (1) 点 $(2,-4)$ で極小値 5. (2) 点 $(6,3)$ で極大値 21. (3) 点 $(0,0)$ で極小値 0.

(4) $\left(\frac{\pi}{2},\frac{\pi}{2}\right)$ で極大値 2.

9. (1) 接線 $x-y=2$, 法線 $x+y=0$. (2) 接線 $13x-5y=29$, 法線 $5x+13y=41$.

10. (1) $\left(\frac{\sqrt{10}}{10},\frac{3\sqrt{10}}{5}\right)$ で最大値 $2\sqrt{10}+4$, $\left(-\frac{\sqrt{10}}{10},-\frac{3\sqrt{10}}{5}\right)$ で最小値 $-2\sqrt{10}+4$.

(2) $(\pm3,\pm1)$ (複号同順) で最小値 24. (3) $(0,-2)$ で極大値 0, $\left(\frac{4}{3},-\frac{2}{3}\right)$ で極小値 $-\frac{32}{27}$.

第 5 章の問

5.1 略

5.2 (1) $\displaystyle\int_0^1\int_0^{1-x} xe^y\,dy\,dx=\int_0^1 (xe^{1-x}-x)\,dx=e-\frac{5}{2}$

(2) $\displaystyle\int_0^1\int_x^{\sqrt{x}} xy\,dy\,dx=\int_0^1\left[\frac{xy^2}{2}\right]_x^{\sqrt{x}}dx=\int_0^1\left(\frac{x^2}{2}-\frac{x^3}{2}\right)dx=\left[\frac{x^3}{6}-\frac{x^4}{8}\right]_0^1=\frac{1}{24}$

5.3 $\displaystyle\int_0^1\int_0^x e^{-\frac{y}{x}}\,dy\,dx=\int_0^1\left[-xe^{-\frac{y}{x}}\right]_0^x dx=\int_0^1\left(-\frac{x}{e}+x\right)dx=\frac{1}{2}-\frac{1}{2e}$

5.4 (1) $u=x+y$, $v=x-y$ とおくと D は uv 平面の $E=\{(u,v)\mid 0\leqq u\leqq 2,\ -1\leqq v\leqq 1\}$ に 1 対 1 に対応する. $x=\dfrac{u+v}{2}$, $y=\dfrac{u-v}{2}$ より, ヤコビアンは

$$\frac{\partial(x,y)}{\partial(u,v)}=\begin{vmatrix}\frac{1}{2} & \frac{1}{2}\\ \frac{1}{2} & -\frac{1}{2}\end{vmatrix}=-\frac{1}{2},$$

よって, 求める重積分は $\displaystyle\int_{-1}^1\int_0^2 e^{u+v}\cdot\left|-\frac{1}{2}\right|du\,dv=\frac{1}{2e}(e^4-2e^2+1)$.

(2) $u=x+2y$, $v=x-2y$ とおく. この変換で, D は uv 平面内の $E=\left\{(u,v)\ \middle|\ -\dfrac{\pi}{2}\leqq u\leqq\dfrac{\pi}{2},\ -\dfrac{\pi}{2}\leqq v\leqq\dfrac{\pi}{2}\right\}$ に 1 対 1 に対応する. $x=\dfrac{u+v}{2}$, $y=\dfrac{u-v}{4}$ より, ヤコビアンは

$$\frac{\partial(x,y)}{\partial(u,v)}=\begin{vmatrix}\frac{1}{2} & \frac{1}{2}\\ \frac{1}{4} & -\frac{1}{4}\end{vmatrix}=-\frac{1}{4},$$

よって, 求める重積分は $\displaystyle\int_{-\frac{\pi}{2}}^{\frac{\pi}{2}}\int_{-\frac{\pi}{2}}^{\frac{\pi}{2}}(\cos u)\cdot\left|-\frac{1}{4}\right|du\,dv=\frac{\pi}{4}\int_{-\frac{\pi}{2}}^{\frac{\pi}{2}}\cos u\,du=\frac{\pi}{2}$.

5.5 (1) $x = r\cos\theta,\ y = r\sin\theta$ とおく．r, θ は $0 \leqq r \leqq 3,\ 0 \leqq \theta \leqq 2\pi$ の範囲を動くので，$\displaystyle\int_0^{2\pi}\int_0^3 e^{r^2}\cdot r\,dr\,d\theta = 2\pi\left[\frac{e^{r^2}}{2}\right]_0^3 = \pi(e^9 - 1)$.

(2) $x = r\cos\theta,\ y = 2r\sin\theta$ とおく．r, θ は $0 \leqq r \leqq 1,\ 0 \leqq \theta \leqq \dfrac{\pi}{2}$ の範囲を動く．この変換のヤコビアンは

$$\frac{\partial(x, y)}{\partial(r, \theta)} = \begin{vmatrix} \cos\theta & -r\sin\theta \\ 2\sin\theta & 2r\cos\theta \end{vmatrix} = 2r.$$

よって，求める重積分は $\displaystyle\int_0^{\frac{\pi}{2}}\int_0^1 2r^2\cos\theta\sin\theta\cdot 2r\,dr\,d\theta = \frac{1}{2}\int_0^{\frac{\pi}{2}}\sin 2\theta\,d\theta = \frac{1}{2}$.

5.6 (1) ヒントの D_n を用いて，

$$\iint_{D_n}\frac{1}{\sqrt{1-x-y}}\,dxdy = \int_0^{1-\frac{1}{n}}\int_0^{1-\frac{1}{n}-x}\frac{1}{\sqrt{1-x-y}}\,dy\,dx$$
$$= \int_0^{1-\frac{1}{n}}\left(2\sqrt{1-x} - \frac{2}{\sqrt{n}}\right)dx = \frac{4}{3}\left(1 - \frac{1}{n^{\frac{3}{2}}}\right) - \frac{2}{\sqrt{n}}\left(1 - \frac{1}{n}\right),$$

よって，求める広義重積分は，これの $n \to \infty$ による極限であるから $\dfrac{4}{3}$.

(2) ヒントの D_n を用いて，

$$\iint_{D_n}\frac{1}{(1+x+y)^3}\,dxdy = \int_0^n\int_0^{n-x}\frac{1}{(1+x+y)^3}\,dy\,dx$$
$$= \int_0^n\left(\frac{1}{2(1+x)^2} - \frac{1}{2(n+1)^2}\right)dx = \frac{1}{2} - \frac{1}{2(1+n)} - \frac{n}{2(n+1)^2},$$

よって，求める広義重積分は，これの $n \to \infty$ による極限であるから $\dfrac{1}{2}$.

5.7 x は $-a \leqq x \leqq a$ の範囲を動く．この楕円体を x 座標が x の平面で切った切り口は $\dfrac{y^2}{b^2} + \dfrac{z^2}{c^2} \leqq 1 - \dfrac{x^2}{a^2}$ で定まる楕円である．この楕円の面積は $\pi\left(1 - \dfrac{x^2}{a^2}\right)bc$ なので，求める体積は $\displaystyle\int_{-a}^a \pi\left(1 - \frac{x^2}{a^2}\right)bc\ dx = \frac{4\pi}{3}abc$.

5.8 (1) 求める曲面積は $\displaystyle\iint_D\sqrt{1+y^2+x^2}\,dxdy$. 極座標変換 $x = r\cos\theta,\ y = r\sin\theta$ を用いると，(r, θ) は $\{(r, \theta) \in \mathbf{R}^2 \mid 0 \leqq r \leqq 1,\ 0 \leqq \theta < 2\pi\}$ の範囲を動く．厳密には，$r = 0$ のところで 1 対 1 になっていなかったり，ヤコビアンが 0 になってしまうが，その辺は大目にみて計算してよい (厳密な議論は略す).

$$\int_0^1\int_0^{2\pi}\sqrt{1+r^2}\cdot r\ d\theta\,dr = 2\pi\left[\frac{1}{3}(1+r^2)^{\frac{3}{2}}\right]_0^1 = \frac{2\pi}{3}(2\sqrt{2} - 1).$$

(2) 例題 5.27 と同様に，求める曲面積は $\displaystyle\iint_D \frac{a}{\sqrt{a^2-y^2-x^2}}\,dxdy$ となる．極座標変換 $x = r\cos\theta$, $y = r\sin\theta$ を用いると，r,θ は $0 \leqq r \leqq a$, $0 \leqq \theta < 2\pi$ の範囲を動く．求める曲面積は $\displaystyle\int_0^a \int_0^{2\pi} \frac{ar}{\sqrt{a^2-r^2}}\,d\theta\,dr = 2\pi a\left[-\sqrt{a^2-r^2}\right]_0^a = 2\pi a^2$. ただし，これは厳密には広義重積分であり，その広義重積分と曲面積が一致することなど本当は少し議論が必要である (略).

5.9 求めたい定積分は $\dfrac{\Gamma\left(\frac{m+1}{2}\right)\Gamma\left(\frac{n+1}{2}\right)}{2\Gamma\left(\frac{m+n}{2}+1\right)}$ に等しい．m が偶数のとき $\Gamma\left(\frac{m+1}{2}\right) = \dfrac{(m-1)!!}{2^{\frac{m}{2}}}\sqrt{\pi}$ であり，m が奇数のとき

$$\Gamma\left(\tfrac{m+1}{2}\right) = \frac{m-1}{2}\cdot\frac{m-3}{2}\cdot\cdots\cdot\frac{4}{2}\cdot\frac{2}{2}\cdot\Gamma(1) = \frac{(m-1)!!}{2^{\frac{m-1}{2}}}$$

と書ける．したがって，定積分の値は必ず $\dfrac{(m-1)!!\cdot(n-1)!!}{(m+n)!!}$ という因子を含む．m,n がいずれも偶数の場合には $(m+n+1)$ は奇数となることから $\dfrac{2^{\frac{m+n}{2}}}{2\cdot 2^{\frac{m}{2}}\cdot 2^{\frac{n}{2}}}\cdot(\sqrt{\pi})^2 = \dfrac{\pi}{2}$ という因子がさらにつけ加わる．その他の場合は，上の因子以外の部分は約分され消えてしまうことがわかる．

第 5 章の章末問題

1. 略

2. (1) $\sqrt{2}-1$ (2) $\frac{156}{5}$ (3) $\frac{2}{3}$ (4) $\frac{94}{15}$ (5) $2\log(\frac{3}{2})$

3. (1) $\displaystyle\int_3^5\int_{-1}^2 1\,dx\,dy = 6$ (2) $\displaystyle\int_0^1\int_0^y (x+2y)\,dx\,dy = \frac{5}{6}$

(3) $\displaystyle\int_0^2\int_y^2 xy^2\,dx\,dy = \frac{32}{15}$ (4) $\displaystyle\int_0^2\int_{x^2}^{2x} xe^y\,dy\,dx = \frac{e^4+3}{4}$

(5) $\displaystyle\int_1^2\int_0^{\sqrt{4-y^2}} \frac{x}{y}\,dx\,dy = 2\log 2 - \frac{3}{4}$

4. (1) $u = x+y$, $v = x+3y$ とおくと，$x = \dfrac{3u-v}{2}$, $y = \dfrac{-u+v}{2}$. この変換のヤコビアンは $\dfrac{\partial(x,y)}{\partial(u,v)} = \begin{vmatrix} \frac{3}{2} & -\frac{1}{2} \\ -\frac{1}{2} & \frac{1}{2} \end{vmatrix} = \dfrac{1}{2}$. したがって，

$$\int_0^3\int_0^2 \frac{1}{\frac{3u-v}{2}+2}\cdot\frac{1}{2}\,du\,dv = \frac{2}{3}\log 2 + \frac{10}{3}\log 5 - \frac{7}{3}\log 7.$$

(2) $u = x+3y$, $v = 2x-y$ とおくと，$x = \dfrac{u+3v}{7}$, $y = \dfrac{2u-v}{7}$. この変換のヤコビ

アンは $\dfrac{\partial(x,y)}{\partial(u,v)} = \begin{vmatrix} \frac{1}{7} & \frac{3}{7} \\ \frac{2}{7} & -\frac{1}{7} \end{vmatrix} = -\dfrac{1}{7}$. したがって,

$$\int_0^2 \int_1^3 \frac{u+3v}{7\sqrt{u}} \cdot \left| -\frac{1}{7} \right| du\, dv = \frac{16\sqrt{3}}{49} - \frac{40}{147}.$$

(3) $x = 2 + r\cos\theta,\ y = r\sin\theta$ とおくと，この変換のヤコビアンは r で，D は $E = \{(r,\theta) \mid 0 \leqq r \leqq 2,\ 0 \leqq \theta \leqq 2\pi\}$ に写る．

$$\int_0^2 \int_0^{2\pi} \frac{2 + r\cos\theta}{r^2 - 9} r\ d\theta\, dr = 2\pi(\log 5 - 2\log 3)$$

(4) $x = 1 + r\cos\theta,\ y = 2r\sin\theta$ とおくと，この変換のヤコビアンは $2r$ で，D は $E = \{(r,\theta) \mid 0 \leqq r \leqq 1,\ 0 \leqq \theta \leqq \pi\}$ に写る．

$$\int_0^1 \int_0^{\pi} \frac{2r\sin\theta}{3 + r\cos\theta} \cdot 2r\ d\theta\, dr = 12 - 16\log 2$$

(5) $u = xy,\ v = \dfrac{x}{y}$ とおくと，$x = \sqrt{uv},\ y = \sqrt{\dfrac{u}{v}}$. この変換のヤコビアンは $\dfrac{\partial(x,y)}{\partial(u,v)} = \begin{vmatrix} \frac{1}{2}\sqrt{\frac{v}{u}} & \frac{1}{2}\sqrt{\frac{u}{v}} \\ \frac{1}{2}\frac{1}{\sqrt{uv}} & -\frac{1}{2}\frac{1}{v}\sqrt{\frac{u}{v}} \end{vmatrix} = -\dfrac{1}{2v}$. ここで，$v$ は正であることに注意すると

$$\int_3^4 \int_1^2 \sqrt{uv} \cdot \frac{1}{2v}\, du\, dv = -\frac{4}{3} + \frac{8\sqrt{2}}{3} + \frac{2\sqrt{3}}{3} - \frac{4\sqrt{6}}{3}.$$

5. (1) 24 (2) $\dfrac{28}{9}\sqrt{6} - 4\sqrt{2}$ (3) $9\pi(2\log 3 - 1)$ (4) $\dfrac{28\sqrt{3}}{9}$ (5) 6π

6. 2つの曲面の交わりは $4 - (x-y)^2 = 2xy - 5$ より求められ，$x^2 + y^2 = 9$ である．$D = \{(x,y) \mid x^2 + y^2 \leqq 9\}$ とすると，求める体積は

$$\iint_D (\{4 - (x-y)^2\} - (2xy - 5))\, dxdy = \iint_D (9 - x^2 - y^2)\, dxdy$$

である．極座標変換 $x = r\cos\theta,\ y = r\sin\theta$ を用いて，

$$\int_0^{2\pi} \int_0^3 (9 - r^2) \cdot r\, dr\, d\theta = \frac{81}{2}\pi.$$

7. (1) x 座標が x のところで V を切った切り口は yz 平面の ((x, x^2) を中心とする) 半径 x の円板である．よって，$\displaystyle\int_0^2 \pi x^2\, dx = \frac{8\pi}{3}$.

(2) x 座標が t のところで V を切った切り口は yz 平面の放物線 $z = y^2 + t^2$ と直線 $z = y + t$ で囲まれた図形であり，その切り口の面積は $\dfrac{1}{6}(1 + 4t - 4t^2)^{\frac{3}{2}}$. よって，$\displaystyle\int_0^1 \frac{1}{6}(1 + 4t - 4t^2)^{\frac{3}{2}}\, dt = \frac{\pi}{16} + \frac{1}{6}$.

8. $\displaystyle\int_0^a\int_0^{a-z}\int_0^{a-y-z}\frac{1}{(a+x+y+z)^3}\,dx\,dy\,dz=\frac{\log 2}{2}-\frac{5}{16}$

9. (1) $\displaystyle\int_0^{2\pi}\int_0^{\sqrt{2}}\sqrt{2}\cdot r\ dr\,d\theta=2\sqrt{2}\pi$

(2) $\displaystyle\int_0^{2\pi}\int_0^{\sqrt{2}}\sqrt{1+4r^2}\cdot r\ dr\,d\theta=2\pi\left[\frac{1}{12}(1+4r^2)^{\frac{3}{2}}\right]_0^{\sqrt{2}}=\frac{13\pi}{3}$

第 6 章の問

6.1 (1) $\displaystyle\frac{(n+1)^{n+1}}{(n+1)!}\Big/\frac{n^n}{n!}=\left(1+\frac{1}{n}\right)^n\to e>1\ (n\to\infty)$ より，発散する．

(2) $\rho=1$ となり，判定できない．実際には，$\displaystyle\frac{2}{n^2+5}\leqq\frac{2}{n^2}$ より収束する (例 6.5 参照).

(3) $\displaystyle\lim_{n\to\infty}\frac{(n+1)\alpha+3}{(n+1)\beta+3}=\frac{\alpha}{\beta}$ であるから，$\alpha<\beta$ のとき収束し，$\alpha>\beta$ のとき発散する．$\alpha=\beta$ のとき，ダランベールの判定法では判定できないが，問題の級数が発散することは明らかである．

6.2 $t=\log x$ とおくと

$$\int_2^\infty\frac{1}{x(\log x)^\beta}\,dx=\int_{\log 2}^\infty\frac{1}{t^\beta}\,dt=\begin{cases}+\infty & (0<\beta\leqq 1),\\ \dfrac{1}{\beta-1}(\log 2)^{1-\beta} & (\beta>1).\end{cases}$$

したがって，$\displaystyle\sum_{n=2}^\infty\frac{1}{n(\log n)^\beta}$ は $\beta>1$ のとき収束し，$0<\beta\leqq 1$ のとき発散する．

6.3 区分求積法が使えるように変形すると，

$$\lim_{n\to\infty}\sum_{k=1}^n\frac{n}{n^2+k^2}=\lim_{n\to\infty}\frac{1}{n}\sum_{k=1}^n\frac{1}{1+(\frac{k}{n})^2}=\int_0^1\frac{1}{1+x^2}\,dx=\left[\,\mathrm{Tan}^{-1}\,x\right]_0^1=\frac{\pi}{4}.$$

6.4 まず, $\displaystyle\log\left(\frac{\sqrt[n]{n!}}{n}\right)=\frac{1}{n}\sum_{k=1}^n\log\left(\frac{k}{n}\right)$ である．$\log x$ は区間 $(0,1]$ において $\log x\leqq 0$ を満たし，連続かつ単調増加で $\displaystyle\lim_{x\to+0}\log x=-\infty$ となるが，

$$\lim_{a\to+0}\int_a^1\log x\,dx=\lim_{a\to+0}\Big[x\log x-x\Big]_a^1=\lim_{a\to+0}(-1-a\log a+a)=-1$$

とわかる．定理 6.11 により $\displaystyle\lim_{n\to\infty}\frac{1}{n}\sum_{k=1}^n\log\left(\frac{k}{n}\right)=\int_0^1\log x\,dx=-1$. 指数関数の連続性により

$$\lim_{n\to\infty}\frac{\sqrt[n]{n!}}{n}=\lim_{n\to\infty}\exp\left(\log\left(\frac{\sqrt[n]{n!}}{n}\right)\right)=\exp\left(\lim_{n\to\infty}\log\left(\frac{\sqrt[n]{n!}}{n}\right)\right)=\exp(-1)=\frac{1}{e}.$$

6.5 任意の $\varepsilon > 0$ に対して,

$$2m \geqq N \text{ ならば } |a_{2m} - a| < \varepsilon, \quad \text{かつ} \quad 2m+1 \geqq N \text{ ならば } |a_{2m+1} - a| < \varepsilon$$

となる自然数 N が存在する．このとき，$n \geqq N$ ならば $|a_n - a| < \varepsilon$ であるから $\lim_{n\to\infty} a_n = a$ が成り立つ.

6.6 (1) 任意の $x \in \mathbf{R}$ に対して $0 \leqq \left|\dfrac{\sin(nx)}{n}\right| = \dfrac{|\sin(nx)|}{n} \leqq \dfrac{1}{n}$ が成り立つから，$f(x) = 0$ である.

(2) $\sup_{x\in\mathbf{R}} |f_n(x) - f(x)| = \sup_{x\in\mathbf{R}} \left|\dfrac{\sin(nx)}{n}\right| \leqq \dfrac{1}{n}$ であるから，$\lim_{n\to\infty} \sup_{x\in\mathbf{R}} |f_n(x) - f(x)| = 0$ となる.

(3) $f_n'(x) = \cos(nx)$, $f'(x) = 0$ である．例えば，$x = 0$ のとき，任意の $n = 1, 2, \cdots$ で $f_n'(0) = 1$ だから $\lim_{n\to\infty} f_n'(0) = 1$ となり，$f'(0) = 0$ と一致しない．したがって，$n \to \infty$ のとき，すべての $x \in \mathbf{R}$ で $f_n'(x)$ が $f'(x)$ に収束するとはいえない.

6.7 例 6.30 の記号を用いる．$T(x)$ は区間 $[0, 1]$ で一様収束しているから，系 6.27 により，$\displaystyle\int_0^1 T(x)\,dx = \sum_{n=1}^{\infty} \int_0^1 f_n(x)\,dx = \sum_{n=1}^{\infty} \frac{1}{4} \cdot \frac{1}{2^{n-1}} = \frac{1}{2}$.

6.8 (1) $a_1, a_2, \cdots, a_n$ の積を $\displaystyle\prod_{j=1}^{n} a_j$ という記号で表すと,

$$(-1)^k \binom{-\frac{1}{2}}{k} = (-1)^k \cdot \frac{(-\frac{1}{2})(-\frac{1}{2} - 1) \cdot \cdots \cdot (-\frac{1}{2} - k + 1)}{k!}$$
$$= \prod_{j=1}^{k} (-1) \cdot \frac{\frac{1}{2} - j}{j} = \prod_{j=1}^{k} \frac{2j - 1}{2j} = \frac{(2k-1)!!}{(2k)!!}.$$

(2) $|x| < 1$ として，$(*)$ の両辺を $t = 0$ から $t = x$ まで定積分すると，項別積分により,

$$\mathrm{Sin}^{-1}\, x = \int_0^x \frac{1}{\sqrt{1 - t^2}}\,dt = \sum_{k=0}^{\infty} \int_0^x \left\{ (-1)^k \binom{-\frac{1}{2}}{k} t^{2k} \right\} dt$$
$$= \sum_{k=0}^{\infty} \frac{(-1)^k}{2k+1} \binom{-\frac{1}{2}}{k} x^{2k+1} = \sum_{k=0}^{\infty} \frac{1}{2k+1} \cdot \frac{(2k-1)!!}{(2k)!!} \cdot x^{2k+1}.$$

ここで，$(-1)!! = 0!! = 1$ と解釈することに注意.

(3) (2) で得られた $\mathrm{Sin}^{-1}\, x$ のべき級数展開に $x = \dfrac{1}{2}$ を代入する.

6.9 例 6.38 の結果から，$|x| < 1$ のとき $\displaystyle\mathrm{Tan}^{-1}\, x = \sum_{k=0}^{\infty} \frac{(-1)^k}{2k+1} x^{2k+1}$ が成り立つ．右辺のべき級数の収束半径は 1 であるが，定理 6.18 より $x = 1$ としても収束することがわかる．したがって，定理 6.41 により $\displaystyle\sum_{k=0}^{\infty} \frac{(-1)^k}{2k+1} = \mathrm{Tan}^{-1}\, 1 = \frac{\pi}{4}$ が得られる.

第6章の章末問題

1. $\rho < 1$ であるとき，$\rho < r < 1$ を満たす実数 r をとると，それに応じて，$n \geqq n_0$ ならば $\sqrt[n]{a_n} \leqq r$, すなわち $a_n \leqq r^n$ となるような n_0 がみつかる．一方，$\rho > 1$ であるとき，$1 < r < \rho$ を満たす実数 r をとると，それに応じて，$n \geqq n_0$ ならば $\sqrt[n]{a_n} \geqq r$, したがって $a_n \geqq r^n > 1$ となるような n_0 がみつかる．定理 6.3 から結論が得られる．

2. $|x| < \widehat{R}$ のとき，$|x| < u < \widehat{R}$ を満たす u をとると $\displaystyle\lim_{n\to\infty} a_n u^n = 0$ だから，定理 6.31 の証明から $\displaystyle\sum_{n=0}^{\infty} a_n x^n$ は絶対収束し，したがって $|x| < R$ である．これは $\widehat{R} \leqq R$ を示している．一方，$|x| > \widehat{R}$ ならば $a_n|x|^n$ は 0 に収束しないから，$\displaystyle\sum_{n=0}^{\infty} a_n x^n$ も収束せず，したがって $|x| \geqq R$ である．これは $\widehat{R} \geqq R$ を示している．

3. $0 < x < 1$ のとき，$\displaystyle\int_0^x \frac{1}{1+t^3}\,dt = \int_0^x \sum_{k=0}^{\infty} (-t^3)^k\,dt = \sum_{k=0}^{\infty} \frac{(-1)^k}{3k+1} x^{3k+1}$ であり，

$$\begin{aligned}\frac{1}{1+t^3} &= \frac{1}{3}\left(\frac{1}{t+1} - \frac{t-2}{t^2-t+1}\right) \\ &= \frac{1}{3}\cdot\frac{1}{t+1} - \frac{1}{6}\cdot\frac{2t-1}{t^2-t+1} + \frac{1}{2}\cdot\frac{1}{(t-\frac{1}{2})^2 + (\frac{\sqrt{3}}{2})^2}\end{aligned}$$

と変形すると，定理 6.18 と定理 6.41 より

$$\begin{aligned}\sum_{k=0}^{\infty} \frac{(-1)^k}{3k+1} &= \int_0^1 \frac{1}{1+t^3}\,dt \\ &= \left[\frac{1}{3}\log|t+1| - \frac{1}{6}\log(t^2-t+1) + \frac{1}{2}\cdot\frac{1}{\frac{\sqrt{3}}{2}}\operatorname{Tan}^{-1}\left(\frac{t-\frac{1}{2}}{\frac{\sqrt{3}}{2}}\right)\right]_0^1 \\ &= \frac{1}{3}\log 2 + \frac{\pi}{3\sqrt{3}}.\end{aligned}$$

4. (1) $\displaystyle\frac{1}{2}\log\left(\frac{1+x}{1-x}\right) = x + \frac{x^3}{3} + \frac{x^5}{5} + \cdots \ (|x| < 1)$ を用いると，$0 < x < 1$ のとき $\displaystyle\frac{1}{2}\log\left(\frac{1+x}{1-x}\right) \geqq x + \frac{x^3}{3}$，および

$$\frac{1}{2}\log\left(\frac{1+x}{1-x}\right) \leqq x + \frac{x^3}{3}\left(1 + x^2 + x^4 + \cdots\right) = x + \frac{x^3}{3(1-x^2)}$$

が得られる．

(2) $n = 1, 2, \cdots$ に対して，

$$\begin{aligned}A_n - A_{n+1} &= \frac{2n+1}{2}\log\left(\frac{(2n+2)/(2n+1)}{(2n)/(2n+1)}\right) - 1 \\ &= (2n+1)\left[\frac{1}{2}\log\left(\frac{1+(2n+1)^{-1}}{1-(2n+1)^{-1}}\right) - \frac{1}{2n+1}\right]\end{aligned}$$

だから，$x = \dfrac{1}{2n+1}$ として (1) を用いると，

$$A_n - A_{n+1} \geqq (2n+1) \cdot \frac{\{(2n+1)^{-1}\}^3}{3} = \frac{1}{12n^2+12n+3},$$

および

$$A_n - A_{n+1} \leqq (2n+1) \cdot \frac{\{(2n+1)^{-1}\}^3}{3\{1-(2n+1)^{-2}\}} = \frac{1}{12n(n+1)} = \frac{1}{12n} - \frac{1}{12(n+1)}$$

が得られる．

(3) (2) の結果と，

$$\frac{1}{12n^2+12n+3} \geqq \frac{1}{12n+1} - \frac{1}{12(n+1)+1}$$

が成り立つことから，$A_n - \dfrac{1}{12n+1} \geqq A_{n+1} - \dfrac{1}{12(n+1)+1}$ である．

(4) $a_n \cdot \exp\left(-\dfrac{1}{12n}\right) = \exp\left(A_n - \dfrac{1}{12n}\right)$ は n について単調に増加して 1 に収束するから，任意の n に対して，

$$a_n \cdot \exp\left(-\frac{1}{12n}\right) \leqq 1,\ \text{すなわち}\quad a_n \leqq \exp\left(\frac{1}{12n}\right)$$

が成り立つ．同様に，$a_n \cdot \exp\left(-\dfrac{1}{12n+1}\right) = \exp\left(A_n - \dfrac{1}{12n+1}\right)$ は n について単調に減少して 1 に収束するから，任意の n に対して

$$a_n \cdot \exp\left(-\frac{1}{12n+1}\right) \geqq 1,\ \text{すなわち}\quad a_n \geqq \exp\left(\frac{1}{12n+1}\right)$$

が成り立つ．

5. (1) ウォリスの公式により $\dfrac{(2m-1)!!}{(2m)!!}\cdot\dfrac{1}{2m+1} \sim \dfrac{1}{\sqrt{\pi m}}\cdot\dfrac{1}{2m} = \dfrac{1}{2\sqrt{\pi}m^{\frac{3}{2}}}\ (m \to \infty)$ であり，$\displaystyle\sum_{m=1}^{\infty}\frac{1}{m^{\frac{3}{2}}}$ は収束するから，$\displaystyle\sum_{m=1}^{\infty}\frac{(2m-1)!!}{(2m)!!}\cdot\frac{1}{2m+1}$ も収束する．

(2) 右辺のべき級数は区間 $\left[0, \dfrac{\pi}{2}\right]$ 上で一様収束するから項別積分可能であり，

$$\begin{aligned}\frac{\pi^2}{8} &= 1 + \sum_{m=1}^{\infty}\frac{(2m-1)!!}{(2m)!!}\cdot\frac{1}{2m+1}\int_0^{\frac{\pi}{2}}\sin^{2m+1}t\,dt\\ &= 1 + \sum_{m=1}^{\infty}\frac{(2m-1)!!}{(2m)!!}\cdot\frac{1}{2m+1}\cdot\frac{(2m)!!}{(2m+1)!!} = \sum_{m=0}^{\infty}\frac{1}{(2m+1)^2}\end{aligned}$$

が得られる．

(3) $S := \displaystyle\sum_{n=1}^{\infty}\frac{1}{n^2}$ とおくと，$S = \displaystyle\sum_{m=0}^{\infty}\frac{1}{(2m+1)^2} + \sum_{m=0}^{\infty}\frac{1}{(2m)^2} = \sum_{m=0}^{\infty}\frac{1}{(2m+1)^2} + \frac{1}{4}S$ より，$S = \dfrac{4}{3}\displaystyle\sum_{m=0}^{\infty}\frac{1}{(2m+1)^2} = \frac{\pi^2}{6}$ となる．

第7章の問

7.1 $\dfrac{|\beta|}{2}$ に対して，ある自然数 n_0 が存在して $n \geqq n_0 \Rightarrow |b_n - \beta| < \dfrac{|\beta|}{2}$．これより $|\beta| - |b_n| < \dfrac{|\beta|}{2}$ なので $\dfrac{|\beta|}{2} < |b_n|$ を得る．ここで，$|b_1|, |b_2|, \cdots, |b_{n_0-1}|$, $\dfrac{|\beta|}{2}$ の最小値を m とおくと，$m > 0$ かつ任意の n に対して，$m \leqq |b_n|$. 以下の式変形を用いて (1), (3) と同様に証明ができる．

$$\begin{aligned}\left|\frac{a_n}{b_n} - \frac{\alpha}{\beta}\right| &= \left|\frac{a_n\beta - b_n\alpha}{b_n\beta}\right| = \left|\frac{\beta(a_n - \alpha) - \alpha(b_n - \beta)}{b_n\beta}\right| \\ &\leqq \frac{1}{|b_n|}|a_n - \alpha| + \frac{|\alpha|}{|b_n|\beta}|b_n - \beta| \\ &\leqq \frac{1}{m}|a_n - \alpha| + \frac{|\alpha|}{m\beta}|b_n - \beta|\end{aligned}$$

7.2 まず，定理 1.11 を証明する．ε を任意の正の実数とする．ε に対して，ある自然数 n_1 と n_2 が存在して

$$n \geqq n_1 \Rightarrow |a_n - \alpha| < \varepsilon, \quad \text{および} \quad n \geqq n_2 \Rightarrow |b_n - \alpha| < \varepsilon$$

が成立する．$n_0 := \max\{n_1, n_2\}$ とおくと，$n \geqq n_0$ に対して，

$$-\varepsilon < a_n - \alpha \leqq c_n - \alpha \leqq b_n - \alpha < \varepsilon$$

であり，$|c_n - \alpha| < \varepsilon$ となるから，$\{c_n\}$ は α に収束することが示された．

次に，注意 1.12 を証明する．任意の $M > 0$ に対して，ある自然数 n_0 が存在して，$n \geqq n_0$ を満たす自然数 n に対して $M \leqq a_n$ が成り立つ．このとき，すべての $n \geqq n_0$ に対して $M \leqq a_n \leqq b_n$ が成り立つから，$\{b_n\}$ は $+\infty$ に発散することが示された．

7.3 略

7.4 $\{b_n\}$ を下に有界な単調減少列とすると，定理 1.1 より下限が存在するので β とおく．すると $\beta \leqq b_n$ $(\forall n \in \mathbf{N})$．また，定理 7.1 (2) より任意の正の実数 ε に対して，ある自然数 n_0 が存在して $b_{n_0} < \beta + \varepsilon$ となる．以下前半の証明と同様．

索　引

な　行

は　行

ま　行

や　行

ら　行

わ

著者略歴

茨木貴徳
いばらき たかのり

2002年 東京工業大学大学院情報理工学研究科博士課程単位取得後退学
現　在 横浜国立大学教育学部教授
博士(理学)

牛越惠理佳
うしこし えりか

2013年 東北大学大学院理学研究科博士課程修了
現　在 横浜国立大学大学院環境情報研究院准教授
博士(理学)

竹居正登
たけい まさと

2005年 神戸大学大学院自然科学研究科博士課程修了
現　在 横浜国立大学大学院工学研究院准教授
博士(理学)

原下秀士
はらした しゅうし

2003年 東京大学大学院数理科学研究科博士課程修了
現　在 横浜国立大学大学院環境情報研究院准教授
博士(数理科学)

2022年2月25日　初版発行

微分積分学概論

著　者　茨木貴徳
　　　　牛越　惠理佳
　　　　竹居正登
　　　　原下秀士
発行者　山本　格

発行所　株式会社　培風館
東京都千代田区九段南4-3-12・郵便番号102-8260
電話(03)3262-5256(代表)・振替00140-7-44725

三美印刷・牧 製本

PRINTED IN JAPAN

ISBN 978-4-563-01239-7　C3041